JN232323

新・演習物理学ライブラリ＝3

新・演習
電 磁 気 学

阿部　龍蔵　著

サイエンス社

サイエンス社のホームページのご案内
http://www.saiensu.co.jp
ご意見・ご要望は　rikei@saiensu.co.jp　まで.

まえがき

サイエンス社の新物理学ライブラリ＝4として拙著「電磁気学入門」が発刊されたのは1994年11月25日である．それから，かれこれ7, 8年の年月が経過したことになる．幸いにしてこの著書は世に受け入れられ多くの方々に読んでいただけたのは著者冥利に尽きるものと感謝申し上げる次第である．発刊の当初から演習書を書いてほしい旨のご要望があったが，時間がとれずこの件はなかなか実現に至らなかった．ところが，私は2001年3月31日付で放送大学を定年退職となり，長年に及ぶ宮使いにピリオドを打つこととなった．演習書を執筆する時間的な余裕も生まれ，なんとか仕上げたのが本書である．

物理学の習得のため演習が重要であることはいうまでもない．この点に関して，恥を忍び私自身の経験を述べるとしよう．私はいわゆる旧制の教育を受けた最後の年代である．大学を卒業したのは1953年の3月だが，そのときには旧制と新制の教育を受けた学生が同時に卒業証書をもらった．いわば，卒業の縮退である．それから50年近く経った今日では新制の教育が定着し，旧制の教育を受けた者は完全な少数派である．私が中学校に入学したのは1943年だが，物理の教育を受けた出発点の年でもある．入学後，しばらくして物理の試験があり，一応試験勉強はしたのだが，湿度に関する問題はほとんど解けなかった．このときの答案を自己採点すると100点満点で30点というところであろうか．しかし，山が当たったと大喜びしている同級生もいた．話を聞くと，物理の参考書の問題を解いて準備していったらそれとほとんど同じのが出題されたというのである．悔しいことに，実は，私自身もその参考書をもっていた．原理がわかれば問題は解けると思い，問題を解く訓練をしなかったのが敗因であった．物理は原理だけでは駄目，訓練しなければいけないということをいやというほど体得した．現在では高等学校にしろ，大学にしろ，入学試験という難関が控えているので，訓練の方も私の時代のようにのんびりしてはいないだろう．しかし，試験という面を離れても，学問を正しく理解するのに訓練は必須の重要事項である．

本書は前著の「電磁気学入門」にのっとり電磁気学の演習を意図したもので，細かい点を除き章や項目の順序は前著のそれを踏襲している．新しい点は積極的にディラックの δ 関数を取り入れたことだが，初学者にはわかりにくい面もあるかと思い，付録の「ベクトル解析と δ 関数」で多少詳しい説明を加えた．また，エネルギーと力の関係はどちらかというと誤解を招きやすいかと考え，前著よりは例を増やし，理解しやすいように工夫をこらしたつもりである．本書を執筆するにあたり，前著を読み直したが，冗長な部分がいくつか散見された．そこで，これらの部分ではできる限り贅肉を落とし，スリムなスタイルにするよう努めた．前著では5.6節として磁化電流とアンペールの法則という1節が設けられている．われながら，この節はわかりにくいと思うので，本書では削除することとし，もっとスマートな考え方を7章の例題5として取り入れた．

本書は前著をベースにして執筆したため，前著をすでにお読みの方にとっては二番煎じという印象をもたれるかもしれない．しかし，私の経験によると物理の演習にはやり過ぎということはない．苦心惨憺して解いた問題は印象に残っていても，ふつうの努力で解ける問題は案外忘れてしまうものである．テレビの再放送などで，一回見たはずなのにストーリーは忘れてしまうのと似ている．というわけで，前著を習得された方は復習のつもりで本書を読んでいただければ幸いである．

最後に，本書の執筆にあたり，いろいろご面倒をおかけしたサイエンス社の田島伸彦氏，鈴木綾子氏にあつくお礼申し上げる次第である．

2002年夏

阿　部　龍　蔵

目　次

付録　ベクトル解析と δ 関数　146

問 題 解 答　152

索　　引 ……………………………… 196

コラム

1 電　流

1.1 電流のキャリヤー

● 電池と直流 ●　電池は懐中電灯やリモコンに使われる．電池は**陽極** (+ 極) と**陰極** (− 極) の 2 つの極をもち，通常，陽極を細長い線，陰極を太く短い線で表す．豆電球を電池につなぐと豆電球は光るが，これは電池から流れ出た電気をもつ粒子 (**荷電粒子**) が豆電球を通るとき荷電粒子の力学的エネルギーが光のエネルギーに変わるからである．荷電粒子は**電荷**とも呼ばれ，その流れが**電流**である．電池に豆電球をつないだ場合，電流は電池の陽極から陰極へと一方的に流れる．このような一方向きの電流を**直流**という．電流の大きさを測るには，電流計を利用すればよい．電流の単位は**アンペア** (A) であるが，微弱な電流を測るときには**ミリアンペア** ($= 10^{-3}$ A, mA) や**マイクロアンペア** ($= 10^{-6}$ A, μA) などの単位を用いる．

● 電流のキャリヤー ●　一般に，電気を運ぶものを電流の**キャリヤー**という．キャリヤーには大別して，正の電気量をもつものと負の電気量をもつものとがある．金属では，キャリヤーは負の電気量をもつ自由電子である．電子は電池の陰極から出て陽極に入り，その流れの向きは電流の向きと逆になる．半導体の場合，n 型半導体のキャリヤーは電子であるが，p 型半導体では正孔と呼ばれる正の電気量をもつ荷電粒子である．電磁気学ではキャリヤーのミクロな実体はあまり問題とせず正の荷電粒子と負の荷電粒子の 2 種を考え，それぞれを**正電荷**，**負電荷**という．正電荷は電池の陽極から出て陰極に入り，負電荷は陰極から出て陽極に入る (図 1.1)．電流の向きは正電荷の流れる向きと決められている．1 A の電流が導線を流れるとき，流れの向きと垂直な断面を毎秒当たり通過する電気量を 1 **クーロン** (C) という．

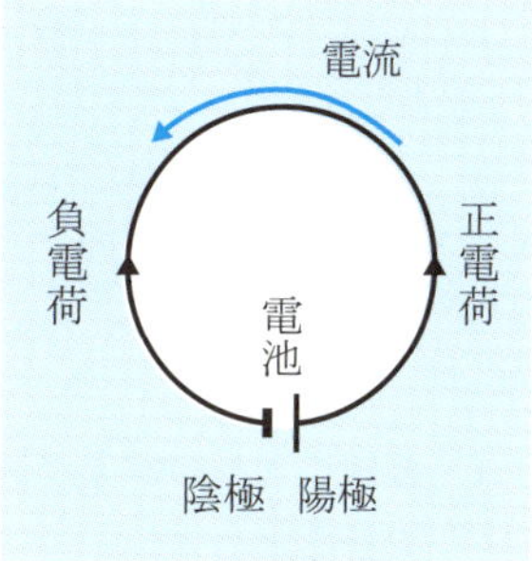

図 1.1　正電荷と負電荷

陽子 1 個がもつ電気量は

$$e = 1.602 \times 10^{-19}\ \mathrm{C} \tag{1.1}$$

でこれを**電気素量**または**素電荷**という．電子 1 個がもつ電気量は $-e$ である．巨視的な電気量は厳密にいうと電気素量の整数倍である．しかし，電気素量は極めて小さい量であるため，電磁気学の立場では電気量を連続的な物理量と考える．

例題 1　**キャリヤーの数**

キャリヤー 1 個の電気量が q であるとして，以下の設問に答えよ．

(a)　導線に I の電流が流れているとする．導線と垂直な断面を時間 t の間に通過するキャリヤーの数を求めよ．

(b)　キャリヤーが運動する速さを v，断面の面積を S，キャリヤーの**数密度** (単位体積中のキャリヤーの数) を n として，電流 I を q, n, S, v で表せ．

解答　(a)　求めるキャリヤーの数を N とする．時間 t の間に断面を通過する電気量は It なので，これをキャリヤーの電気量で割れば N が求まる．すなわち，N は $N = It/q$ と書ける．

(b)　図 1.2 のようにキャリヤーの速さを v とし，速度方向に伸びた断面積 S の直方体を考える．単位時間の間にこの直方体中のキャリヤーは断面を通過するため，電流 I は直方体中のキャリヤーの全電気量に等しい．直方体の体積は Sv で，その中のキャリヤーの数は nSv で与えられるので

$$I = qnSv$$

が得られる．上式で qn は単位体積当たりの電荷量である．これを**電荷密度**といい，以下 ρ の記号で表す．ρ を使うと I は $I = \rho Sv$ となる．

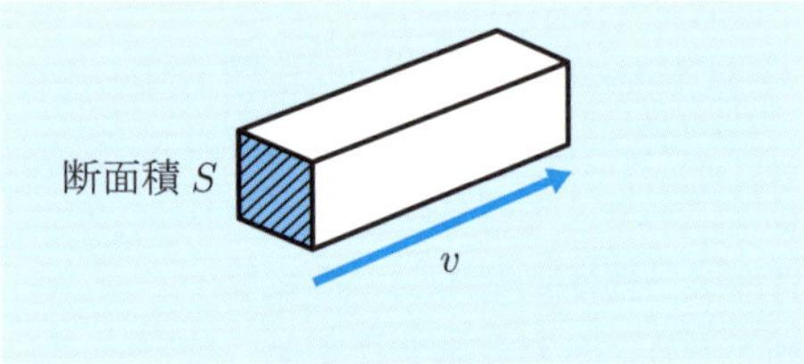

図 1.2　キャリヤーの速度方向に伸びた直方体

問　題

1.1　導線に 2 A の電流が流れているとき，この導線の断面を 10 秒間に通過する電子の数を求めよ．

1.2　水素原子は 1 個の陽子と 1 個の電子とから構成される．水素原子は電流のキャリヤーとなれるか．

1.3　銀は 1 価金属で密度は 10.5 g/cm^3，1 モルの銀の質量 (銀の原子量) は 108 g である．モル分子数 (アボガドロ数) を 6.02×10^{23} として，銀の自由電子の数密度を求めよ．また，断面積 1 mm^2 の導線に 100 A の電流が流れているとき，キャリヤーの速さは何 m/s か．

1.2　オームの法則

• 電圧と電気抵抗 •　電流は水の流れと似ている．水は高い所から低い所へ流れるが，電流の場合，この高さに相当するものを**電位**，高さの差に相当するものを**電位差**または**電圧**という．電圧は電圧計で測られ，その単位は**ボルト** (V) である．電池では，陽極の方は電位が高く，陰極の方は電位が低い．電池やバッテリーは電流を流す能力をもつが，これを**起電力**という．起電力の単位もボルトである．1 個の電池の起電力は 1.5 V，1 個のバッテリーの起電力は 2 V である．何個かの電池を直列につなぐと，全体の起電力は 1 個の電池の起電力の個数倍となる．例えば，3 個直列にしたときの起電力は $1.5\,\mathrm{V} \times 3 = 4.5\,\mathrm{V}$ である．

実験の結果によると，一般に電流が流れている物体の両端の電圧 V とそこを通過する電流 I との間には

$$V = RI \tag{1.2}$$

の比例関係が成り立つ．これを**オームの法則**，また比例定数 R をその物体の**電気抵抗**という．電気抵抗の単位は**オーム** (Ω) で，1 V の電圧に対し 1 A の電流が流れるときを 1 Ω と決めている．例えば，6 V の起電力のバッテリーにある物体をつないだとき，3 A の電流が流れるとすれば，その物体の電気抵抗は $(6/3)\,\Omega = 2\,\Omega$ となる．

• 抵抗器と可変抵抗 •　どんな物体でも電気抵抗をもっているが，特にある特定な電気抵抗をもつように作られた装置を**抵抗器**または単に**抵抗**という．回路図で抵抗を表すには図 1.3(a) のようにギザギザの線が使われる．抵抗器の中には，抵抗値を変えられるようにしたものがあり，これを**可変抵抗**という．図 1.3(b) で示すように，抵抗の記号に矢印をつけて可変抵抗を表す．回路図で導線は直線で表され，その電気抵抗は 0 とみなされる．したがって，電流が流れているとき，抵抗の両端では電位差が生じるが，導線の中では電位は一定であると考えてよい．

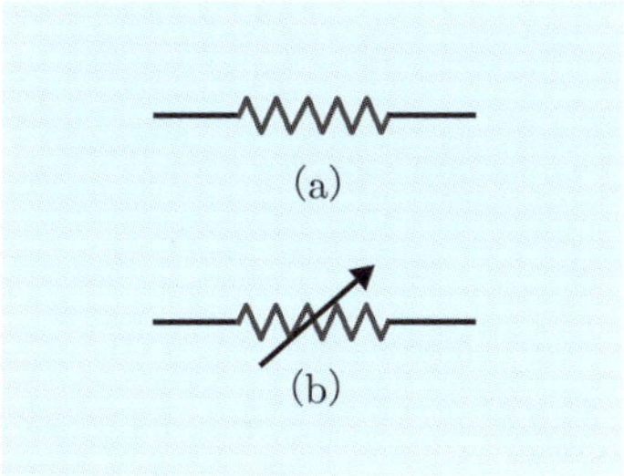

図 1.3　(a)　抵抗　　(b)　可変抵抗

● **抵抗率** ●　図 1.4 のように，断面積が S，長さが L の直方体状の物体の両端に電圧をかけたとき，実験によると電気抵抗 R に対して

$$R = \rho \frac{L}{S} \tag{1.3}$$

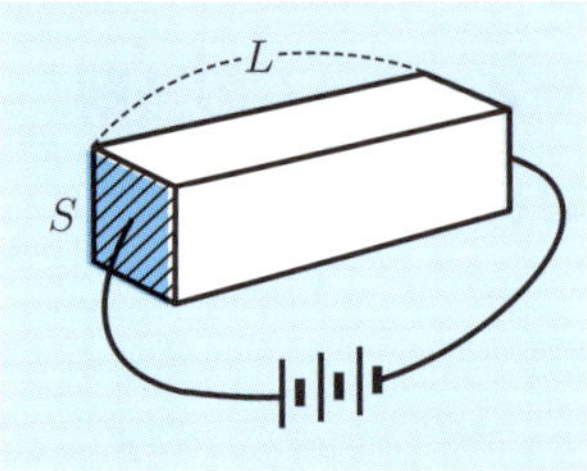

図 1.4　直方体状の物体

の関係が成り立つ．この比例定数 ρ を**抵抗率**または**電気抵抗率**あるいは**比抵抗**という．電荷密度と同じ ρ という記号を使うが混乱の起こることはない．抵抗率は物質の種類と温度とに依存する物理量で，その単位は $\Omega \cdot \mathrm{m}$ である．0°C における ρ の値を ρ_0 とすれば，あまり温度範囲が広くない限り，t°C での ρ の値は

$$\rho = \rho_0(1 + \alpha t) \tag{1.4}$$

と表される．(1.4) の α を**温度係数**という．金属の場合，抵抗率は温度が上がると大きくなり，このため α は正の量となる．抵抗率を用いると，温度，断面積，長さが与えられたとき，実験に頼ることなく物体の電気抵抗を計算だけで求めることができる．

● **導体と絶縁体** ●　物質の種類により，電気が流れやすかったり，流れにくかったりする．電気のよく流れる物質を**導体**という．銀，銅，スズなどの金属は導体である．同じ導体でもニクロムは銅に比べると電気を通しにくい．0°C で同じ断面積，長さをもつニクロム線と銅線を比較すると，前者の電気抵抗は後者のほぼ 70 倍となる．銅線が電気器具のコードに使われ，ニクロム線が電熱器に使われるのは，このような抵抗率の違いによる．一方，電気を通さない物質を**絶縁体**という．ベークライト，大理石，雲母などは絶縁体の代表例である．大理石が配電盤などに使われるのはこの性質の応用といってよい．

● **電池の内部抵抗** ●　起電力 V の電池に抵抗をつないで電流を流す場合，抵抗 R を変化させ電流 I を詳しく測定すると I は必ずしも R に反比例せず，(1.2) に対する補正項が生じる．実験結果は，電池の起電力を V とするとき

$$V = (R + r)I \tag{1.5}$$

という形に表される．この結果は，電池の内部に抵抗 r があり，それが外部の抵抗に加わったと解釈され，この r を電池の**内部抵抗**という．バッテリーでは r が小さいので両極をショートすると大電流が流れ危険であるが，普通の電池では r が大きいためショートしてもあまり大きな電流は流れない．今後の議論で，内部抵抗は外部の抵抗に含まれると考え話を進めていく．

例題 2　**銅の電気抵抗**

銅の ρ_0 は $1.55\times10^{-8}\,\Omega\cdot\mathrm{m}$，$\alpha$ は $4.4\times10^{-3}\,\mathrm{K}^{-1}$ であるとして，次の問に答えよ．

(a)　25°C における銅の抵抗率を求めよ．

(b)　断面積が $0.5\,\mathrm{mm}^2$，長さ 25 m の銅線の電気抵抗は 25°C において何 Ω か．

(c)　この導線を内部抵抗が無視できる起電力 2 V のバッテリーに接続したとき流れる電流は何 A か．

(d)　起電力 1.5 V，内部抵抗 0.6Ω の電池にこの銅線をつないだとき流れる電流を求めよ．

解答　(a)　(1.4) により ρ は

$$\begin{aligned}\rho &= 1.55\times10^{-8}\times(1+4.4\times10^{-3}\times25)\,\Omega\cdot\mathrm{m}\\ &= 1.72\times10^{-8}\,\Omega\cdot\mathrm{m}\end{aligned}$$

と計算される．

(b)　$1\,\mathrm{mm}^2=10^{-6}\,\mathrm{m}^2$ であるから，銅線の電気抵抗 R は (1.3) により

$$R=1.72\times10^{-8}\times\frac{25}{0.5\times10^{-6}}\,\Omega=0.86\,\Omega$$

で与えられる．

(c)　流れる電流は，次のようになる．

$$I=\frac{2}{0.86}\,\mathrm{A}=2.33\,\mathrm{A}$$

(d)　(1.5) で

$$R+r=(0.86+0.6)\,\Omega=1.46\,\Omega$$

であるから I は

$$I=\frac{1.5}{1.46}\,\mathrm{A}=1.03\,\mathrm{A}$$

と計算される．

問　題

2.1　5Ω の抵抗に 3 A の電流が流れているとき，抵抗の両端間の電圧は何 V か．

1.3 電流密度

• 電流密度と電気伝導率 •　(1.2), (1.3) の両式から

$$\frac{I}{S} = \frac{V}{\rho L} \tag{1.6}$$

が導かれる．上式の左辺は単位面積を流れる電流の大きさである．一般に，電流と同じ向き，方向をもち，流れと垂直な平面内の単位面積当たりの電流の大きさをもつベクトルを導入し (図 1.5)，これを**電流密度**という．以下，電流密度を $\boldsymbol{j}$ の記号で表す．このような定義を使うと，(1.6) の左辺は電流密度の大きさ j となる．また，抵抗率の逆数を**電気伝導率**という．すなわち，電気伝導率 σ は

$$\sigma = \frac{1}{\rho} \tag{1.7}$$

と定義される．電気伝導率の単位は $\Omega^{-1}\mathrm{m}^{-1}$ である．

• 電場の大きさ •　(1.6) の右辺で V/L は単位長さ当たりの電圧である．これを**電場** (あるいは**電界**) の大きさといい，E と書く．E の単位は V/m である．E は

$$E = \frac{V}{L} \tag{1.8}$$

と書けるが，以上のような j, E を導入すると，$1/\rho = \sigma$ を使い (1.6) は

$$j = \sigma E \tag{1.9}$$

と表される．あるいは，図 1.6 のように高電位の A から低電位の B へ向かい (1.8) の大きさをもつベクトル $\boldsymbol{E}$ を導入する．$\boldsymbol{E}$ を**電場ベクトル**あるいは単に**電場**という．(1.9) はベクトル間の関係として

$$\boldsymbol{j} = \sigma \boldsymbol{E} \tag{1.10}$$

のように一般化される．これをオームの法則という場合もある．

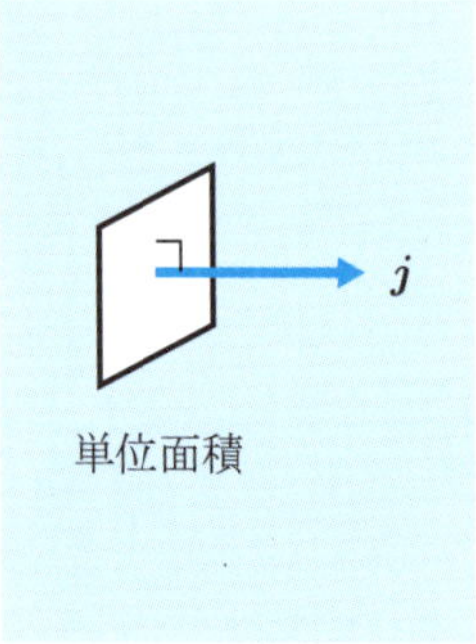

図 1.5　電流密度

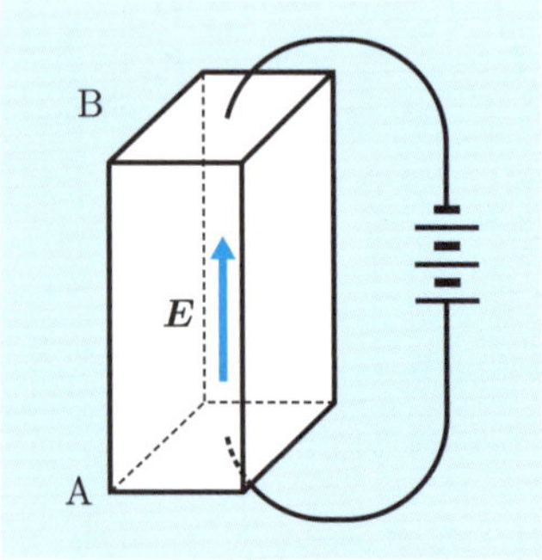

図 1.6　電場の向き

例題 3 **電場による力のする仕事**

第 2 章で学ぶが，空間中の 1 点に電気量 q をもつ点電荷をおいたとき，その点電荷が受ける力 $\boldsymbol{F}$ は

$$\boldsymbol{F} = q\boldsymbol{E}$$

で与えられる．図 1.6 で A の電位が B の電位より V だけ高いとして，A から B へ電荷 q を移動させるとき電場による力は qV の仕事をすることを示せ．

解答 電荷に働く力の大きさは qE で，また力は A→B の向きをもち，移動の向きと同じである．したがって，この場合の仕事 W は力の大きさと移動距離 L の積となり

$$W = qEL$$

と表される．(1.8) により $EL = V$ が成り立つから，上式は

$$W = qV$$

となる．

問 題

3.1 断面積 2 mm^2 の導線に 4 A の電流が流れているとき，電流密度の大きさを求めよ．

3.2 図 1.7 に示すように，電池の内部では電場による力は電流の向きと逆向きになる．このような点に注意して，単位時間当たりに電池のする仕事について論じよ．

3.3 電荷が $\boldsymbol{v}$ の速度で運動しているとき，電流密度は

$$\boldsymbol{j} = \rho\boldsymbol{v}$$

と書けることを示せ．ただし，ρ は電荷密度である．

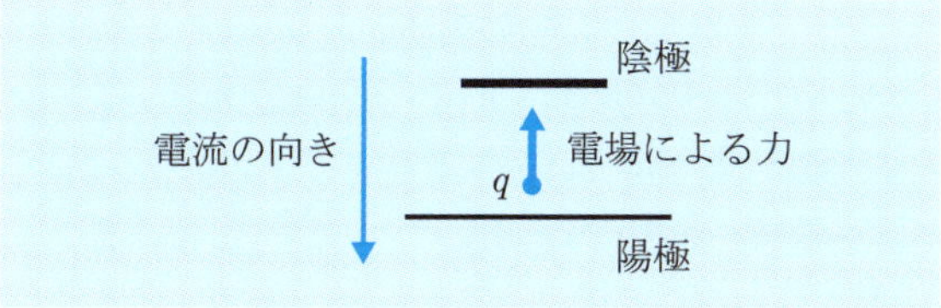

図 1.7 電池内の力

1.4 電力とジュール熱

• 電力 •　問題 3.2 で学んだように，電池は単位時間の間に

$$P = VI \tag{1.11}$$

の仕事を行う．このように，単位時間当たりに電源のする仕事あるいは電源の供給するエネルギーを**電力**という．電力の単位は**ワット** (W) で 1 W は 1 s 当たり 1 J の仕事に相当する．オームの法則 $V = RI$ を適用すると P は次のように書ける．

$$P = RI^2 = \frac{V^2}{R} \tag{1.12}$$

• 電流の熱作用 •　一般に，電流が流れるとそれに伴い熱が発生する．これを**電流の熱作用**，また発生する熱を**ジュール熱**という．電気抵抗 R の物体に，電圧 V がかかって電流 I が流れるとき，時間 t の間に電源は VIt の仕事を行う．これだけの仕事が熱に変わると考えられるので，ジュール熱 Q は

$$Q = VIt \tag{1.13}$$

で与えられる．あるいは，(1.12) を用いると Q は

$$Q = RI^2t = \frac{V^2}{R}t \tag{1.14}$$

とも表される．(1.13)，(1.14) で V をボルト，I をアンペア，R をオーム，t を秒の単位で表すと，ジュール熱はエネルギーの国際単位である**ジュール** (J) で計算される．これに対して，熱量の単位としてよく**カロリー** (cal) が使われる．すなわち，1 cal とは 1 気圧の下で 1 g の水の温度を 1 K だけ高めるのに必要な熱量である．力学的な仕事 W[J] は Q[cal] の熱量と等価であることが知られていて，両者の間には

$$W = JQ \tag{1.15}$$

の関係が成立する．上式に現れる J を**熱の仕事当量**という．J は仕事が熱に変わる場合，あるいは熱が仕事に変わる場合，常に一定な値をもち

$$J = 4.19\,\mathrm{J/cal} \tag{1.16}$$

で与えられる．すなわち，1 cal の熱量は 4.19 J の仕事に相当する．ジュール熱の問題を考えるとき，熱量の単位が J か，cal か十分気をつける必要がある．

例えば 6 V の電源を電気抵抗 2Ω の物体につないだとき 5 秒間に発生するジュール熱を考えると，(1.14) の $Q = V^2t/R$ に

$$V = 6, \quad R = 2, \quad t = 5$$

を代入し $Q = 90\,\mathrm{J}$ と計算される．$1\,\mathrm{J} = (1/4.19)\,\mathrm{cal}$ が成り立つから cal では

$$Q = (90/4.19)\,\mathrm{cal} = 21.5\,\mathrm{cal}$$

となる．

物理学者ジュール

イギリスのマンチェスターはかつて産業革命の中心地の 1 つであった．サッカーファンであれば，マンチェスター・ユナイテッドという名前を一度は聞いたことがあろう．産業革命が盛んな頃，物理学者ジュールはマンチェスターで熱と仕事の関係を研究していた．ジュールは原子論の提唱者として有名な化学者ドルトンのお弟子さんである．著者が放送大学に勤務していた 1997 年イギリスの Open University を視察する機会に恵まれ，その際，マンチェスターの科学博物館を訪問したことがあった．この博物館にはドルトンが愛用したという帽子が展示されていたが，それと同時にジュールが実際に使った実験装置を見ることができた．彼は，落下する分銅を利用し容器中の水につかった羽根車を回転させて，水の温度の上昇を測定したのである．

熱の本性については，昔から一種の迷信が信じられており，熱は物質であると考えられ，この物質は熱素と呼ばれた．熱がエネルギーの一種で，力学的な仕事が熱に変換するという考えが出てきたのは 18 世紀の終わり頃である．ジュールは 1843 年から 1847 年に至るまで，熱の仕事当量の値を詳しく追求した．(1.16) は現在知られている J の値であるが，150 年ほど前にもかかわらずジュールはそれとほぼ同じ数値を求めていた．このような功績をたたえてエネルギーの単位としてジュールが使われている．また，電流が発生する熱はジュール熱と呼ばれている．ジュール熱は家庭の電気器具に広く利用されていて，ちょっと例を挙げても，電熱器，電気コタツ，電気毛布，電気ストーブ，電気ポット，アイロンなど私たちの日常生活に浸透している．パソコンやワープロを利用される方はお気づきと思うが，これらの器具を長く使っていると，本体は熱くなってくる．これは器具の発するジュール熱のせいである．また，電球が切れてしまって新品に取り替えようというとき，電球が手でもてないくらい熱くなっているのを経験した方もいよう．本来，電球では提供される電力がすべて光に変われば理想的だが，現実には熱が発生してしまうのである．

ジュールは大変研究熱心な物理学者で新婚旅行の際，滝の上と下とでどれだけ温度差があるかを測定したというエピソードが残っている．水の落下運動のエネルギーによって，滝の下では温度が上昇すると考えたのであろう．

例題 4 **交流の電力**

家庭で利用される電気の場合，電圧や電流は時間とともに周期的に変化している．このような電圧を**交流電圧**，電流を**交流電流**(または単に**交流**)という．交流電圧 $V(t)$，交流電流 $I(t)$ が時間 t の関数として

$$V(t) = V_0 \cos\omega t, \quad I(t) = I_0 \cos\omega t$$

で与えられるとする．ここで，V_0, I_0 は電圧および電流の最大値(**振幅**)である．交流起電力を生じるような装置を**交流電源**といい，これは図 1.8 のような記号で表される．交流の場合，微小時間 dt の間に電源のする仕事は $V(t)I(t)dt$ と書けることに注意して，単位時間当たりに発生するジュール熱 P を求めよ．

解答 $V(t)I(t)dt$ は

$$V_0 I_0 \cos^2\omega t dt = Q dt$$

と表される．Q は

$$Q = V_0 I_0 \cos^2\omega t$$

であるが，Q を t の関数として図示すると図 1.9 の実線のように表される．Q は時間の関数として振動するので，単位時間当たりに発生するジュール熱を求めるのに，1 周期に関する平均をとることにする．ちなみに，角振動数 ω と周期 T との間には

$$\omega = \frac{2\pi}{T}$$

の関係が成り立つ．上記の平均値を求めるため，Q の式で cos を sin で置き換えた

$$Q' = V_0 I_0 \sin^2\omega t$$

を導入する．Q' は図 1.9 の点線のように表され，実線を $T/4$ だけずらせば点線と一致する．一方，$\cos^2\omega t + \sin^2\omega t = 1$ が成立するので $Q + Q' = V_0 I_0$ である．Q と Q' の平均値が等しい点に注意すると Q の平均値は

$$\langle Q \rangle = \frac{V_0 I_0}{2}$$

と書ける．これは単位時間あたりに発生するジュール熱 P に等しいから

$$P = \frac{V_0 I_0}{2}$$

が得られる．

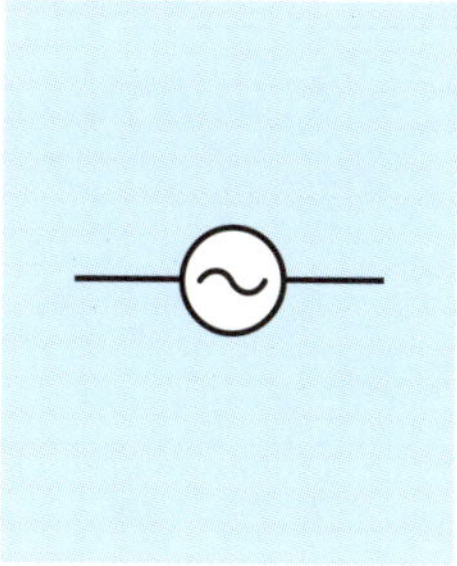

図 1.8 交流電源

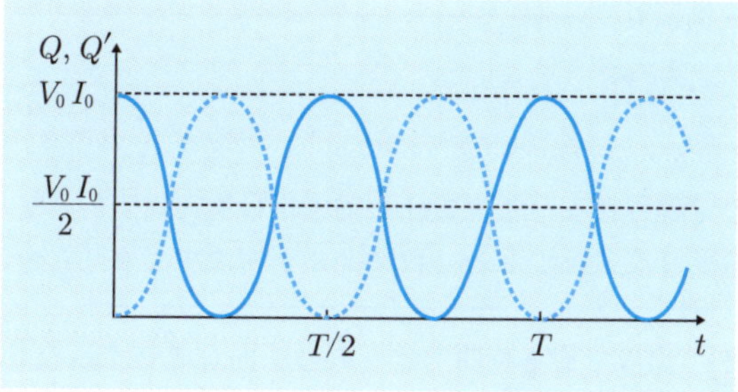

図 1.9 Q, Q' と t との関係

参考 **時間平均とジュール熱** 交流の場合ジュール熱を求めるのに時間平均をとったが，その意味を考えてみよう．問題 5.2 で学ぶが，我が国の交流の振動数は，関東と関西で若干の違いはあるものの 50 Hz 程度で数秒の間には数百回という激しい振動をしている．一般に，時間 T' の間に発生するジュール熱 Q は

$$Q = V_0 I_0 \int_0^{T'} \cos^2 \omega t dt$$

と書ける．ここで $\cos^2 \omega t$ は図 1.9 のように T の周期をもつ周期関数であるから，上の 0 から T' に至る積分は 0 から T までの積分の T'/T 倍となる．実際には T'/T はきっちり整数になるわけではないが，T'/T 自身が数百の程度であるから，これに対する ± 1 程度の誤差は無視できる．すなわち，上式は

$$Q = V_0 I_0 \frac{T'}{T} \int_0^{T} \cos^2 \omega t dt = T' \langle Q \rangle$$

となり，$\langle Q \rangle$ が単位時間あたりに発生するジュール熱であることがわかる．

ちなみに，関東が 50 Hz，関西が 60 Hz であるのは，明治，大正時代に関東ではアメリカ型の 50 Hz，関西ではヨーロッパ型の 60 Hz の発電機を輸入したためである．この違いは日常生活に大きな障害にはならない．ただ，放送関係ではビデオが 1 秒あたり 30 コマという事情があり，関東に比べ関西の方が仕事がしやすいとのことである．

問 題

4.1 1 周期あたりに発生するジュール熱が

$$\int_0^{T} V_0 I_0 \cos^2 \omega t dt$$

と書けることに注意して P を求めよ．

例題 5 実効値

交流の場合，次の

$$V = \frac{V_0}{\sqrt{2}}, \quad I = \frac{I_0}{\sqrt{2}}$$

で定義される V, I を**電圧実効値**，**電流実効値**という．このような実効値を導入すると直流に対する (1.12) の関係が交流でも成り立つことを示せ．

解答 交流でも各瞬間でオームの法則が成立するので，$V(t) = RI(t)$ と書ける．したがって，微小時間 dt の間に電源のする仕事は

$$V(t)I(t)dt = RI^2(t)dt$$

と表される．上式は $RI_0^2 \cos^2 \omega t dt$ と書ける．これは例題 4 の Q に対する式で $V_0 I_0$ を RI_0^2 で置き換えた形をもっているので，P は $P = RI_0^2/2 = RI^2$ で与えられることがわかる．同様に，$V(t)I(t)dt$ は

$$\frac{V^2(t)}{R}dt = \frac{V_0^2}{R} \cos^2 \omega t dt$$

と書け，P は $P = V_0^2/2R = V^2/R$ と表される．

問 題

5.1 交流が 1 秒の間に振動する回数 f を**周波数**または**振動数**という．角振動数 ω と f との間には $\omega = 2\pi f$ の関係が成り立つことを示せ．

5.2 1 秒の間に 1 回振動するときを周波数の単位とし，これを 1 ヘルツ (Hz) という．我が国の場合，大ざっぱにいって，関東では 50 Hz，関西では 60 Hz の交流が使用されている．関東の交流の角振動数を求めよ．

5.3 500 W の電熱器が 1 時間に発生するジュール熱は何 J か．

電気抵抗の原因

固体は結晶構造をもつが，結晶の完全性からの破れが電気抵抗の原因となる．このような破れをもたらす 1 つの要因は不純物の混入で，不純物効果による電気抵抗は温度と無関係である．一方，結晶を構成する格子点は振動していて，これを**格子振動**という．格子振動は結晶の完全性を破るので，電気抵抗をもたらす．温度が高いほど振動が激しくなり，そのため電気抵抗が増大する．一般には，不純物効果と格子振動の両方により電気抵抗の値は決まる．

1.5 直流回路

• 直流回路と定常電流 • いくつかの直流電源と何個かの抵抗が互いに連結しているような体系を**直流回路**という．直流回路の性質を調べるため，1 つの前提として回路を流れる電流の向き，大きさは時間によらず一定であるとする．このような電流を**定常電流**という．さらに，体系全体の状態は定常的であると仮定する．

• キルヒホッフの法則 • 回路中の任意の分岐点をとり，ここに流れ込む電流を例えば I_1, I_2, I_3, I_4 とする (図 1.10)．もし，これらの和が 0 でないと分岐点における電荷が時間変化し，体系が定常であるという仮定に反する．したがって，これらの和は 0 でなければならない．すなわち，任意の分岐点に関して

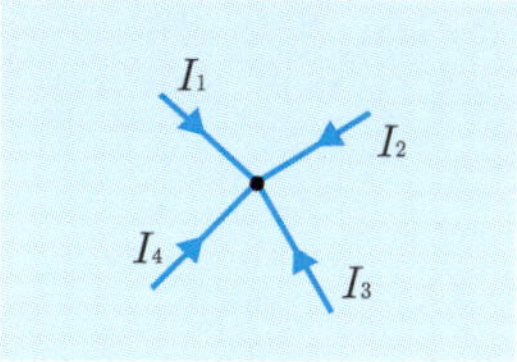

図 1.10 分岐点に流れ込む電流

$$\sum I_k = 0 \tag{1.17}$$

が成り立つ．これを**キルヒホッフの第 1 法則**という．(1.17) で I_k は符号をもつ点に注意する必要がある．すなわち，図 1.10 で分岐点に流れ込む向きを正にとるとすれば，流れ出ていく向きは負としなければならない．

次に回路中の 1 つのループを考え，このループを回る適当な向きを決めたとする．このとき，ループ中に含まれる電気抵抗を R_k，そこを流れる電流を I_k，ループの向きに電流を流そうとする起電力を V_k とすれば

$$\sum R_k I_k = \sum V_k \tag{1.18}$$

の関係が成り立つ．これを**キルヒホッフの第 2 法則**という．

例えば，図 1.11 のようなループを考え，正の向き (反時計回りの向き) を選ぶと

$$-R_3 I_1 + R_2 I_2 + R_1 I_2 = V_2 - V_1 \tag{1.19}$$

が導かれる．上式の右辺で V_1 はループの向きと逆向きに電流を流そうとするし，左辺で R_3 を流れる電流 I_1 はループの向きと逆向きなのでこれらの項には負の符号をつける．直流回路で R_k と V_k が与えられているときキルヒホッフの法則を利用し I_k を求めることができる．

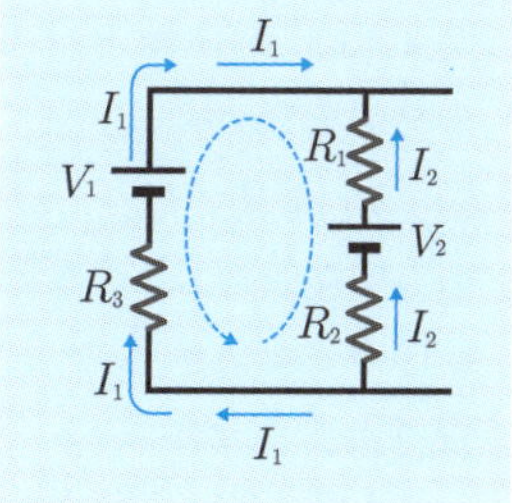

図 1.11 回路中の 1 つのループ

例題 6 **キルヒホッフの法則の応用**

図 1.12 に示す回路で $V_1 = 30\,\mathrm{V}, V_2 = 24\,\mathrm{V}, R_1 = R_2 = R_3 = 6\Omega$ とし，電池の内部抵抗は無視する．R_1, R_2, R_3 を流れる電流 I_1, I_2, I_3 を求めよ．

解答 図 1.13 のように I_1, I_2, I_3 をとるとキルヒホッフの第 1 法則により

$$I_1 = I_2 + I_3$$

が得られる．また，図に示したようなループ I，II にキルヒホッフの第 2 法則を適用すると

$$R_1 I_1 + R_2 I_2 = V_1$$

$$R_2 I_2 - R_3 I_3 = V_2$$

が得られる．数値を代入すると

$$I_1 + I_2 = 5, \quad I_2 - I_3 = 4$$

となり，$I_3 = I_1 - I_2$ を上の右式に代入し $2I_2 - I_1 = 4$ が導かれる．これらの方程式から，次の結果が求まる．

$$I_1 = 2\,\mathrm{A}, \quad I_2 = 3\,\mathrm{A}, \quad I_3 = -1\,\mathrm{A}$$

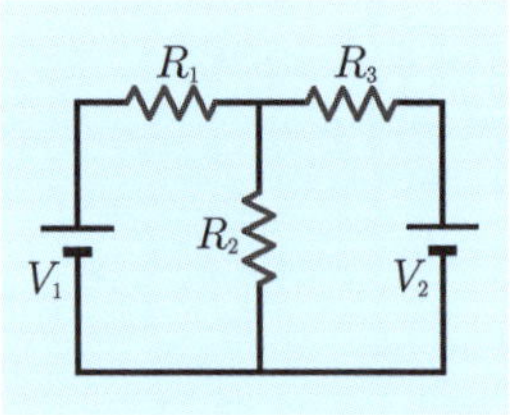

図 1.12 回路図

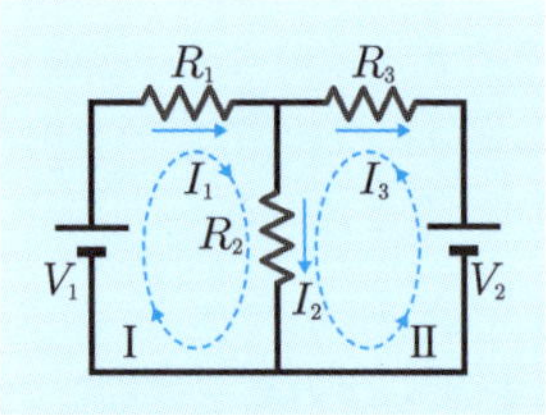

図 1.13

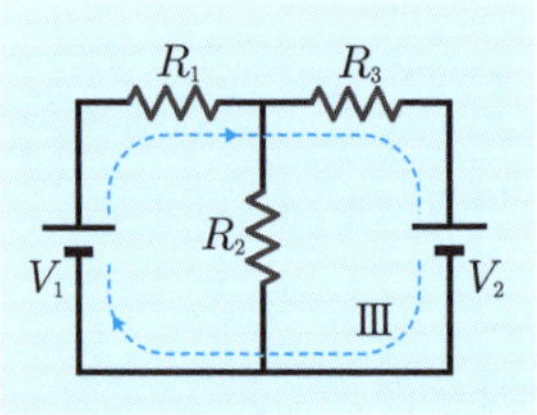

図 1.14

問 題

6.1 図 1.14 に示すループ III を考慮し，例題 6 の結果を確かめよ．

6.2 図 1.15 は $R_1, R_2, \cdots, R_n$ の抵抗を直列 (a)，あるいは並列 (b) に接続した場合を表す．A，B 間の合成抵抗 R がそれぞれ以下のように書けることを示せ．

$$R = R_1 + R_2 + \cdots + R_n \qquad \text{(a)}$$

$$\frac{1}{R} = \frac{1}{R_1} + \frac{1}{R_2} + \cdots + \frac{1}{R_n} \qquad \text{(b)}$$

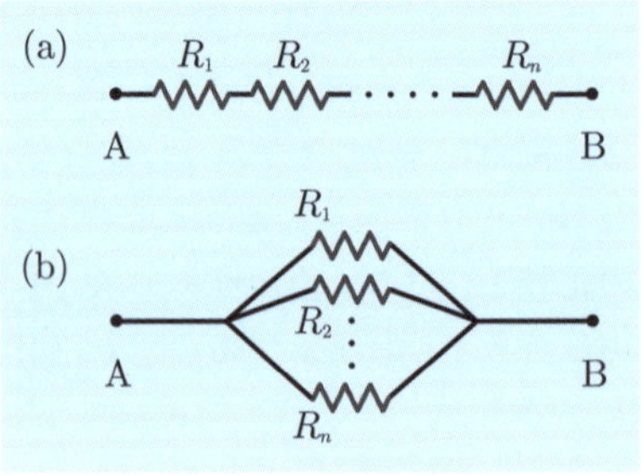

図 1.15 合成抵抗

例題 7 **ホイートストンブリッジ**

図 1.16 に示す回路を**ホイートストンブリッジ**という．各導線に挿入される抵抗およびそこを流れる電流を図のようにとる．R_5 を通る電流 I_5 を求めよ．

解答 分岐点 C, D にそれぞれキルヒホッフの第 1 法則を適用すると

$$I_3 = I_1 - I_5, \quad I_4 = I_2 + I_5$$

が成り立つ．上式を利用し，EACBE，EADBE，ACDA というループにキルヒホッフの第 2 法則を用いると

$$\begin{aligned} (R_1+R_3)I_1 \qquad\qquad\qquad - R_3 I_5 &= V \\ (R_2+R_4)I_2 + R_4 I_5 &= V \\ R_1 I_1 \qquad - R_2 I_2 + R_5 I_5 &= 0 \end{aligned}$$

となる．上の 3 式を未知数 I_1, I_2, I_5 に対する連立方程式と考えれば I_5 は $I_5 = \Delta'/\Delta$ と表される．ただし，Δ, Δ' は次式で与えられる行列式である．

$$\Delta = \begin{vmatrix} R_1+R_3 & 0 & -R_3 \\ 0 & R_2+R_4 & R_4 \\ R_1 & -R_2 & R_5 \end{vmatrix}, \quad \Delta' = \begin{vmatrix} R_1+R_3 & 0 & V \\ 0 & R_2+R_4 & V \\ R_1 & -R_2 & 0 \end{vmatrix}$$

これらの行列式を計算すると I_5 は次のように求まる．

$$I_5 = \frac{(R_2R_3 - R_1R_4)V}{R_5(R_1+R_3)(R_2+R_4) + R_2R_4(R_1+R_3) + R_1R_3(R_2+R_4)}$$

上式からわかるように $I_5 = 0$ となる条件は $R_2R_3 - R_1R_4 = 0$ である．R_3, R_4 が既知，R_1 が未知の抵抗 X で，R_2 が可変抵抗 R であるとすれば，R を変えて検流計 R_5 を流れる電流が 0 になったとき

$$X = \frac{R_3}{R_4}R$$

が成り立つ．上の関係から未知の抵抗 X を測定することができる．

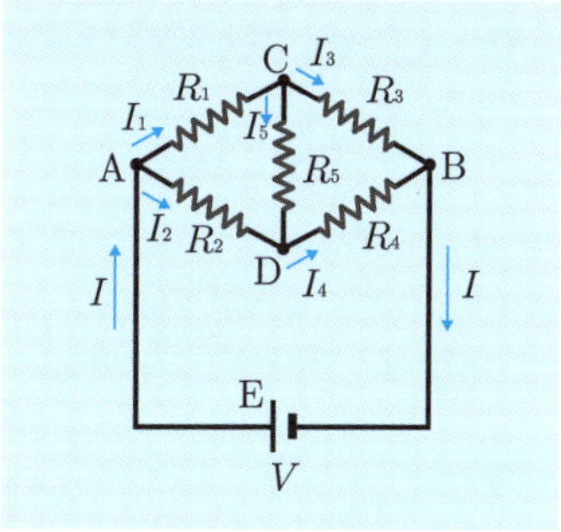

図 1.16 ホイートストンブリッジ

問 題

7.1 Δ, Δ' の行列式を計算せよ．

2　電荷と電場

2.1　クーロンの法則

電流のキャリヤーは電荷であるが，2〜4 章では電荷は静止しているとし**静電気**の問題を扱う．その際，大きさの無視できるような電荷を想定しこれを**点電荷**という．電荷には正負の 2 種があるが，同種の電荷 (正と正，負と負) は反発し合い，異種の電荷 (正と負) は引き合う．フランスの物理学者クーロンは，点電荷の間に働く力の向きは点電荷を結ぶ直線上にあり，この力 F は点電荷間の距離 r の 2 乗に反比例し，それぞれの電荷 q, q' の積に比例することを見い出した．すなわち

$$F \propto \frac{qq'}{r^2} \tag{2.1}$$

の関係が成り立つ．ただし，$F > 0$ は斥力，$F < 0$ は引力を表すとする．(2.1) の関係を**クーロンの法則**，またこのような電気的な力を**クーロン力**という．

(2.1) に現れる比例定数は用いる単位系によって異なる．国際単位系では，力に**ニュートン** (N)，距離に**メートル** (m)，電荷に**クーロン** (C) を使うが，そのとき

$$F = \frac{1}{4\pi\varepsilon_0}\frac{qq'}{r^2} \tag{2.2}$$

と書き，ε_0 を**真空の誘電率**という．ε_0 の値は

$$\varepsilon_0 = \frac{10^7}{4\pi c^2}\frac{\mathrm{C}^2}{\mathrm{N\cdot m^2}} = 8.854\times 10^{-12}\,\frac{\mathrm{C}^2}{\mathrm{N\cdot m^2}} \tag{2.3}$$

である．ただし，c は真空中の**光速**で

$$c = 299792458\,\mathrm{m/s} \tag{2.4}$$

と決められている．上記の数値は光速の定義であり，むしろこれから逆にメートルとか**秒** (s) が決められる．(2.2) は厳密にいうと真空中にある点電荷に対して成り立つが，空気中でもほとんど同じであると考えてよい．c の値はほぼ $c = 3.00\times 10^8\,\mathrm{m/s}$ であるから，通常の計算には以下の値で十分である．

$$\frac{1}{4\pi\varepsilon_0} = \frac{c^2}{10^7}\frac{\mathrm{N\cdot m^2}}{\mathrm{C}^2} = 9.00\times 10^9\,\frac{\mathrm{N\cdot m^2}}{\mathrm{C}^2} \tag{2.5}$$

電荷は一般に線上に，面上にあるいは 3 次元空間中に分布している．このような場合のクーロン力を求めるには，これらの電荷を微小部分に細かく分割し各部分にクーロンの法則を適用して，得られる力をベクトル的に合成すればよい．

例題 1　　**クーロン力の合成**

図 2.1 に示すように，x 軸上 $(-a, 0), (a, 0)$ の点 A_1, A_2 にそれぞれ $-q, q$ の点電荷がおかれている．y 軸上 $(0, b)$ の点 B にある Q の点電荷に働くクーロン力を求めよ．ただし，$q, Q > 0$ とする．

解答　(a)　A_1, A_2 にある点電荷によるクーロン力をそれぞれ $\boldsymbol{F}_1, \boldsymbol{F}_2$ とする．$\boldsymbol{F}_1, \boldsymbol{F}_2$ の大きさ F は同じで，クーロンの法則により

$$F = |\boldsymbol{F}_1| = |\boldsymbol{F}_2| = \frac{qQ}{4\pi\varepsilon_0(a^2 + b^2)}$$

となる．図のような角 θ をとると，$\boldsymbol{F}_1, \boldsymbol{F}_2$ は成分で表し

$$\boldsymbol{F}_1 = (-F\cos\theta, -F\sin\theta),$$

$$\boldsymbol{F}_2 = (-F\cos\theta, F\sin\theta)$$

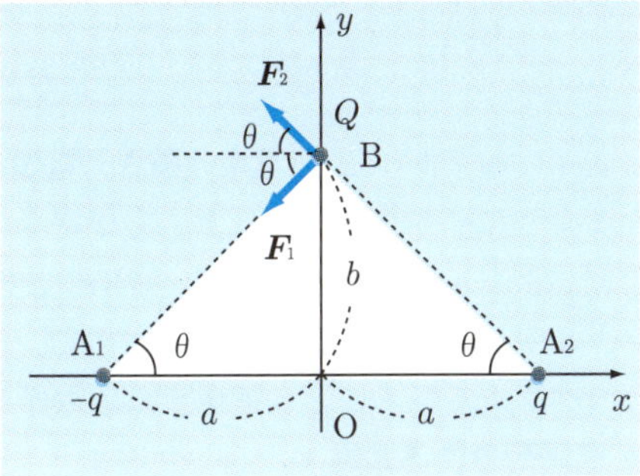

図 2.1　x, y 軸上の点電荷

と書ける．$\boldsymbol{F}_1$ と $\boldsymbol{F}_2$ の合力を $\boldsymbol{F}$ とすれば，$\boldsymbol{F} = \boldsymbol{F}_1 + \boldsymbol{F}_2$ であるから

$$\boldsymbol{F} = (-2F\cos\theta, 0)$$

が得られる．ここで

$$\cos\theta = \frac{a}{(a^2 + b^2)^{1/2}}$$

の関係に注意すると，合力の x, y 成分は次のように表される．

$$F_x = -\frac{qQa}{2\pi\varepsilon_0(a^2 + b^2)^{3/2}}, \quad F_y = 0$$

問　題

1.1　2 つの点電荷の間に働くクーロン力の大きさは，一方の電荷の大きさを a 倍，他方の電荷の大きさを b 倍，両者間の距離を c 倍にしたとき何倍となるか．ただし，$a, b, c > 0$ とする．

1.2　水素原子は 1 個の陽子と 1 個の電子とから構成される．その基底状態 (エネルギー最低の状態) では，陽子と電子との間の距離は 5.3×10^{-11} m である．陽子と電子との間に働くクーロン力の大きさ F を求めよ．

1.3　$4\,\mu$C と $6\,\mu$C の点電荷が 0.3 m だけ離れておかれているとき，その間に働くクーロン力の大きさは何 N か．またこの力は何 kg の物体に働く重力に相当するか．ただし，$1\,\mu\text{C} = 10^{-6}$ C であり，また重力加速度 g を $9.81\,\text{m/s}^2$ とする．

2.2 電　　場

空間中の1点Pに微小な電荷 δq をおいたとする．δq が十分小さければ，この電荷は周辺の状況に影響を与えないと考えられる．このような電荷を**試電荷**という．試電荷に働く力 $\boldsymbol{F}$ はクーロンの法則により δq に比例するが，これを

$$\boldsymbol{F} = \delta q\, \boldsymbol{E} \tag{2.6}$$

と表し，ベクトル $\boldsymbol{E}$ を**電場の強さ**，**電場ベクトル**または単に**電場**という．上式からわかるように，単位正電荷に働く力が電場であると考えてよい．電場 $\boldsymbol{E}$ は点Pを表す位置ベクトル $\boldsymbol{r}$ に依存し，$\boldsymbol{E} = \boldsymbol{E}(\boldsymbol{r})$ と書ける．このように空間の各点である種のベクトルが決まっているとき，その空間を**ベクトル場**という．$\boldsymbol{E}(\boldsymbol{r})$ が与えられているようなベクトル場のことも**電場**または**電界**という．

• 点電荷の作る電場 •　図2.2のように，位置ベクトル $\boldsymbol{r}'$ の点Qに電荷 q の点電荷が存在するとき，この点電荷が作る電場を考える．電場を観測する点をP(位置ベクトル $\boldsymbol{r}$) とすれば，PQ間の距離は $|\boldsymbol{r} - \boldsymbol{r}'|$ で，Pにおける電場の大きさ E は

$$E = \frac{|q|}{4\pi\varepsilon_0 |\boldsymbol{r} - \boldsymbol{r}'|^2}$$

と書ける．ここで，$(\boldsymbol{r} - \boldsymbol{r}')/|\boldsymbol{r} - \boldsymbol{r}'|$ がQからPへ向かう大きさ1のベクトル，すなわち**単位ベクトル**であることに注意すると，q の符号まで考慮し，点Pにおける電場 $\boldsymbol{E}$ は次のように表される．

$$\boldsymbol{E} = \frac{q}{4\pi\varepsilon_0} \frac{\boldsymbol{r} - \boldsymbol{r}'}{|\boldsymbol{r} - \boldsymbol{r}'|^3} \tag{2.7}$$

電場の大きさの単位は (2.6) からわかるように N/C である．ふつうは電位との関係から，電場の大きさの単位を V/m と表すことが多い．1 N/C = 1 V/m の関係が成り立つ．

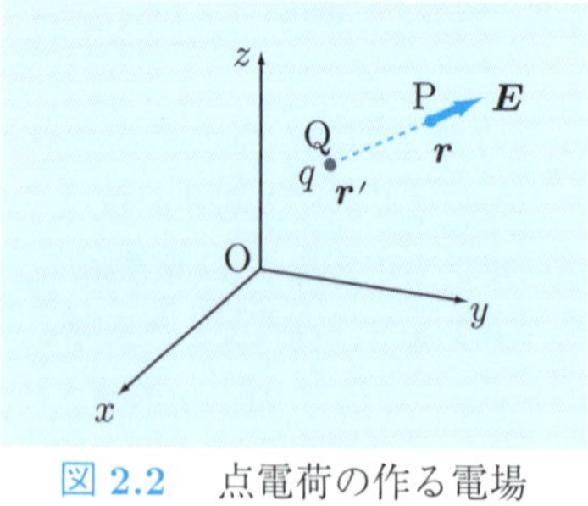

図 2.2　点電荷の作る電場

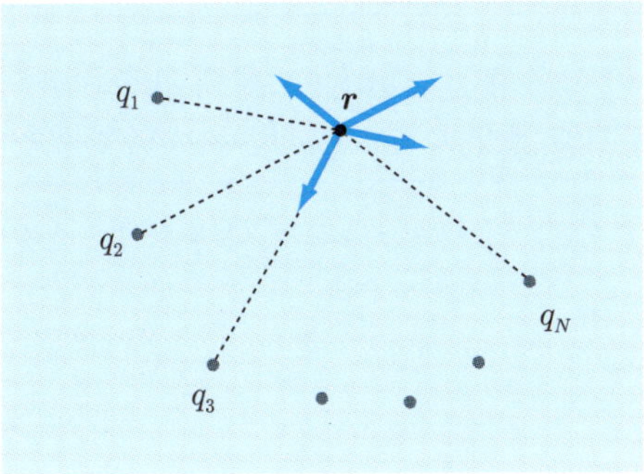

図 2.3　多数の点電荷

• 多数の点電荷が作る電場 •　以上の結果は多数の点電荷が存在するときに一般化できる．この場合には各電荷が作る電場を求め，それをベクトル的に加え合わせればよい．図 2.3 のように，位置ベクトル $\boldsymbol{r}_1, \boldsymbol{r}_2, \cdots, \boldsymbol{r}_N$ にそれぞれ $q_1, q_2, \cdots, q_N$ の点電荷があるとき，これら N 個の点電荷が $\boldsymbol{r}$ という場所に作る電場 $\boldsymbol{E}$ は，次のように書ける．

$$\boldsymbol{E} = \sum_{k=1}^{N} \frac{q_k}{4\pi\varepsilon_0} \frac{\boldsymbol{r} - \boldsymbol{r}_k}{|\boldsymbol{r} - \boldsymbol{r}_k|^3} \tag{2.8}$$

• 電気力線 •　電場を記述するのによく電気力線が使われる．各点における接線がその点における $\boldsymbol{E}$ の方向と一致するような曲線が**電気力線**で，これは流体中の速度を表す流線と似ている．電場 $\boldsymbol{E}$ は単位正電荷が受ける力であるから，電気力線は正の電荷から出発し，負の電荷で終わる．いわば，正電荷は電気力線が湧きだすところ，負電荷はそれが吸い込まれるところである (図 2.4)．

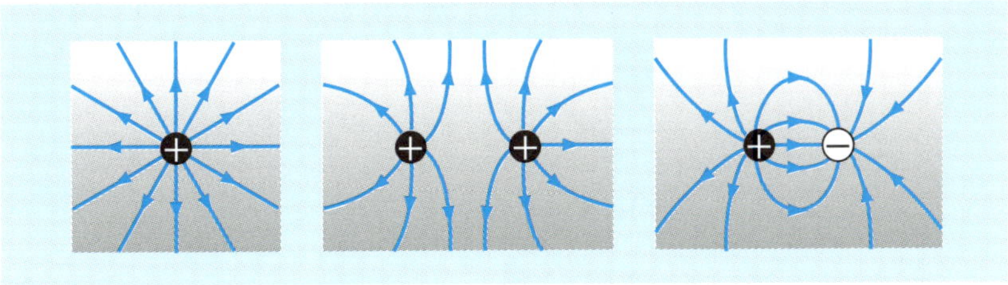

図 2.4　電気力線の例

例題 2 **z 軸上の 2 つの点電荷**

z 軸上で座標 $(0,0,a)$ の点 Q_+ に点電荷 q，座標 $(0,0,-a)$ の点 Q_- に点電荷 $-q$ がおかれている (図 2.5)．座標 x,y,z の点 P における電場 $\boldsymbol{E}$ を求めよ．

解答 点 Q_+ から点 P に向かうベクトルを $\boldsymbol{r}_+$ とすれば，その x,y,z 成分は

$$\boldsymbol{r}_+ = (x, y, z-a)$$

と書け

$$|\boldsymbol{r}_+|^3 = [x^2 + y^2 + (z-a)^2]^{3/2} \quad .$$

が成り立つ．このため，q の点電荷が作る電場を $\boldsymbol{E}_+$ とすれば

$$\boldsymbol{E}_+ = \frac{q}{4\pi\varepsilon_0} \frac{\boldsymbol{r}_+}{[x^2 + y^2 + (z-a)^2]^{3/2}}$$

が得られる．同様に点 Q_- から点 P に向かうベクトルを $\boldsymbol{r}_-$ とすれば

$$\boldsymbol{r}_- = (x, y, z+a)$$

となり，$-q$ の点電荷が作る電場 $\boldsymbol{E}_-$ は

$$\boldsymbol{E}_- = -\frac{q}{4\pi\varepsilon_0} \frac{\boldsymbol{r}_-}{[x^2 + y^2 + (z+a)^2]^{3/2}}$$

と表される．点 P での電場 $\boldsymbol{E}$ は

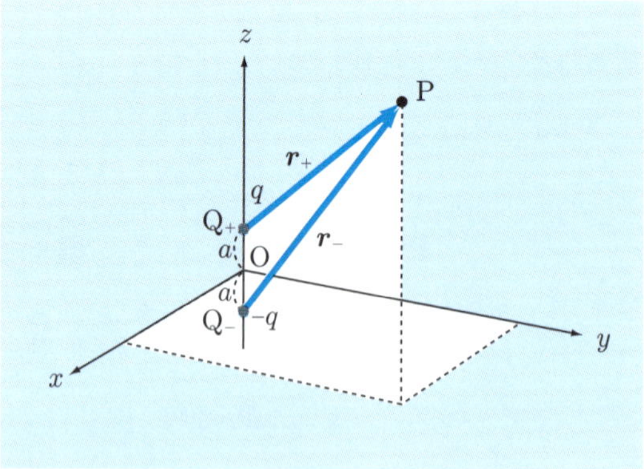

図 2.5 z 軸上の 2 つの点電荷

$$\boldsymbol{E} = \boldsymbol{E}_+ + \boldsymbol{E}_-$$

で与えられるので，この x, y, z 成分をとると，次の結果が導かれる．

$$E_x = \frac{qx}{4\pi\varepsilon_0}\left[\frac{1}{[x^2+y^2+(z-a)^2]^{3/2}} - \frac{1}{[x^2+y^2+(z+a)^2]^{3/2}}\right]$$

$$E_y = \frac{qy}{4\pi\varepsilon_0}\left[\frac{1}{[x^2+y^2+(z-a)^2]^{3/2}} - \frac{1}{[x^2+y^2+(z+a)^2]^{3/2}}\right]$$

$$E_z = \frac{q}{4\pi\varepsilon_0}\left[\frac{z-a}{[x^2+y^2+(z-a)^2]^{3/2}} - \frac{z+a}{[x^2+y^2+(z+a)^2]^{3/2}}\right]$$

問　題

2.1 上の例題で原点 O における電場を計算せよ．また，どうしてそのような結果が得られるかについて論じよ．

2.2 $a = 0.02\,\mathrm{m}$, $q = 3\,\mu\mathrm{C}$ の場合，原点における電場を求めよ．

2.3 x 軸上の原点 O の左側 0.1 m の点 A に $2\,\mu\mathrm{C}$ の点電荷，原点 O の右側 0.2 m の点 B に $3\,\mu\mathrm{C}$ の点電荷があるとき，原点 O における電場を求めよ．

流線と電気力線

空気や水のような気体と液体を総称して**流体**という．流体の運動を調べる物理学の分野が**流体力学**である．飛行機やロケットは空気中を運動し，汽船や潜水艦は水上や水中を運動する．このような点で流体力学は実用上重要な学問である．流体の運動を記述するのに流線が使われる．簡単にいえば，流体とともに動く点の軌跡が流線である．流線の微小部分を表すベクトルの x, y, z 成分を dx, dy, dz とし，流体の速度の同様な成分を v_x, v_y, v_z とすると流線は

$$\frac{dx}{v_x} = \frac{dy}{v_y} = \frac{dz}{v_z}$$

という方程式から決まる．同じように，$\boldsymbol{E}$ の x, y, z 成分により電気力線は

$$\frac{dx}{E_x} = \frac{dy}{E_y} = \frac{dz}{E_z}$$

の方程式で記述される．

例題 3　　**電荷の直線上の連続分布**

z 軸上で $-b$ から b まで電荷が一様な線密度 (単位長さ当たりの電荷) σ で直線状に分布しているとする (図 2.6)．x 軸上で原点 O から距離 a にある点 P における電場 $\boldsymbol{E}$ を計算せよ．

解答　点 P における電場 $\boldsymbol{E}$ を考えると，直線状の電荷の各部分が作る電場は xz 面内にあるから，$\boldsymbol{E}$ の y 成分は 0 である．z 軸上に点 Q の近傍で微小部分 dz をとるとこの部分は σdz の電荷をもつ (図 2.7)．点 Q から点 P に向かうベクトルを $\boldsymbol{r}$ とすれば，dz 部分の作る電場 $d\boldsymbol{E}$ は

$$d\boldsymbol{E} = \frac{\sigma dz}{4\pi\varepsilon_0}\frac{\boldsymbol{r}}{|\boldsymbol{r}|^3}$$

と表される．ベクトル $\boldsymbol{r}$ の x, z 成分はそれぞれ $a, -z$ で与えられ，また

$$|\boldsymbol{r}|^3 = (a^2 + z^2)^{3/2}$$

が成り立つ．したがって，$\boldsymbol{E}$ の x, z 成分は上の $d\boldsymbol{E}$ を z に関し加え合わせて (積分して)

$$E_x = \frac{\sigma a}{4\pi\varepsilon_0}\int_{-b}^{b}\frac{dz}{(a^2+z^2)^{3/2}}, \quad E_z = -\frac{\sigma}{4\pi\varepsilon_0}\int_{-b}^{b}\frac{zdz}{(a^2+z^2)^{3/2}}$$

と表される．右側の積分の被積分関数は z の奇関数で，積分の結果は 0 となる．すなわち $E_z = 0$ である．体系は xy 面に関して上下の対称性をもつので，この結果は当然ともいえる．一方，左側の積分では被積分関数は z の偶関数であるから E_x は次のようになる．

$$E_x = \frac{\sigma a}{2\pi\varepsilon_0}\int_{0}^{b}\frac{dz}{(a^2+z^2)^{3/2}}$$

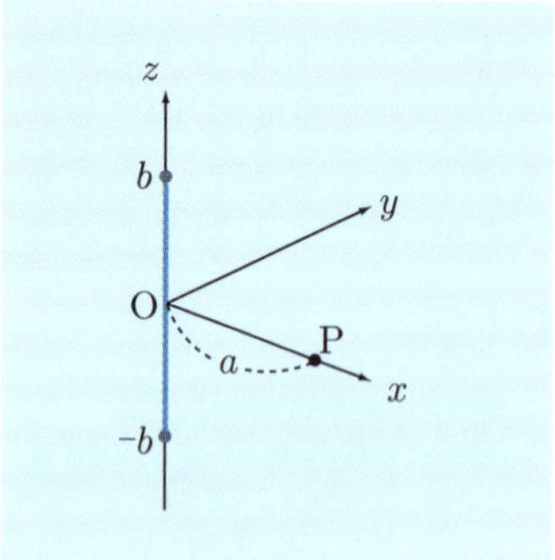

図 2.6　直線上の電荷分布

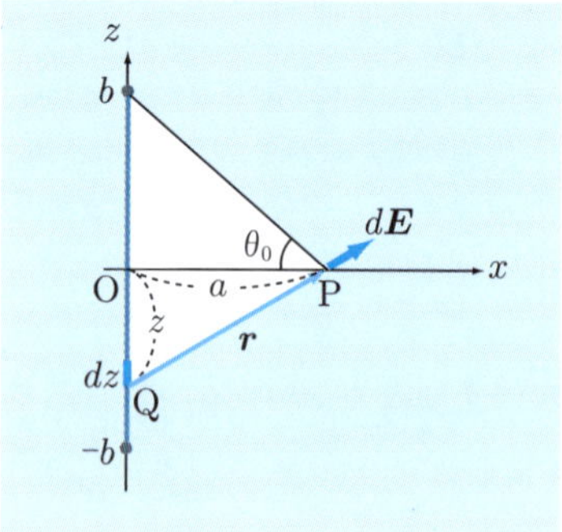

図 2.7　dz 部分

E_x を計算するため

$$z = a \tan \theta$$

とおき，積分変数を z から θ に変換する．図 2.7 のように角 θ_0 をとると z が 0 から b まで変わるとき，θ は 0 から θ_0 まで変わる．次の関係

$$dz = \frac{a}{\cos^2 \theta} d\theta, \quad a^2 + z^2 = a^2 \left(1 + \frac{\sin^2 \theta}{\cos^2 \theta}\right) = \frac{a^2}{\cos^2 \theta}$$

を利用すると，E_x は

$$E_x = -\frac{\sigma}{2\pi\varepsilon_0 a} \int_0^{\theta_0} \cos\theta d\theta = \frac{\sigma \sin\theta_0}{2\pi\varepsilon_0 a}$$

と計算される．$\sin\theta_0$ は

$$\sin\theta_0 = \frac{b}{\sqrt{a^2 + b^2}}$$

と表されるので，E_x は次のように求まる．

$$E_x = \frac{\sigma b}{2\pi\varepsilon_0 a \sqrt{a^2 + b^2}}$$

問　題

3.1 直線が無限に長いときの電場を求めよ．

3.2 例題 3 で $-b$ から b まで電荷 q が一様に分布しているとする．この場合の電場はどのように表されるか．

3.3 図 2.8 に示すような xy 面上で原点 O を中心とする半径 a の円輪を考える．電荷は一様に円周上に分布していると仮定し，その線密度を σ とおく．z 軸上の点を P としその座標を z とする．円輪上に微小な長さ ds をとり，この部分が P に作る電場を図のように $d\boldsymbol{E}$ とする．以下の問に答えよ．

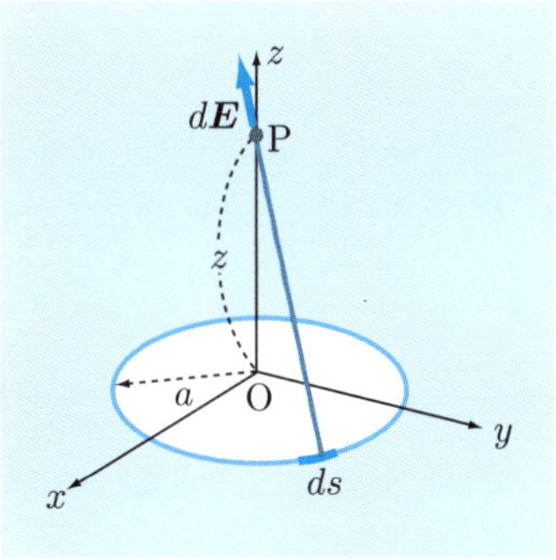

図 2.8　xy 面上の円

(a)　微小部分 ds について積分すると，電場の x, y 成分は 0 となる．その理由について述べよ．

(b)　点 P における電場を求めよ．

(c)　円輪が電荷 q をもっているとき，電場はどのように表されるか．

例題 4　　円板上の電荷分布

xy 面上に原点 O を中心とする半径 a の円板があり，電荷が一様に円板上に分布しているとする．電荷の面密度 (単位面積当たりの電荷) を σ とする (σ は一定)．z 軸上の点 P における電場を求めよ．

解答　図 2.9 のように，半径が $r \sim r + dr$ の範囲内にある部分を考えると，それは近似的に円輪とみなせる．この円輪がもつ電荷は $2\pi\sigma r dr$ で与えられる．問題 3.3 と同様，電場は z 方向を向くが，円板全体が作る電場 E_z は問題 3.3 の結果を利用し

$$
\begin{aligned}
E_z &= \frac{z}{4\pi\varepsilon_0} \int_0^a \frac{2\pi\sigma r}{(r^2 + z^2)^{3/2}} dr = \frac{\sigma z}{2\varepsilon_0} \left[-(r^2 + z^2)^{-1/2} \right]_0^a \\
&= \frac{\sigma z}{2\varepsilon_0} \left[\frac{1}{|z|} - \frac{1}{\sqrt{a^2 + z^2}} \right]
\end{aligned}
$$

と計算される．

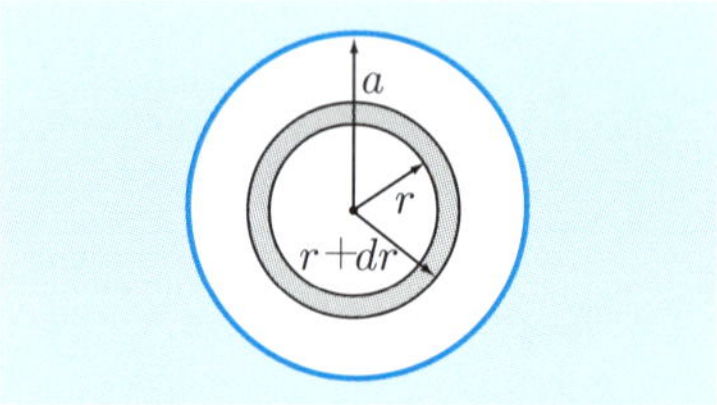

図 2.9　半径 a の円板

問　題

4.1　電荷 Q が一様に円板上に分布する場合，E_z はどのように表されるか．

4.2　電荷が一様に xy 面全体に分布するときの電場を求めよ．

日常生活における電荷

私たちは日常生活で各種の電気器具を利用している．電気器具には電流が流れ，電流は電荷の流れであるから，そういう点で四六時中，私たちは電荷に接している．本章では静止した電気すなわち静電気が主題であるが，よく乾燥した日には，衣服が電気を帯びて体にまつわりついたり，静電気に感電したりして，電荷の存在を実感している．昔に比べ建物の気密性がよくなったせいか，静電気の発生は日常茶飯事である．一方，電荷は空気清浄器やコピー機に利用され，私たちの実生活に役立つという側面もある．

2.3 ガウスの法則

電荷と電場との間には密接な関係が存在し，それを数学的に表現するのがガウスの法則である．図 2.10 に示すように空間中に適当な領域 V をとりその表面を S とし，V 中に含まれる電荷量を Q とする．また，S の内側から外側へ向かうような表面への法線方向の単位ベクトルを $\boldsymbol{n}$ とし，$\boldsymbol{E}$ の $\boldsymbol{n}$ 方向の成分を E_n とする (図 2.11)．$\boldsymbol{E}$ と $\boldsymbol{n}$ のなす角を θ とすれば，E_n は

$$E_n = E\cos\theta \tag{2.9}$$

と書ける．S にわたる E_n の面積積分に対し

$$\varepsilon_0 \int_S E_n dS = Q \tag{2.10}$$

が成り立つ．これを**ガウスの法則**という．

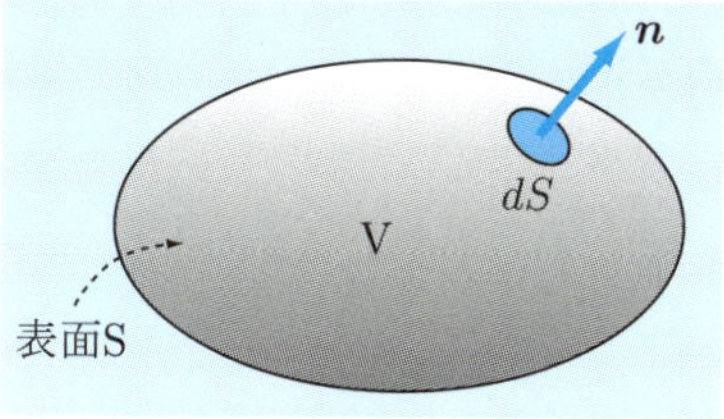

図 2.10　領域 V と表面 S

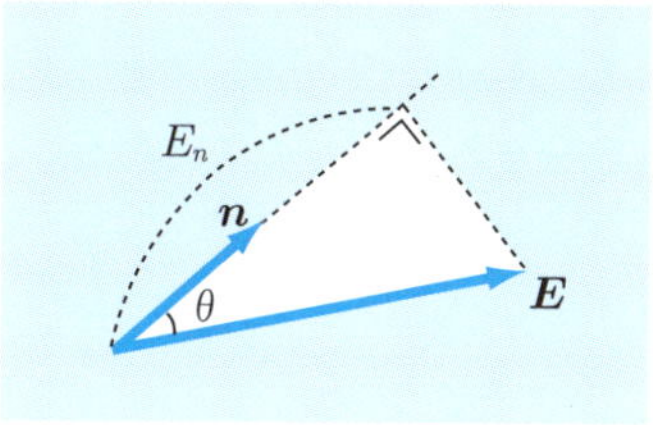

図 2.11　$\boldsymbol{E}$ の $\boldsymbol{n}$ 方向の成分

• スカラー積 •　2 つのベクトル $\boldsymbol{A}, \boldsymbol{B}$ があり両者のなす角を θ，$\boldsymbol{A}, \boldsymbol{B}$ の大きさをそれぞれ A, B とするとき

$$\boldsymbol{A}\cdot\boldsymbol{B} = AB\cos\theta \tag{2.11}$$

と記し，これを $\boldsymbol{A}$ と $\boldsymbol{B}$ との**スカラー積**という．(2.9) は

$$E_n = \boldsymbol{E}\cdot\boldsymbol{n}$$

と書ける．スカラー積の詳細については付録を参照せよ．

• ガウスの法則の簡単な例 •　点電荷 q を中心とする半径 r の球を考え，その球面を S とする．S 上で

$$E_n = \frac{q}{4\pi\varepsilon_0 r^2} \tag{2.12}$$

と書けるので，球の表面積が $4\pi r^2$ であることに注意すると，(2.10) の左辺の積分は q と計算され，ガウスの法則が確かめられる．

例題 5　　**ガウスの法則の導出**

V 中に 1 個の点電荷 q が含まれているとして，ガウスの法則を導け．ただし，$q > 0$ と仮定する．

解答　q から dS に向かうベクトルを $\boldsymbol{r}$ とすれば (図 2.12)，$\boldsymbol{E}$ は (2.7) により

$$\boldsymbol{E} = \frac{q}{4\pi\varepsilon_0}\frac{\boldsymbol{r}}{r^3}$$

と書ける．上式と $\boldsymbol{n}$ とのスカラー積をとり $\boldsymbol{r}\cdot\boldsymbol{n} = r\cos\theta$ を使うと次のようになる．

$$E_n = \boldsymbol{E}\cdot\boldsymbol{n} = \frac{q}{4\pi\varepsilon_0}\frac{\cos\theta}{r^2}$$

点電荷 q から dS を見る円錐状の立体を考え，図 2.13 のように dS のところで，円錐面を垂直に切った部分の面積を dS' とする．dS, dS' が十分小さければ，dS 部分も dS' 部分も平面とみなされ，両者の平面のなす角は θ に等しい．このため $dS' = dS\cos\theta$ が成り立つ．一方，dS' を $dS' = r^2 d\Omega$ と表したとき $d\Omega$ は q が dS を見込む**立体角**と呼ばれる．$\cos\theta/r^2 = d\Omega/dS$ となり $E_n dS = q d\Omega/4\pi\varepsilon_0$ が得られる．これを S 全体について積分すると次のようになる．

$$\int_S E_n dS = \frac{q}{4\pi\varepsilon_0}\int d\Omega$$

右辺の積分は問題 5.1 で学ぶように 4π と計算され，ガウスの法則が導かれる．なお，以上の議論では図を描く都合上 $q > 0$ としたが，$q < 0$ の場合には E_n の符号が逆転するだけで得られた結果はそのまま成り立つ．

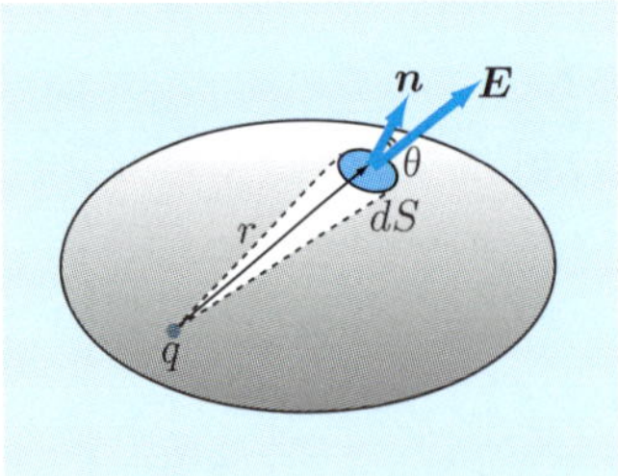

図 2.12　ガウスの法則

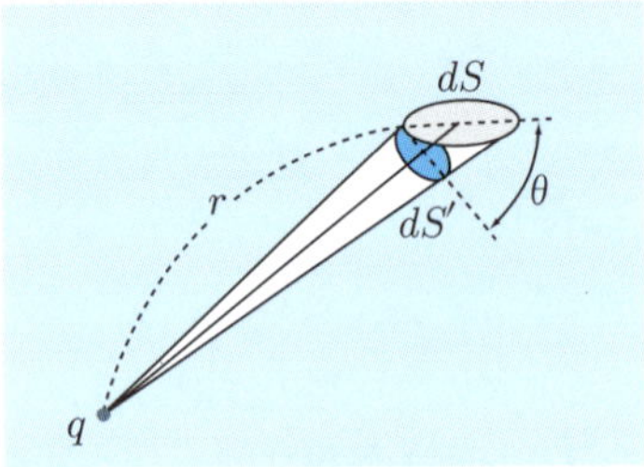

図 2.13　dS を見込む立体角

問　題

5.1　全空間を見込む立体角は 4π であることを示せ．

5.2　点電荷 q が V の外にある場合について論じよ．

5.3　V 中に多数の点電荷 $q_1, q_2, \cdots$ が含まれるときを扱い (2.10) を導け．

2.4 ガウスの法則の応用

ガウスの法則はクーロンの法則から導かれるが，注目する体系の対称性が利用できるため，電場を求める際クーロンの法則自身より便利な点が多い．以下 2 つほど応用例を紹介しよう．

• 無限に長い直線上での一様な電荷分布 •　線密度 σ が一定な無限に長い直線状の正電荷が作る電場を考える．この問題は前記の問題 3.1 で扱ったが，ここではガウスの法則を利用する．直線と垂直な平面をとると，この平面に関する上下の対称性から，電場はこの平面内に存在することがわかる．また，直線を含む任意の平面を考えたとき，すべての状況はこの平面に対し対称であるから，電場はこの面内に生じる．よって，電場のベクトルを延長すると直線と交わることがわかる．すなわち，電場は直線と垂直な平面上で直線を中心として放射状に生じる (図 2.14)．さらに，直線の回りの軸対称性により，電場の大きさ E は直線からの距離だけに依存する．そこで，図のように，底面が直線と垂直であるような半径 a の円で，高さが h の円筒を考える．円筒の上下の面では

$$E_n = 0$$

で，また側面では

$$E_n = E$$

が成立する．側面の面積が $2\pi ah$ であることに注意すると，ガウスの法則により

$$2\pi ah\varepsilon_0 E = h\sigma$$

が得られる．したがって，E は

$$E = \frac{\sigma}{2\pi\varepsilon_0 a}$$

と求まる．$\sigma < 0$ の場合には上式で σ を $|\sigma|$ とすればよい．上式は問題 3.1 で求めた結果と一致する．

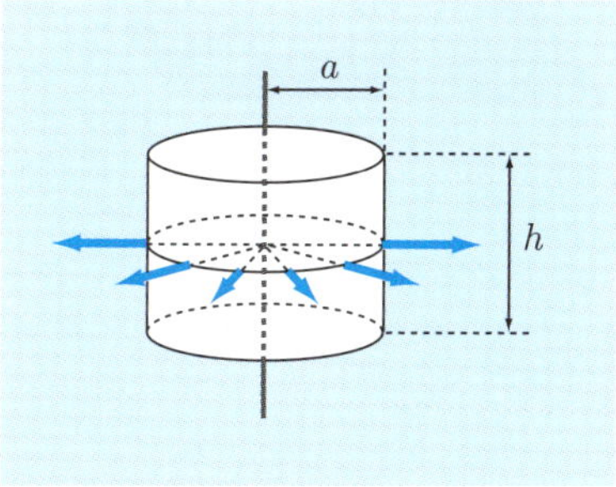

図 2.14　直線上の電荷

• 無限に広い平面上での一様な電荷分布 • 面密度 σ が一定な無限に広い平面状の電荷が作る電場を考える ($\sigma > 0$ と仮定). 図 2.15 のように, 平面に垂直な円筒の表面にガウスの法則を適用する. ただし, 円筒の上面, 下面はそれぞれ平面と平行で, また両者は平面から同じ距離にあるとする. 対称性により, 電場は平面と垂直となる. また, 円筒の上面のどの点も等価で, このためそこで電場は一定の大きさ E をもつ. 円筒の下面では, 電場の状態は図 2.15 の矢印のようになる. 上面, 下面 (面積 S) で

$$E_n = E$$

側面では

$$E_n = 0$$

である. したがって, ガウスの法則により

$$\begin{aligned}\varepsilon_0 \int_{\mathrm{S}} E_n dS &= 2\varepsilon_0 ES \\ &= \sigma S\end{aligned}$$

と書け

$$E = \frac{\sigma}{2\,\varepsilon_0}$$

となる. 以上 $\sigma > 0$ としたが, 電場の向きを逆にすれば得られた結果は $\sigma < 0$ の場合にも成立する. これらは問題 4.2 と同じ結果である.

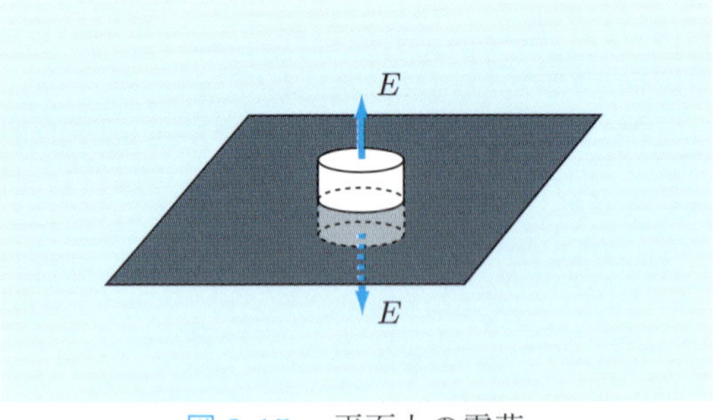

図 2.15 平面上の電荷

例題 6 **球面上に一様に分布する電荷**

原点 O を中心とする半径 a の球面上で一様に電荷が分布しているとする．電荷量を Q としたとき，球の内外における電場を求めよ．

解答 原点 O を中心とする半径 r の球面 S にガウスの法則を適用しよう．S 上の点 P における $\boldsymbol{E}$ を考えると，原点の回りの球対称性により $\boldsymbol{E}$ は O から P に向かう直線上に生じ，E_n は r だけの関数となる．以下，$E_n = E(r)$ と書く．$r < a$ の場合には V の内部に電荷がないので

$$\varepsilon_0 \int_{\mathrm{S}} E(r) dS = 0$$

となり，$E(r) = 0$ が得られる．すなわち，球内で電場は生じない．

一方，$r > a$ だと V 内の電荷量は Q であるから

$$\varepsilon_0 \int_{\mathrm{S}} E(r) dS = Q$$

が導かれる．$E(r)$ は S 上で一定で，上式から $4\pi\varepsilon_0 r^2 E(r) = Q$ となる．すなわち $E(r)$ は

$$E(r) = \frac{Q}{4\pi\varepsilon_0 r^2}, \quad (r > a)$$

と表される．これは原点に点電荷 Q がおかれているときの電場に等しい．$E(r)$ は r の関数として $r = a$ のところで不連続となる (図 2.16)

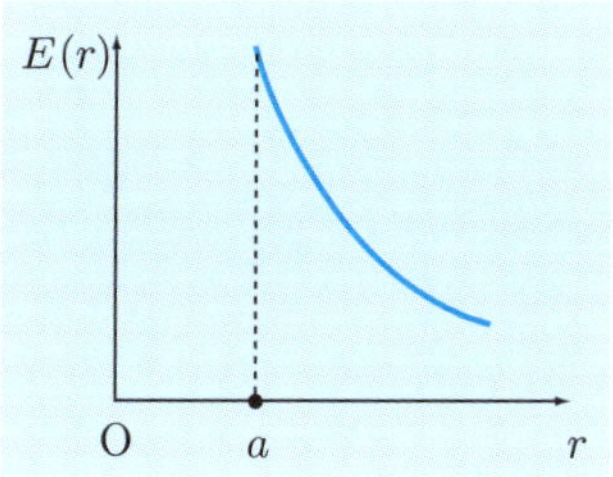

図 2.16 $E(r)$ の r 依存性

問 題

6.1 半径 a の球内で電荷 Q が一様に分布していると仮定して，この場合の電荷密度 ρ を求めよ．

6.2 問題 6.1 の体系で球の中心からの距離 r の関数として電場 $E(r)$ を計算せよ．

3 電位と導体

3.1 電　　位

位置ベクトル $\boldsymbol{r}$ の関数 $V(\boldsymbol{r})$ があり，電場 $\boldsymbol{E}$ の x, y, z 成分が

$$E_x = -\frac{\partial V}{\partial x}, \quad E_y = -\frac{\partial V}{\partial y}, \quad E_z = -\frac{\partial V}{\partial z} \tag{3.1}$$

で与えられるとき，この V を**電位**または**静電ポテンシャル**という．$\partial V/\partial x$ は y, z を一定に保って x で微分することを意味し，このような演算を**偏微分**という．$\partial V/\partial y, \partial V/\partial z$ も同じ意味をもつ．(3.1) のように各成分の式を一々書くのは面倒なので，これらをまとめ

$$\boldsymbol{E} = -\nabla V, \quad \boldsymbol{E} = -\mathrm{grad}\, V \tag{3.2}$$

と記す．∇ は**ナブラ**と呼ばれる偏微分を表す演算子である．本書では ∇ の記号を用いることにする．(3.1) からわかるように，電位の次元は (電場)×(長さ) である．2.2 節で述べたように国際単位系における電場の単位は N/C = V/m であり，よって電位の SI 単位系での単位は**ボルト**である．

ある V が (3.1) を満たすと，それに任意定数を加えたものも同式を満たす．このため，電位は一義的には決定されず，付加定数だけの不定性が残る．通常，適当な基準点を決めてこの不定性を除く．例えば，無限遠とか地球を基準点にとり，そこで電位を 0 とする．物理量として意味があるのは電位の差すなわち**電位差**であるから，基準点の決め方は本来どうでもよい．しかし，一度基準点を決めたら，最後までそれを守らねばならない．点 $\boldsymbol{r}'$ に電荷 q の点電荷があるとき，それによる点 $\boldsymbol{r}$ での電位 $V(\boldsymbol{r})$ は

$$V(\boldsymbol{r}) = \frac{q}{4\pi\varepsilon_0}\frac{1}{|\boldsymbol{r} - \boldsymbol{r}'|} \tag{3.3}$$

で与えられる (例題 1). 多数の点電荷があり，点 $\boldsymbol{r}_1$ に q_1 の点電荷, 点 $\boldsymbol{r}_2$ に q_2 の点電荷, $\cdots$, 点 $\boldsymbol{r}_N$ に q_N の点電荷があるとすると，これら N 個の点電荷が作る電位は点 $\boldsymbol{r}$ で

$$V(\boldsymbol{r}) = \frac{1}{4\pi\varepsilon_0}\sum_{k=1}^{N}\frac{q_k}{|\boldsymbol{r} - \boldsymbol{r}_k|} \tag{3.4}$$

と表される (問題 1.2 参照). 電荷が連続的に分布するような場合には，電荷密度を使い和のかわりに積分をとればよい．電場はベクトルであるが，電位はスカラーで，このため電位の方が数学的な取り扱いが簡単である．

例題 1 **点電荷の電位**

点 $\boldsymbol{r}'$ に電荷 q の点電荷があるとき，点 $\boldsymbol{r}$ での電位 $V(\boldsymbol{r})$ は

$$V(\boldsymbol{r}) = \frac{q}{4\pi\varepsilon_0}\frac{1}{|\boldsymbol{r}-\boldsymbol{r}'|}$$

と書けることを示せ．

解答 $\boldsymbol{r}, \boldsymbol{r}'$ を座標で表し $\boldsymbol{r} = (x, y, z)$, $\boldsymbol{r}' = (x', y', z')$ とすれば

$$|\boldsymbol{r}-\boldsymbol{r}'| = [(x-x')^2 + (y-y')^2 + (z-z')^2]^{1/2}$$

が成り立つ．上式を x で偏微分すると

$$\frac{\partial|\boldsymbol{r}-\boldsymbol{r}'|}{\partial x} = \frac{x-x'}{[(x-x')^2 + (y-y')^2 + (z-z')^2]^{1/2}} = \frac{x-x'}{|\boldsymbol{r}-\boldsymbol{r}'|}$$

である．ところで，$|\boldsymbol{r}-\boldsymbol{r}'|^{-1}$ を x で偏微分する際，普通の微分演算と同様，まず $|\boldsymbol{r}-\boldsymbol{r}'|^{-1}$ を $|\boldsymbol{r}-\boldsymbol{r}'|$ で微分し，それに $\partial|\boldsymbol{r}-\boldsymbol{r}'|/\partial x$ を掛ければよい．前者の微分は $-|\boldsymbol{r}-\boldsymbol{r}'|^{-2}$ をもたらす．こうして

$$-\frac{\partial V}{\partial x} = \frac{q}{4\pi\varepsilon_0}\frac{1}{|\boldsymbol{r}-\boldsymbol{r}'|^2}\frac{x-x'}{|\boldsymbol{r}-\boldsymbol{r}'|} = \frac{q}{4\pi\varepsilon_0}\frac{x-x'}{|\boldsymbol{r}-\boldsymbol{r}'|^3}$$

が導かれる．この結果は (2.7) の x 成分をとったものと一致する．すなわち，$E_x = -\partial V/\partial x$ が導かれる．y, z 成分についても同様で，与式が実際，電位の条件を満たすことがわかる．いまの式で $|\boldsymbol{r}| \to \infty$ とすれば $V(\boldsymbol{r}) \to 0$ となる．したがって，いまの場合，無限遠で電位が 0 となるよう基準を選んでいることになる．

問　題

1.1 ある点に電場 $\boldsymbol{E}_1, \boldsymbol{E}_2, \cdots$ が同時に働くとき，その結果は $\boldsymbol{E} = \boldsymbol{E}_1 + \boldsymbol{E}_2 + \cdots$ というベクトル和の $\boldsymbol{E}$ が働くのと同じになる．個々の電場が電位から導かれるとし

$$\boldsymbol{E}_1 = -\nabla V_1, \quad \boldsymbol{E}_2 = -\nabla V_2, \quad \cdots$$

が成り立つとする．この場合の $\boldsymbol{E}$ はどのように表されるか．

1.2 問題 1.1 の結果を利用して (3.4) を導け．

1.3 xy 面上に原点 O を中心とする半径 a の円輪があり，円上には一様な線密度 σ で電荷が分布している．z 軸上の点 P における電位を求めよ．

1.4 問題 1.3 で導かれた電位から電場を求め，2 章の問題 3.3 と同じになることを確かめよ．

1.5 ある領域 V 内で電荷が連続的に分布しているとする．点 $\boldsymbol{r}'$ における電荷密度を $\rho(\boldsymbol{r}')$ として，点 $\boldsymbol{r}$ での電位 $V(\boldsymbol{r})$ に対する表式を導け．

例題 2 **ラプラス方程式**

(3.4) で $\boldsymbol{r} \neq \boldsymbol{r}_k$ として電位 $V(\boldsymbol{r})$ に対するラプラス方程式

$$\Delta V(\boldsymbol{r}) = 0$$

を導出せよ．ただし Δ は

$$\Delta = \frac{\partial^2}{\partial x^2} + \frac{\partial^2}{\partial y^2} + \frac{\partial^2}{\partial z^2}$$

で定義される**ラプラシアン**である．

解答 $\boldsymbol{r} \neq \boldsymbol{r}_k$ とすれば $|\boldsymbol{r} - \boldsymbol{r}_k|$ は 0 にならないから，$1/|\boldsymbol{r} - \boldsymbol{r}_k|$ は微分可能である．これを x で偏微分すると

$$\frac{\partial}{\partial x} \frac{1}{|\boldsymbol{r} - \boldsymbol{r}_k|} = -\frac{x - x_k}{|\boldsymbol{r} - \boldsymbol{r}_k|^3}$$

が成立する．上式をもう 1 回 x で偏微分すると

$$\begin{aligned}
\frac{\partial^2}{\partial x^2} \frac{1}{|\boldsymbol{r} - \boldsymbol{r}_k|} &= -\frac{1}{|\boldsymbol{r} - \boldsymbol{r}_k|^3} + \frac{3(x - x_k)}{|\boldsymbol{r} - \boldsymbol{r}_k|^4} \frac{\partial}{\partial x} |\boldsymbol{r} - \boldsymbol{r}_k| \\
&= -\frac{1}{|\boldsymbol{r} - \boldsymbol{r}_k|^3} + \frac{3(x - x_k)^2}{|\boldsymbol{r} - \boldsymbol{r}_k|^5}
\end{aligned}$$

が得られる．同様に，次の関係が導かれる．

$$\begin{aligned}
\frac{\partial^2}{\partial y^2} \frac{1}{|\boldsymbol{r} - \boldsymbol{r}_k|} &= -\frac{1}{|\boldsymbol{r} - \boldsymbol{r}_k|^3} + \frac{3(y - y_k)^2}{|\boldsymbol{r} - \boldsymbol{r}_k|^5} \\
\frac{\partial^2}{\partial z^2} \frac{1}{|\boldsymbol{r} - \boldsymbol{r}_k|} &= -\frac{1}{|\boldsymbol{r} - \boldsymbol{r}_k|^3} + \frac{3(z - z_k)^2}{|\boldsymbol{r} - \boldsymbol{r}_k|^5}
\end{aligned}$$

以上の 3 式を加え合わせ

$$(x - x_k)^2 + (y - y_k)^2 + (z - z_k)^2 = |\boldsymbol{r} - \boldsymbol{r}_k|^2$$

の関係に注意すると

$$\Delta \frac{1}{|\boldsymbol{r} - \boldsymbol{r}_k|} = 0$$

であることがわかる．したがって，(3.4) により $\boldsymbol{r}$ が $\boldsymbol{r}_1, \boldsymbol{r}_2, \cdots, \boldsymbol{r}_N$ と一致しない限り $\Delta V(\boldsymbol{r}) = 0$ が成り立つ．

問　題

2.1 $V(\boldsymbol{r}) = -Ez + V$ (E, V は定数) の電位は，z 方向に生じる一様な電場を記述することを示せ．

2.2 問題 2.1 の電位がラプラス方程式の解であることを証明せよ．

2.3 ラプラス方程式の解を z で偏微分したものも解であることを示せ．

例題 3 **ポアソン方程式†**

例題 2 の結果を一般化すると，δ 関数を用い

$$\Delta\frac{1}{|\boldsymbol{r}-\boldsymbol{r}_k|}=-4\pi\delta(\boldsymbol{r}-\boldsymbol{r}_k)$$

となる．この関係を利用し，電位 $V(\boldsymbol{r})$ と電荷密度 $\rho(\boldsymbol{r})$ との間に成り立つ

$$\varepsilon_0\Delta V(\boldsymbol{r})=-\rho(\boldsymbol{r})$$

の**ポアソン方程式**を導け．

解答 問題 1.5 で得た結果は

$$V(\boldsymbol{r})=\frac{1}{4\pi\varepsilon_0}\int_{\mathrm{V}}\frac{\rho(\boldsymbol{r}')}{|\boldsymbol{r}-\boldsymbol{r}'|}dV'$$

と表される．上式のラプラシアンをとると

$$\Delta V(\boldsymbol{r})=\frac{1}{4\pi\varepsilon_0}\int_{\mathrm{V}}\rho(\boldsymbol{r}')\Delta\frac{1}{|\boldsymbol{r}-\boldsymbol{r}'|}dV'=-\frac{1}{\varepsilon_0}\int\rho(\boldsymbol{r}')\delta(\boldsymbol{r}-\boldsymbol{r}')dV'=-\frac{1}{\varepsilon_0}\rho(\boldsymbol{r})$$

となってポアソン方程式が導かれる．

問　題

3.1 点 $\boldsymbol{r}_1$ に q_1 の点電荷，点 $\boldsymbol{r}_2$ に q_2 の点電荷，$\cdots$ のような点電荷が存在するとき $\rho(\boldsymbol{r})=\sum q_k\delta(\boldsymbol{r}-\boldsymbol{r}_k)$ の $\rho(\boldsymbol{r})$ は電荷密度であることを示せ．

3.2 (3.4) から出発し問題 3.1 の結果を利用してポアソン方程式を導け．

δ 関数とは

空間中の 1 点 $\boldsymbol{r}$ を固定したとし，$\boldsymbol{r}'$ が $\boldsymbol{r}$ の近傍で微小体積 $\mathit{\Delta}v$ 中にあるときは $1/\mathit{\Delta}v$ となり，$\boldsymbol{r}'$ がこの外にあるときは 0 であるような $\boldsymbol{r}'$ の関数を $\mathit{\Delta}(\boldsymbol{r}-\boldsymbol{r}')$ と表す．この関数を $\boldsymbol{r}'$ に関し体積積分すると

$$\int\mathit{\Delta}(\boldsymbol{r}-\boldsymbol{r}')dV'=1$$

となる．$\mathit{\Delta}v\to 0$ の極限で得られるのが δ 関数で，$\delta(\boldsymbol{r}-\boldsymbol{r}')=0\ \ (\boldsymbol{r}\neq\boldsymbol{r}')$，$\delta(\boldsymbol{r}-\boldsymbol{r}')=\infty\ \ (\boldsymbol{r}=\boldsymbol{r}')$ という性質をもつ．

† この例題には δ 関数というやや高級な概念が含まれている．δ 関数に不慣れな読者はこのページのコラム欄と付録「ベクトル解析と δ 関数」を読んだ後，本例題を学ぶとよい．

3.2　電位と仕事

• 電気力のする仕事 •　単位正電荷に働く力は $\boldsymbol{E}$ であるから，電荷 q の点電荷に働く電気力は $q\boldsymbol{E}$ と表される．この電荷が $d\boldsymbol{s}$ だけ移動したとき電気力のする仕事 dW は $dW = q\boldsymbol{E}\cdot d\boldsymbol{s}$ と書ける．図 3.1 のように A から B に至る任意の曲線 C を考えると，電荷が A から B まで移動したときに電気力のする仕事 W は，上の dW を C に沿って積分し

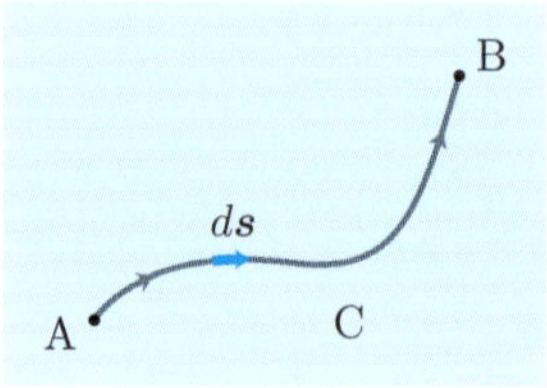

図 3.1　A から B に至る曲線 C

$$W = q\int_{\mathrm{C}} \boldsymbol{E}\cdot d\boldsymbol{s} \tag{3.5}$$

と表される．このような曲線に沿う積分を**線積分**という．一般に W は C の取り方に依存する．しかし，電場が電位から導かれる場合，W は

$$W = q[V(\mathrm{A}) - V(\mathrm{B})] \tag{3.6}$$

で与えられる (例題 4)．上式で $V(\mathrm{A})$, $V(\mathrm{B})$ はそれぞれ点 A,B における電位を表す．これからわかるように，仕事 W は経路 C に依存せず，A と B における**電位差**だけで決まる．この電位差はまた電圧を表す．

(3.6) は電位の単位ボルトと力学的な仕事の単位ジュールを結び付ける関係でもある．W は q の電荷が移動するときの仕事であるから，1 C の電荷が移動したとき電気力が 1 J の仕事をしたとすれば，その場合の電位差が 1 V に等しいということになる．

• 電位と位置エネルギー •　点電荷 q が電場 $\boldsymbol{E}$ 中にあると，その点電荷に働く電気力は $\boldsymbol{F} = q\boldsymbol{E}$ で与えられる．この力に逆らい，点電荷を基準点 B から点 A まで移動させるのに必要な仕事 $U(\mathrm{A})$ は，移動に必要な力が $-q\boldsymbol{E}$ であることに注意すれば

$$U(\mathrm{A}) = -q\int_{\mathrm{B}}^{\mathrm{A}} \boldsymbol{E}\cdot d\boldsymbol{s} = q[V(\mathrm{A}) - V(\mathrm{B})]$$

と表される．特に $V(\mathrm{B})=0$ となるよう基準を選んだとすれば

$$U(\mathrm{A}) = qV(\mathrm{A}) \tag{3.7}$$

となる．基準点から点 A まで点電荷を移動させるのに (3.7) だけの仕事が必要であるから，点 A にいる点電荷はそれだけの位置エネルギーをもつと考えられる．すなわち，位置エネルギーは電荷と電位の積に等しい．

例題 4　　**電気力のする仕事と電位**

電場が電位から導かれるとして，電気力のする仕事 W について論じよ．

解答　(3.1) を使い $\boldsymbol{ds}$ の成分を dx, dy, dz とすればスカラー積の定義 (付録参照) を利用して

$$\boldsymbol{E}\cdot d\boldsymbol{s} = -\frac{\partial V}{\partial x}dx - \frac{\partial V}{\partial y}dy - \frac{\partial V}{\partial z}dz = -dV$$

となる．ここで，dV は V の全微分で

$$dV = V(x+dx, y+dy, z+dz) - V(x,y,z) = \frac{\partial V}{\partial x}dx + \frac{\partial V}{\partial y}dy + \frac{\partial V}{\partial z}dz$$

を意味する．ただし，dx, dy, dz に関する高次の項は省略した．以上の関係から，下のような計算で (3.6) が導かれる．

$$W = q\int_{\mathrm{C}} \boldsymbol{E}\cdot d\boldsymbol{s} = q\int_{\mathrm{A}}^{\mathrm{B}} (-dV) = q[V(\mathrm{A}) - V(\mathrm{B})]$$

問　題

4.1　電子が 0 V の電位のところから 1 V の電位のところに加速されたとき，電子の得るエネルギーを 1 **電子ボルト** (eV) という．1 電子ボルトは何 J か．

4.2　図 3.2 のように点電荷 q, q' が距離 r だけ離れておかれているとする．q の位置を固定したとし，無限遠の彼方から電荷 q' を移動させ図 3.2 の状態を実現するのに必要な仕事を**クーロンポテンシャル**という．(3.7) を利用してクーロンポテンシャル U を求めよ．

4.3　一定な面密度 σ をもつ半径 a の円板がある (図 3.3)．円の中心 O から z 軸上の座標 z_0 の点 P まで点電荷 q が移動したとき電気力のする仕事を求めよ．

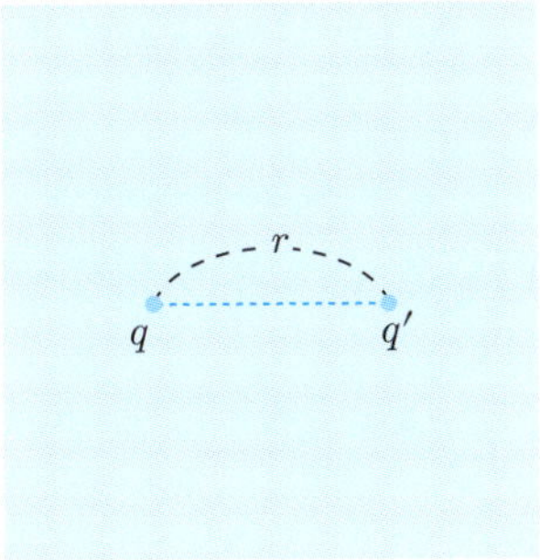

図 3.2　クーロンポテンシャル

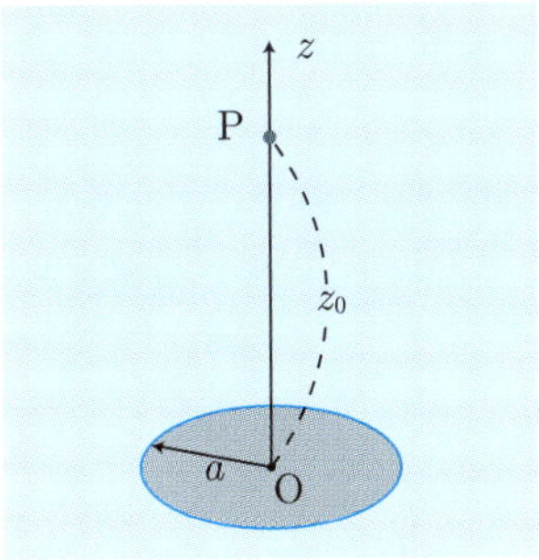

図 3.3　一様な円板

例題 5　　**等電位面**

電位 $V(\boldsymbol{r})$ は $\boldsymbol{r}$ すなわち x, y, z の関数であるが，$V(\boldsymbol{r})=$ 一定という条件を課すると空間中に 1 つの曲面が得られる．これを**等電位面**という．上の一定値をいろいろ変えると，空間中にたくさんの等電位面が描かれる．等電位面に関する次の性質を導け．

(a)　電場 (したがって電気力線) は等電位面と直交し，電位の減る方を向く．

(b)　等電位面上を電荷が移動するとき，電気力は仕事をしない．

解答　(a)　1 つの等電位面に注目し，この面上で微小変位 $d\boldsymbol{s}$ を考える．定義により等電位面上では電位が一定に保たれるから $dV=0$ が成り立ち，このため $\boldsymbol{E}\cdot d\boldsymbol{s}=0$ となる．したがって，スカラー積の性質により $\boldsymbol{E}$ と $d\boldsymbol{s}$ とは直交することがわかる．また，図 3.4 のように等電位面上にある点の近傍を考え，等電位面を平面とみなして，この平面上に x, y 軸をとる．電場は z 軸に沿うが，図 3.5 に示すように電位 $V(z)$ が z の減少関数のとき，$\partial V/\partial z<0$ だから $E_z>0$ となる．これからわかるように，電場は電位の減る方を向いている．

(b)　電荷が等電位面を移動するとき，電場と移動方向は直交するので，電気力は仕事をしない．

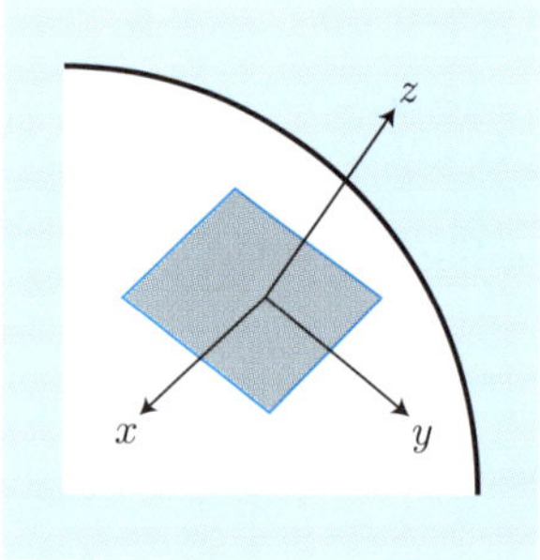

図 3.4　等電位面上の x, y 軸

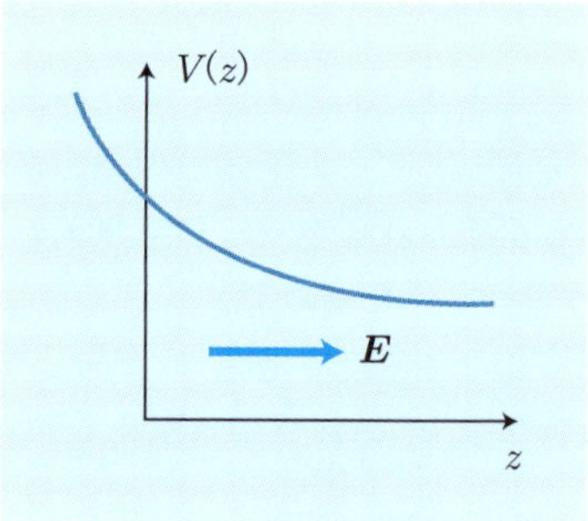

図 3.5　電場の向き

問　題

5.1　z 方向を向く一様な電場があるとし，$E_x=E_y=0$，$E_z=E$ (= 定数) が成り立つとする．この場合の等電位面を求めよ．

5.2　図 3.2 に示すような 2 つの点電荷があるとし，q, q' の点電荷から空間中の点 P までの距離をそれぞれ r, r' とする．

(a)　点 P における電位 $V(\mathrm{P})$ を求めよ．

(b)　等電位面はどのような条件から決まるか．

3.3 導　　体

• 導体の特徴 •　金属のように電気をよく通すものが**導体**である．導体中に電場があると $\boldsymbol{j} = \sigma \boldsymbol{E}$ により電流が生じ静電気を考えていることと矛盾する．したがって，静電気を扱う限り，導体内はどこでも $\boldsymbol{E} = 0$ である．導体中に任意の閉曲面をとりこれにガウスの法則を適用すると，面積積分の値は 0 で，その結果，電荷密度も導体中ではどこでも 0 となり電気的中性が実現する．導体の場合，正電荷にせよ，負電荷にせよ電荷は導体の表面だけに生じる．

導体内で電位が $\boldsymbol{r}$ の関数として変化していれば，(3.1) により一般に $\boldsymbol{E} \neq 0$ となり，これは上述の結果と矛盾する．したがって，導体内で電位は一定でなければならない．このため，導体の表面は等電位面であり，導体のすぐ外側の電場は導体表面と垂直になる．

• 導体が作る電位 •　真空中に何個かの導体が存在するとき，個々の導体の表面で前記のように電位は一定となる．これを**境界条件**という．また，真空中には電荷がないから電位 V はラプラス方程式 $\Delta V = 0$ を満たす．導体の問題を数学的に処理するには，境界条件を満たすようなラプラス方程式の解を見つければよい．1 個の導体を考え，導体表面の $\boldsymbol{r}'$ という場所の面密度を $\sigma(\boldsymbol{r}')$ とすれば，場所 $\boldsymbol{r}$ における電位 $V(\boldsymbol{r})$ は

$$V(\boldsymbol{r}) = \frac{1}{4\pi\varepsilon_0} \int_{\mathrm{S}} \frac{\sigma(\boldsymbol{r}')dS'}{|\boldsymbol{r} - \boldsymbol{r}'|} \tag{3.8}$$

と表される．ここで面積積分は導体の表面 S に関して実行される．何個かの導体があるときには各導体に対する同じような積分の和をとればよい．ただし，$\sigma(\boldsymbol{r}')$ は既知な量ではなく境界条件とラプラス方程式によって決められるべきものである．

• 静電誘導と誘導電荷 •　図 3.6 のように，正電荷を導体に近づけ電場をかけると，導体中のキャリヤーは電場による力のため運動し，正電荷に近い片側では負電荷が引き付けられ負に，反対側の表面は正に帯電する．この現象を**静電誘導**という．静電誘導のため導体表面に発生する電荷を**誘導電荷**という．誘導電荷は導体表面での電位が一定になるように生じる．誘導電荷の具体例は 4 章で取り扱う．

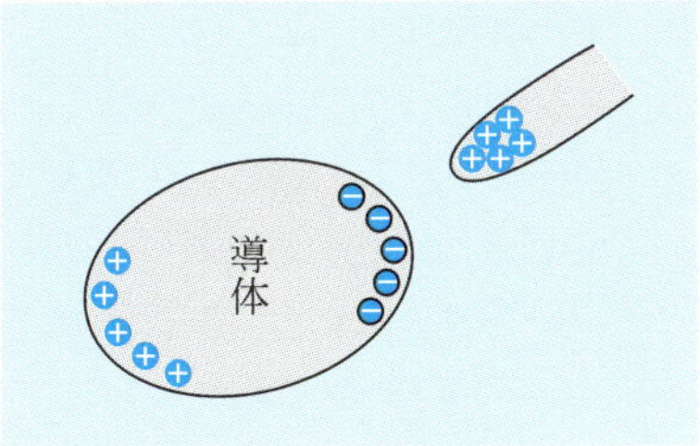

図 3.6　静電誘導

例題 6 **導体表面の電場**

導体内の電場は 0 であるが，導体表面上の点 P を考え，そこでの電荷の面密度 σ が与えられているとする．ガウスの法則を利用して点 P のすぐ外側の電場 $\boldsymbol{E}$ を求めよ．

解答 図 3.7 に示すように，点 P の近傍で底面積 dS の微小な円筒をとり，上面，下面は表面に平行で，上面は導体の外側，下面は導体の内側にあるとする．さらにこの円筒の高さは十分小さいと仮定する．dS が十分小さければ，導体外部の面上で電場はほぼ一定とみなせる．また，電場はこの面と垂直で $E_n = E$ とおける．円筒の側面上，導体内の面上では $E_n = 0$ が成り立ち，円筒内の電荷が σdS であることに注意するとガウスの法則により $\varepsilon_0 E dS = \sigma dS$ となる．これから

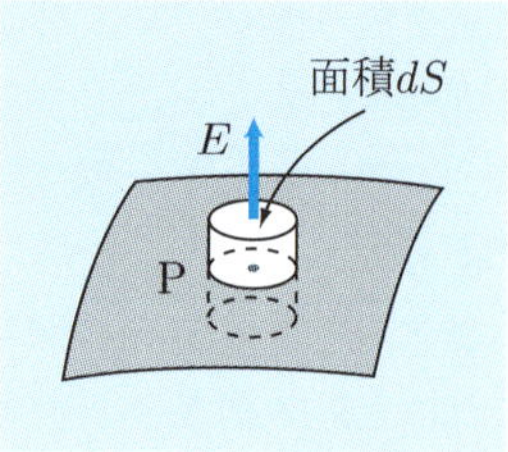

図 3.7 導体表面の電場

$$E = \frac{\sigma}{\varepsilon_0}$$

が得られる．$\boldsymbol{E}$ は表面と垂直で $\sigma > 0$ だと外向き，$\sigma < 0$ だと内向きになる．

問 題

6.1 半径 a の球の導体がある．この表面に一様な面密度 σ で電荷が分布しているとする．この導体の電位を求めるため，まずガウスの法則を適用し電場を求め，無限遠で電位が 0 であるよう基準を選んだとし，電場を積分して電位を求めよ．

6.2 (3.8) を利用して問題 6.1 を解き，同じ結果が導かれることを確かめよ．

6.3 半径 a の z 方向に無限に伸びた円筒状の導体があり (図 3.8)，その表面における面密度 σ は一定であるとする．点 P を表すのに図のような円筒座標 ρ, φ, z を用いるとして以下の問に答えよ．

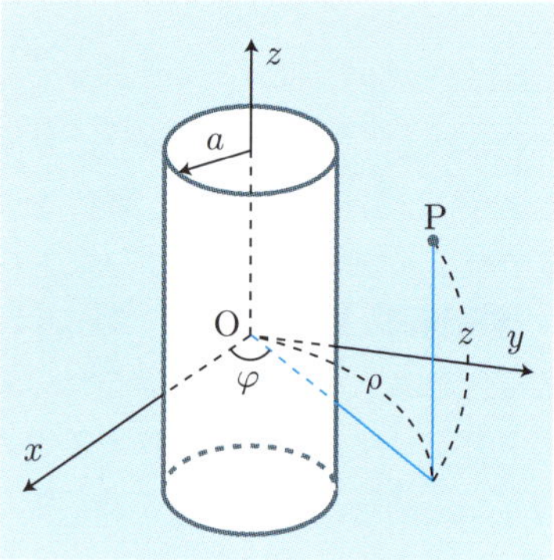

図 3.8 円筒座標

(a) ガウスの法則を利用し電場を ρ の関数として求め，電位 $V(\rho)$ を計算せよ．

(b) 電位は ρ だけの関数と仮定してラプラス方程式を解き，$\rho = a$ で $V = 0$ という境界条件の下で $V(\rho)$ を決めよ．

例題 7　　**導体表面に働く電気力**

導体表面上の微小面積 dS をもつ微小部分に働く電気力を求めよ．

解答　図 3.9 のように導体表面上で微小面積 dS の部分をとり，そこでの電場 $\boldsymbol{E}$ を dS 上の電荷 σdS が作る電場と dS 上にない他の電荷が作る電場とにわけて考えよう．前者が導体表面のすぐ外と内で作る電場を $\boldsymbol{E}_1, \boldsymbol{E}'_1$，後者が作る電場を $\boldsymbol{E}_2, \boldsymbol{E}'_2$ とする．$\boldsymbol{E}_1$ と $\boldsymbol{E}'_1$ とは大きさが等しく反対向きで，$\boldsymbol{E}_2, \boldsymbol{E}'_2$ は導体表面で連続となり $\boldsymbol{E}_1 = -\boldsymbol{E}'_1, \boldsymbol{E}_2 = \boldsymbol{E}'_2$ の関係が成り立つ．$\boldsymbol{E}_1$ と $\boldsymbol{E}'_1$ による力は互いに消し合うので，この力は考慮しなくてもよい．その結果，電場 $\boldsymbol{E}_2 (= \boldsymbol{E}'_2)$ のところに電荷 σdS が置かれているので，この部分に働く力は $\sigma \boldsymbol{E}_2 dS$ となる．問題 1.1 で学ぶように，$\boldsymbol{E}_1 = \boldsymbol{E}_2 = \boldsymbol{E}/2$ が成り立つ．したがって，dS 部分に働く電気力 $\boldsymbol{f}_{\mathrm{e}} dS$ は

$$\boldsymbol{f}_{\mathrm{e}} dS = \frac{1}{2} \sigma \boldsymbol{E} dS$$

で与えられる．結局，表面すぐ外側の電場 $\boldsymbol{E}$ と内側の電場 0 の平均値が σdS の電荷に作用すると考えてよい．σ の符号が変わると $\boldsymbol{E}$ の符号も変わるので，上式の力は表面電荷の符号とは関係なく常に導体表面から外へ向かうような向きをもつ．例題 6 の結果を利用すると，導体表面に働く単位面積当たりの力の大きさ f_{e} は

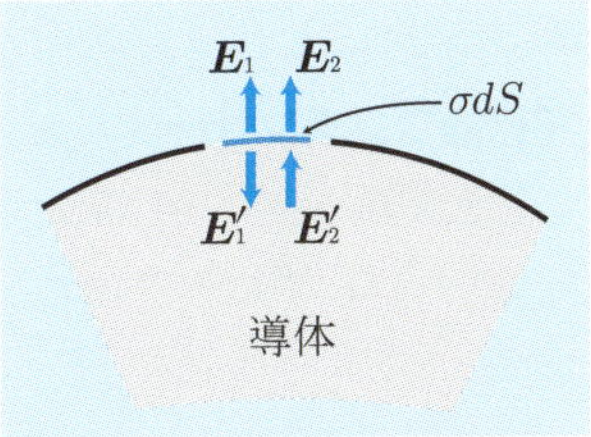

図 3.9　dS 部分に働く力

$$f_{\mathrm{e}} = \frac{1}{2} \varepsilon_0 E^2 = \frac{\sigma^2}{2\varepsilon_0}$$

と表される．

問　題

7.1　次の関係が成り立つことを示せ．

$$\boldsymbol{E}_1 = \boldsymbol{E}_2 = \frac{\boldsymbol{E}}{2}$$

7.2　半径 a の球の導体の表面に一様な面密度 σ で電荷が分布しているとする．無限遠で電位が 0 となるよう基準を選んだとき，導体の電位が V であるとして以下の問に答えよ．

(a)　σ を V の関数として表せ．

(b)　球の表面に働く単位面積当たりの力の大きさ f_{e} を求めよ．

(c)　f_{e} を球の表面にわたって積分した F を求め，F は球の半径と無関係であることを示せ．

7.3　$V = 100\,\mathrm{V}$ のとき F は何 N か．

3.4 コンデンサー

• コンデンサーとその電気容量 •　接近した 2 つの導体をそれぞれ起電力 V の電池につなぐと，電池の陽極から正電荷 Q が一方の導体に，陰極から負電荷 $-Q$ が他方の導体に流れこむ．正負の電荷は互いに引き合い，向かい合った面上に分布し電気が蓄えられる．このような装置を**コンデンサー**または**キャパシター**あるいは**蓄電器**という．回路図でコンデンサーを表すには 2 本の少し太めの同じ長さの平行線を用いる．一般に，Q は V に比例し

$$Q = CV \tag{3.9}$$

と書ける．この比例定数 C をそのコンデンサーの**電気容量**という．1V の起電力で 1C の電荷が蓄えられるときを電気容量の単位とし，これを **1 ファラド** (F) という．実用上，この単位は大きすぎるので，**マイクロファラド** (μF $= 10^{6}$ F) や**ピコファラド** (pF $= 10^{-12}$ F) がよく使われる．

• 平行板コンデンサー •　2 枚の平行な導体の板から構成されるコンデンサーを平行板コンデンサーといい，また導体の板を**極板**という．極板の面積を S，極板間の距離を l とすれば，平行板コンデンサーの電気容量 C は次式で表される (例題 8).

$$C = \frac{\varepsilon_0 S}{l} \tag{3.10}$$

• コンデンサーの接続 •　図 3.10(a),(b) のようにコンデンサーを並列，あるいは直列に接続したとき，全体の電気容量 C は次のように書ける (問題 8.2).

$$C = C_1 + C_2 + \cdots + C_n \tag{3.11a}$$

$$\frac{1}{C} = \frac{1}{C_1} + \frac{1}{C_2} + \cdots + \frac{1}{C_n} \tag{3.11b}$$

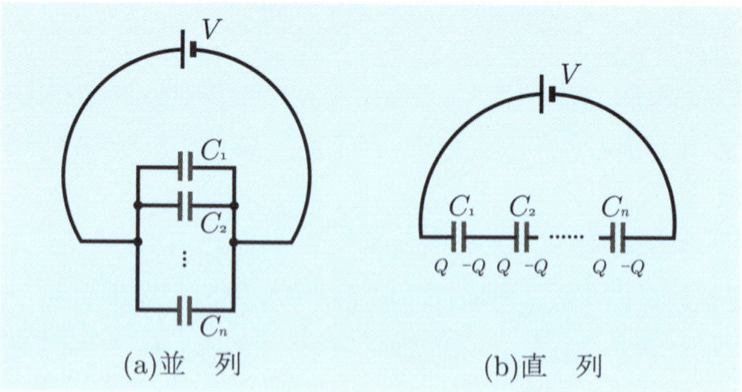

図 3.10　コンデンサーの接続

例題 8 ――― **平行板コンデンサーの電気容量**

極板の面積が S，極板間の距離が l の平行板コンデンサーの電気容量 C を求めよ．

解答 図 3.11 で極板 A,B はそれぞれ電荷 $Q, -Q$ をもつとする．極板が十分広ければ，2.4 節で述べた結果が適用でき A の作る電場は極板と垂直で，A の上方では上向き，A の下方では下向きとなって，大きさは一定値 $\sigma/2\varepsilon_0$ をもつ ($\sigma = Q/S$)．B による電場も同様でこれらの電場の状況を図に示す．全体の電場は，A,B によるものの和で，A の下方，B の上方では電場は打ち消し合い 0 となる．これに反し，極板の間では，大きさ $E = \sigma/\varepsilon_0$ の電場が極板と垂直で上向きにできる．

実際は，極板の面積は有限であるため，その縁近くで電場の大きさは上の値と違い，また電気力線も曲がる．しかし，l が極板の大きさより十分小さければ，このような効果は無視できる．したがって，極板間の電場の大きさは一定で電気力線はすべて極板に垂直である．そこで，1 つの電気力線に沿い (3.6) の関係を適用すると，極板 A から極板 B へ単位正電荷が移動するとき力のする仕事は El で，これが $V(\mathrm{A}) - V(\mathrm{B})$ すなわち電池の起電力 V に等しい．したがって，$E = V/l$ となる．一方，$E = \sigma/\varepsilon_0$ であるから $\sigma l/\varepsilon_0 = V$ が得られる．あるいは $\sigma = Q/S$ をこれに代入すると

$$Q = \varepsilon_0 SV/l$$

となり，電気容量 C は次式のように求まる．

$$C = \frac{\varepsilon_0 S}{l}$$

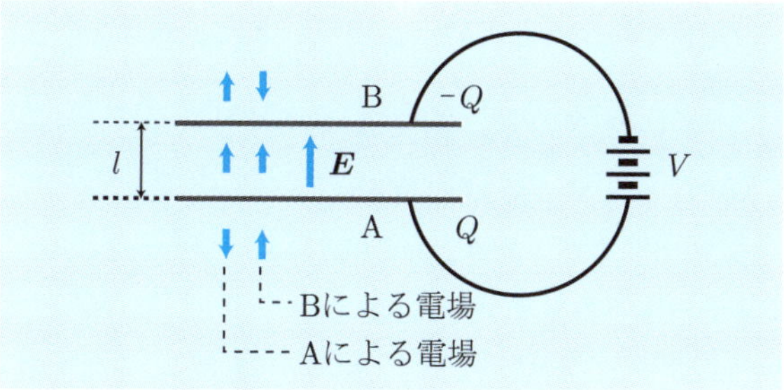

図 3.11 平行板コンデンサー

問 題

8.1 平行板コンデンサーの極板の面積が $0.5\,\mathrm{m}^2$，極板間の距離が $0.2\,\mathrm{mm}$ として電気容量を求めよ．また 6 V のバッテリーに接続したとき蓄えられる電荷は何 C か．

8.2 コンデンサーを並列あるいは直列に接続したときの全体の電気容量を論じよ．

例題 9 コンデンサーの極板の間に働く力

極板の面積 S，極板の間の距離 l，電位差 V が与えられているとして，平行板コンデンサーの極板の間に働く力を求めよ．

解答 平行板コンデンサーの極板には正負の電荷が蓄えられているから，極板の間には引力が働く．図 3.11 で極板 B が極板 A に及ぼす引力の大きさを F_{e} とする．例題 7 の結果を使うと，単位面積当たりの力の大きさは $\varepsilon_0 E^2/2$ であるから，極板全部に働く力 F_{e} はこれに面積 S を掛け

$$F_{\mathrm{e}} = \frac{1}{2}\varepsilon_0 S E^2$$

と書ける．あるいは，$E = V/l$ を代入すると，F_{e} は

$$F_{\mathrm{e}} = \frac{\varepsilon_0 S V^2}{2l^2}$$

と表される．力学の作用反作用の法則により，極板 B が極板 A に F_{e} の大きさの引力を及ぼすと，極板 A は同じ大きさの引力を極板 B に及ぼす．

問 題

9.1 問題 8.1 の平行板コンデンサーを 6 V のバッテリーに接続したとき，両極板間に働く引力の大きさは何 N か．また，これは何 kg の物体に働く重力に相当するか．

9.2 電荷 Q を用いると $F_{\mathrm{e}} = Q^2/2\varepsilon_0 S$ と書けることを示せ．

9.3 図 3.12 のように，中心 O を共有する半径 a, b の導体の球殻がある $(b > a)$．このような同心球コンデンサーの内部，外部の球面を $\mathrm{S}_a, \mathrm{S}_b$ とし，これらの球面上に Q，$-Q$ の電荷が蓄えられているとする．また，両球面の電位差は V であるとして以下の問に答えよ．

(a) $\boldsymbol{E}$ は図のように O を中心として放射状に生じるが，O からの距離 r における点での $E(r)$ を求めよ．また，このような同心球コンデンサーの電気容量を計算せよ．

(b) S_a の表面上に働く単位面積当たりの力 f_a を求めよ．また，これを S_a の表面全体で積分した F_a を導出せよ．

(c) (b) と同様 S_b に対する f_b, F_b を求めよ．また，$F_a \neq F_b$ を示し，結果の物理的な意味について考えよ．

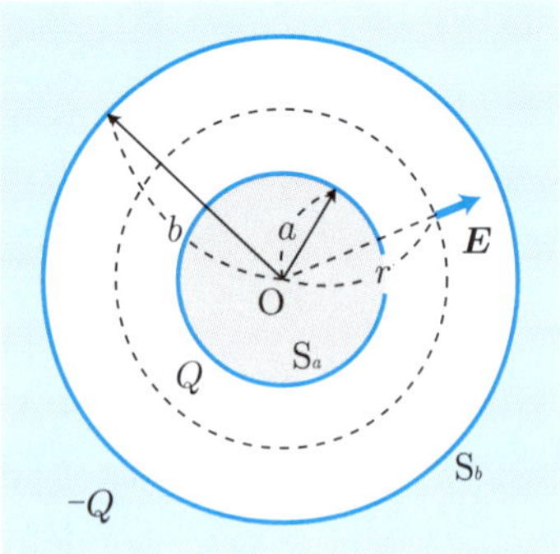

図 3.12 同心球コンデンサー

3.5 鏡 像 法

静電場に関する1つの課題は，真空中に何個かの導体や点電荷が存在するとき，任意の点における電場や電位を求めることである．導体の表面，その内部では電位が一定でこれは境界条件を与える．また，1つの点電荷のごく近傍では他の電荷の寄与が無視できるため，そこでの電位はわかる．真空中には電荷が存在しないから，そこで電位 V は $\Delta V = 0$ のラプラス方程式を満たす．こうして静電場の理論は，与えられた境界条件の下でラプラス方程式を解くという数学的な問題に帰着する．電位がわかれば，それを x, y, z で偏微分し電場が求まる．このような解を一般的に求めるのは難しいが，巧妙な方法で解の求まることがある．そのような一例を以下，紹介しよう．

• 点電荷と導体平面 •　図 3.13 のように，$z \leq 0$ を占める半無限の導体があり，z 軸上，座標 $(0,0,d)$ の点に点電荷 q が置かれているとする．$z > 0$ の領域は真空であるが，この領域中の点 P における電位を求めるという問題を考えよう．図のように P と点電荷 q との距離を r とすれば，導体がないとき，点電荷の作る電位は

$$V = q/4\pi\varepsilon_0 r$$

で与えられる．いまの場合の境界条件は xy 面上で $V =$ 一定 となることである．電位は付加定数だけ不定であるが，簡単のため上の一定値を 0 とおく．すなわち，境界条件は xy 面上で $V = 0$ と表される．上述の電位は r が十分小さければ正しい解を表すが，これは上記の境界条件を満たさない．そこで，z 軸上，座標 $(0,0,-d)$ の点に仮想的な点電荷 $-q$ があると想定する．このような電荷を**鏡像電荷**という．また，点 P と $-q$ との間の距離を r' とし

$$V = \frac{q}{4\pi\varepsilon_0}\left(\frac{1}{r} - \frac{1}{r'}\right) \tag{3.12}$$

の電位を考える．xy 面上では $r = r'$ であるから (3.12) は境界条件を満たす．また，$z > 0$ で $r' \neq 0$ であるから，(3.12) 式の第 2 項はラプラス方程式を満たす．さらに，同式は $r \to 0$ の極限で点電荷近傍の電位を記述する．こうして，(3.12) が現在の問題に対する解であることがわかる．電位を求めるいまのような方法を**鏡像法**という．もちろん，鏡像電荷は現実には存在せずいまの解は $z \geq 0$ でだけ物理的な意味がある．

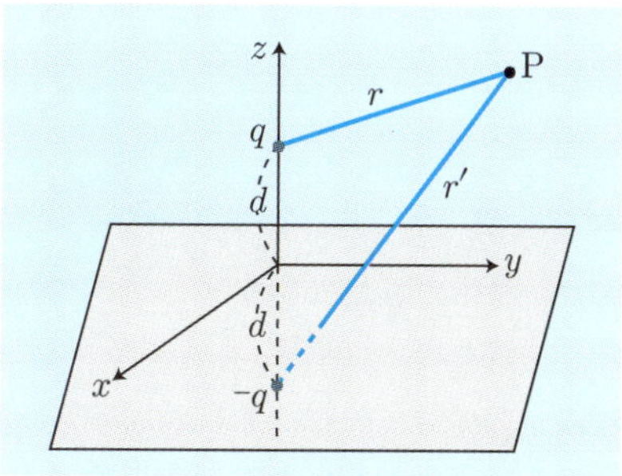

図 3.13　点電荷と導体平面

例題 10 **鏡像法の応用**

図 3.13 に示した体系について，以下の諸量を求めよ．

(a) 座標 x, y, z における電場の各成分

(b) 導体表面上の座標 x, y の点における電場の z 成分とそこでの誘導電荷の面密度

解答 (a) 点 P の座標を x, y, z とすれば，(3.12) によりそこでの電位 V は

$$V = \frac{q}{4\pi\varepsilon_0}\left(\frac{1}{[x^2+y^2+(z-d)^2]^{1/2}} - \frac{1}{[x^2+y^2+(z+d)^2]^{1/2}}\right)$$

と表される．一般に電場の x, y, z 成分は $E_x = -\partial V/\partial x, E_y = -\partial V/\partial y, E_z = -\partial V/\partial z$ と書けるから，上の V より次のように計算される．

$$E_x = \frac{q}{4\pi\varepsilon_0}\left(\frac{x}{[x^2+y^2+(z-d)^2]^{3/2}} - \frac{x}{[x^2+y^2+(z+d)^2]^{3/2}}\right)$$

$$E_y = \frac{q}{4\pi\varepsilon_0}\left(\frac{y}{[x^2+y^2+(z-d)^2]^{3/2}} - \frac{y}{[x^2+y^2+(z+d)^2]^{3/2}}\right)$$

$$E_z = \frac{q}{4\pi\varepsilon_0}\left(\frac{z-d}{[x^2+y^2+(z-d)^2]^{3/2}} - \frac{z+d}{[x^2+y^2+(z+d)^2]^{3/2}}\right)$$

(b) 導体表面での値を求めるには $z = 0$ とおけばよい．また，そこでの電場と面密度との関係は，例題 6 により $\sigma = \varepsilon_0 E_z$ と書ける．こうして，表面での E_z と誘導電荷の面密度 σ に対し以下の結果が導かれる．

$$E_z = -\frac{qd}{2\pi\varepsilon_0(x^2+y^2+d^2)^{3/2}}$$

$$\sigma = -\frac{qd}{2\pi(x^2+y^2+d^2)^{3/2}}$$

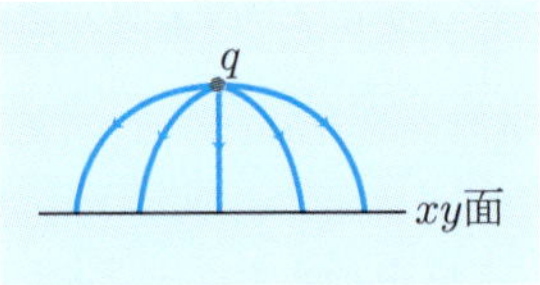

図 3.14 電気力線

参考 (a) から求まる電気力線の概略を図 3.14 に示す．

問　題

10.1 導体の表面に発生する全体の誘導電荷は $-q$ で，ちょうど点電荷の符号を打ち消すことを示せ．

10.2 点電荷と鏡像電荷との間のクーロン力を考えて，点電荷に働く力を計算せよ．

10.3 点電荷と導体上の表面電荷との間に働くクーロン力を考慮して点電荷に働く力を求め，問題 10.2 と同じ結果が導かれることを確かめよ．

4 誘 電 体

4.1 誘電分極と電気双極子

• **絶縁体の特徴** • 固体の絶縁体では原子核が結晶格子を作り，電子はそれに強く束縛され自由に運動できないため電流が流れない．電磁気学では，物質のこのような微視的な構造には立ち入らず，絶縁体では電場がないとき正電荷と負電荷が同じ数密度で一様に分布しており，全体として電気的中性が保たれていると仮定する．

• **誘電分極** • 絶縁体に図 4.1(a) のように外部から電場 $\boldsymbol{E}_0$ を右向きに作用させると，電荷に働く力のため正電荷は右向きに，負電荷は左向きに移動し，正電荷と負電荷とが相互に少しずれる．この場合，絶縁体の内部では正負の電荷が重なっているため，電気的中性が実現する．しかし，右側の表面は正に，左側の表面は負に帯電する．この現象を**誘電分極**，また，表面に生じる電荷を**分極電荷**という．誘電分極を起こす物質という意味で，絶縁体のことを**誘電体**という．ここで，(a) の絶縁体を仮に 2 つに分割したとすると，(b) のように，それぞれの部分が誘電分極を起こす．このような分割を繰り返し行っても結果は同じで，その度に誘電分極が起こる．すなわち，分極している誘電体のどの部分を切り出しても，同じような分極した状態が実現する．外部から電場をかけなくても自発的に誘電分極が生じている物質もあり，これを**強誘電体**という．

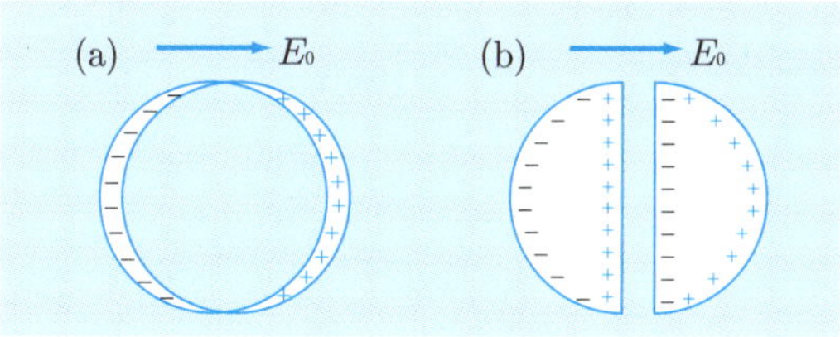

図 4.1　誘電分極

• **電気双極子** • 誘電分極を微視的な立場から考えよう．例えば水素原子の場合，陽子を中心に電子が回っているが，これに電場をかけると電子の平均的な中心が陽子の位置と少しずれ，結果的に正電荷と負電荷とがある距離だけ離れて存在する．また，HCl 分子では電場がなくても電子は Cl 原子の方に偏在し，H 原子が正，Cl 原子が負の電荷をもつとみなせる．このような状況を表すため，わずかに離れた正負２つの点電荷 $\pm q$ を導入し，このような一組の電荷のペアを**電気双極子**という．また，電荷間の距離を l，l の大きさをもち $-q$ から q へ向かうベクトルを $\boldsymbol{l}$ とし

$$\boldsymbol{p} = q\boldsymbol{l} \tag{4.1}$$

で定義される $\boldsymbol{p}$ を**電気双極子モーメント**あるいは単に**モーメント**という．

• 電気双極子の作る電位 •　図 4.2(a) のように z 軸に沿い原点 O に $\boldsymbol{p}$ がおかれているとき，図のような r，角 θ を導入すると，$\boldsymbol{p}$ が点 P に作る電位 V は

$$V = \frac{p\cos\theta}{4\pi\varepsilon_0 r^2} \tag{4.2}$$

と表される．ここで p は $\boldsymbol{p}$ の大きさ $p = ql$ である．あるいは，点 P を表す位置ベクトルを $\boldsymbol{r}$ とすれば，上式は次のように書ける．

$$V = \frac{\boldsymbol{p}\cdot\boldsymbol{r}}{4\pi\varepsilon_0 r^3} \tag{4.3}$$

(4.2) を導くのに，電気双極子が図 4.2(b) のように表されるのに注意し

$$V = \frac{q}{4\pi\varepsilon_0}\left(\frac{1}{r_+} - \frac{1}{r_-}\right) \tag{4.4}$$

の関係を用いる．P の座標を x, y, z とすれば

$$r_+ = \left[x^2 + y^2 + \left(z - \frac{l}{2}\right)^2\right]^{1/2}, \quad r_- = \left[x^2 + y^2 + \left(z + \frac{l}{2}\right)^2\right]^{1/2}$$

で，l^2 を無視すれば

$$\frac{1}{r_+} = \frac{1}{r}\left(1 + \frac{zl}{2r^2} + \cdots\right), \quad \frac{1}{r_-} = \frac{1}{r}\left(1 - \frac{zl}{2r^2} + \cdots\right)$$

となる．上の２式を (4.4) に代入し，$z = r\cos\theta$ に注意すれば (4.2) が導かれる．

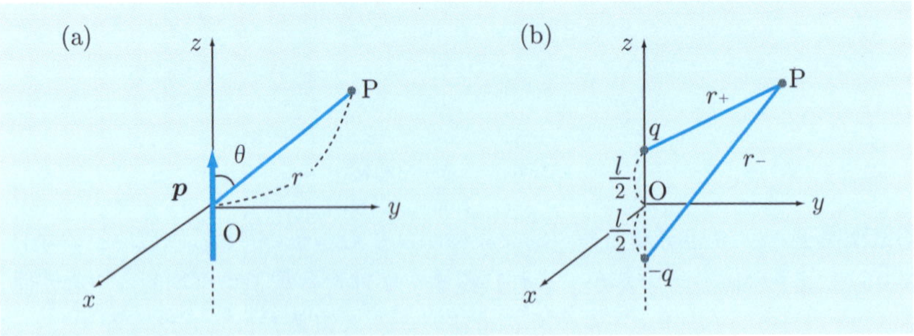

図 4.2　電気双極子の作る電位

例題 1　**一様な電場中の導体球が作る電位**

図 4.3 に示すように，z 軸に沿う一様な電場中に半径 a の導体球がおかれている．導体の電位は 0 であるとして，球外の電位を求めよ．

解答　本章のテーマである誘電体と直接の関係はないが，(4.2) の 1 つの応用例を考えよう．z 軸方向に大きさ E の一様な電場がかかっているとすれば，この電場を表す電位は $-Ez$ で与えられる．この関数はラプラス方程式を満たし，そのような点では電位としての資格をもつ．ところで，球は導体としたからその表面で V は一定という境界条件を満たさねばならない．しかし，$-Ez = -Er\cos\theta$ はこの条件を満たさない．

一方，(4.2) はラプラス方程式の解である．ラプラス方程式は線形であるから，V_1, V_2 が解であれば $V_1 + V_2$ も解である．そこで上の 2 つの解の和をとり，球外 $(r > a)$ で電位は

$$V = -Er\cos\theta + \frac{p\cos\theta}{4\pi\varepsilon_0 r^2}$$

と書けると仮定し，また $r < a$ で $V = 0$ とする．ただし，p は境界条件より決まる定数とする．V は境界で連続であるから $r = a$ で $V = 0$ という条件が成り立ち p は $p = 4\pi\varepsilon_0 a^3 E$ と計算される．したがって，電位 V は $r \geq a$ で

$$V = -Er\cos\theta + \frac{a^3\cos\theta}{r^2}E$$

と表される．

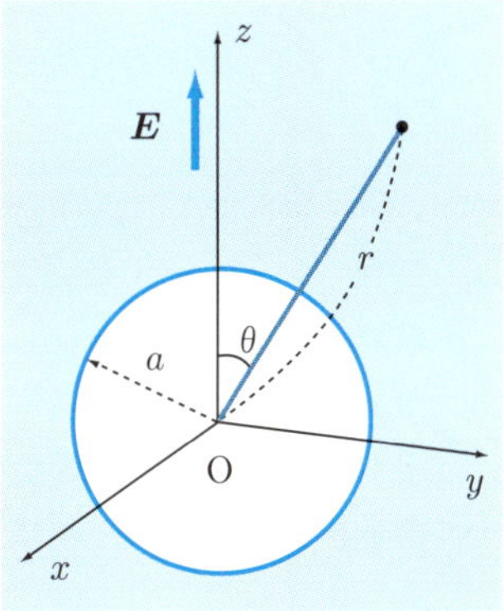

図 4.3　一様な電場中の導体球

問　題

1.1　球の表面で電場の法線方向の成分 E_n は

$$E_n = -\frac{\partial V}{\partial r}$$

と表されることを示せ．

1.2　問題 1.1 を利用して，電場のため球の表面に生じる誘導電荷の面密度 σ を求めよ．

1.3　上記の面密度を球の表面全体にわたって積分すると 0 になることを示せ．

1.4　一様な電場中におかれ，電荷 Q をもつ導体球が周辺に生じる電位を求めよ．

例題 2 **電気双極子の作る電場**

原点にモーメント $\boldsymbol{p}$ をもつ電気双極子がおかれている．これが位置ベクトル $\boldsymbol{r}$ の点に作る電場 $\boldsymbol{E}(\boldsymbol{r})$ を求めよ．

解答 (4.3) の分子 $\boldsymbol{p}\cdot\boldsymbol{r}$ はスカラー積の定義を使うと，$\boldsymbol{p}$ の x, y, z, 成分を p_x, p_y, p_z として $\boldsymbol{p}\cdot\boldsymbol{r} = p_x x + p_y y + p_z z$ と書ける．したがって，例えば E_x を考えると

$$
\begin{aligned}
E_x &= -\frac{\partial}{\partial x}\frac{p_x x + p_y y + p_z z}{4\pi\varepsilon_0 r^3} \\
&= -\frac{p_x}{4\pi\varepsilon_0 r^3} + \frac{3(p_x x + p_y y + p_z z)}{4\pi\varepsilon_0 r^4}\frac{x}{r} \\
&= -\frac{p_x}{4\pi\varepsilon_0 r^3} + \frac{3x(\boldsymbol{p}\cdot\boldsymbol{r})}{4\pi\varepsilon_0 r^5}
\end{aligned}
$$

と計算される．y, z 成分も同様で，これらをベクトル記号で書くと

$$
\boldsymbol{E}(\boldsymbol{r}) = \frac{1}{4\pi\varepsilon_0 r^3}\left[\frac{3\boldsymbol{r}(\boldsymbol{p}\cdot\boldsymbol{r})}{r^2} - \boldsymbol{p}\right]
$$

と表される．

問　題

2.1 位置ベクトル $\boldsymbol{r}'$ にあるモーメント $\boldsymbol{p}$ の電気双極子が $\boldsymbol{r}$ の点に作る電位 $V(\boldsymbol{r})$ を求めよ．

2.2 (3.7) の関係を使うと電位 $V(\boldsymbol{r})$ の場所にある点電荷 q は $qV(\boldsymbol{r})$ の位置エネルギーをもつ．この点に注意し電場 $\boldsymbol{E}$ の場所にあるモーメント $\boldsymbol{p}$ の電気双極子の位置エネルギー U は

$$
U = -\boldsymbol{p}\cdot\boldsymbol{E}
$$

と書けることを示せ．

2.3 原点にモーメント $\boldsymbol{p}_1$ の電気双極子があるとき，$\boldsymbol{r}$ の位置ベクトルにあるモーメント $\boldsymbol{p}_2$ の電気双極子がもつ位置エネルギー U は

$$
U = \frac{1}{4\pi\varepsilon_0}\left[\frac{\boldsymbol{p}_1\cdot\boldsymbol{p}_2}{r^3} - \frac{3(\boldsymbol{p}_1\cdot\boldsymbol{r})(\boldsymbol{p}_2\cdot\boldsymbol{r})}{r^5}\right]
$$

で与えられることを示せ (上式を**双極子―双極子相互作用**という)．

2.4 HCl の電気双極子モーメントの大きさは 3.4×10^{-30} C m である．分子の中心を通りモーメントと垂直な平面内で分子から 5×10^{-9} m 離れた場所における電場の大きさを求めよ．

4.2 分極電荷と電気分極

電場中の誘電体の内部は，電気双極子の集まりとみなせる．i 番目の電気双極子のモーメントを $\boldsymbol{p}_i$ とし，点 $\boldsymbol{r}$ の近傍で微小体積 dV 中での $\boldsymbol{p}_i$ の和を

$$\boldsymbol{P}(\boldsymbol{r})dV = \sum_i \boldsymbol{p}_i \tag{4.5}$$

と表す．このようにして定義されるベクトル $\boldsymbol{P}$ を**電気分極**または**分極ベクトル**という．特に，(4.5) で $dV = 1$ とおけば $\boldsymbol{P}$ は象徴的に次のように書ける．

$$\boldsymbol{P} = \sum_{(\text{単位体積中})} \boldsymbol{p}_i \tag{4.6}$$

分極電荷は電気分極と密接な関係をもつ．体系中に任意の領域 V をとりその表面を S とする．V は誘電体そのものでもよいし，誘電体の内部の空間でもよい．また，V の内部の一部分が誘電体で他の部分が真空でもよい．一般に，表面 S 上の分極電荷の面密度 σ' と V 内の分極電荷の電荷密度 ρ は

$$\sigma' = P_n, \quad \rho = -\operatorname{div} \boldsymbol{P} \tag{4.7}$$

と表される (例題 3)．ここで，S の法線方向で V の内部から外部へ向かう単位ベクトルを $\boldsymbol{n}$ としたとき，P_n は $\boldsymbol{P}$ の $\boldsymbol{n}$ 方向の成分である．また $\operatorname{div} \boldsymbol{P}$ は $\boldsymbol{P}$ の**発散**で

$$\operatorname{div} \boldsymbol{P} = \frac{\partial P_x}{\partial x} + \frac{\partial P_y}{\partial y} + \frac{\partial P_z}{\partial z} \tag{4.8}$$

と定義される．例えば，図 4.4(a) のように個々の $\boldsymbol{p}$ が同じだと $\boldsymbol{P}$ は一定なので $\rho = 0$ である．図の平面 AB で誘電体を切断したとし (b) のように領域 1,2 を考えると，1 の表面では $P_n < 0$ なので負に帯電，2 の表面では $P_n > 0$ なので正に帯電する．分極電荷は，正負にわけて取り出せない．一方，電池から移動する電荷とか導体に帯電した電荷などを**真電荷**と呼んで，分極電荷と区別している．

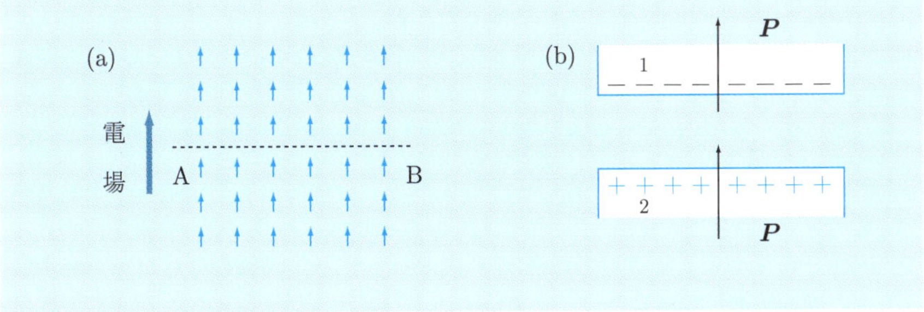

図 4.4 分極電荷

例題 3 ——— **分極電荷の面密度と電荷密度**

領域 V(表面 S) 内の電気双極子が作る電位は，$\sigma' = P_n$ の面密度，$\rho = -\operatorname{div} \boldsymbol{P}$ の電荷密度の分極電荷が生じるものと同じであることを証明せよ．

解答 点 $\boldsymbol{r}$ での電気分極を $\boldsymbol{P}(\boldsymbol{r})$ とすれば，問題 2.1 と (4.5) により V の外部での点 $\boldsymbol{R}$ における電位 $V(\boldsymbol{R})$ は次のように表される．

$$V(\boldsymbol{R}) = \frac{1}{4\pi\varepsilon_0} \int_{\mathrm{V}} \frac{\boldsymbol{P}(\boldsymbol{r}) \cdot (\boldsymbol{R} - \boldsymbol{r})}{|\boldsymbol{R} - \boldsymbol{r}|^3} dV$$

ここで，$\boldsymbol{R}, \boldsymbol{r}$ の x, y, z 成分をそれぞれ X, Y, Z, x, y, z とすると

$$\begin{aligned} \frac{\partial}{\partial x}|\boldsymbol{R} - \boldsymbol{r}| &= \frac{\partial}{\partial x}\sqrt{(X-x)^2 + (Y-y)^2 + (Z-z)^2} \\ &= \frac{-(X-x)}{\sqrt{(X-x)^2 + (Y-y)^2 + (Z-z)^2}} = -\frac{X-x}{|\boldsymbol{R} - \boldsymbol{r}|} \end{aligned}$$

が成り立つ．このため

$$\frac{\partial}{\partial x}\frac{1}{|\boldsymbol{R} - \boldsymbol{r}|} = \frac{X-x}{|\boldsymbol{R} - \boldsymbol{r}|^3}$$

となり，同様な関係が y, z の偏微分に対して成立する．これらの関係を利用すると $\boldsymbol{P}(\boldsymbol{r})/|\boldsymbol{R} - \boldsymbol{r}|$ の発散は

$$\begin{aligned} \operatorname{div}\frac{\boldsymbol{P}(\boldsymbol{r})}{|\boldsymbol{R} - \boldsymbol{r}|} &= \frac{\partial}{\partial x}\frac{P_x}{|\boldsymbol{R} - \boldsymbol{r}|} + \frac{\partial}{\partial y}\frac{P_y}{|\boldsymbol{R} - \boldsymbol{r}|} + \frac{\partial}{\partial z}\frac{P_z}{|\boldsymbol{R} - \boldsymbol{r}|} \\ &= \frac{\boldsymbol{P} \cdot (\boldsymbol{R} - \boldsymbol{r})}{|\boldsymbol{R} - \boldsymbol{r}|^3} + \frac{\operatorname{div} \boldsymbol{P}}{|\boldsymbol{R} - \boldsymbol{r}|} \end{aligned}$$

と計算される．したがって，ガウスの定理を適用すると (問題 3.1)

$$V(\boldsymbol{R}) = \frac{1}{4\pi\varepsilon_0} \int_{\mathrm{S}} \frac{P_n}{|\boldsymbol{R} - \boldsymbol{r}|} dS - \frac{1}{4\pi\varepsilon_0} \int_{\mathrm{V}} \frac{\operatorname{div} \boldsymbol{P}}{|\boldsymbol{R} - \boldsymbol{r}|} dV$$

が得られる．上式から，領域 V 内の電気双極子が外部に作る電場は，見かけ上，その表面 S 上の面密度 $\sigma' = P_n$ の分極電荷と V 内の電荷密度 $\rho = -\operatorname{div} \boldsymbol{P}$ の分極電荷から作られることがわかる．

問 題

3.1 $\operatorname{div}\,[\boldsymbol{P}(\boldsymbol{r})/|\boldsymbol{R} - \boldsymbol{r}|]$ にガウスの定理を適用し，上述の電位 $V(\boldsymbol{R})$ に対する表式を導出せよ．

3.2 表面 S に生じる分極電荷の面密度 σ' を S にわたって面積積分したものと領域 V 内で電荷密度 ρ を体積積分したものとの和が 0 であることを示せ．また，結果の物理的な意味について考察せよ．

4.3 誘電率と電束密度

• 誘電率 • 図 3.11 に示した平行板コンデンサーの極板の間に誘電体を挿入すると，電気容量 C は (3.10) の ε_0 を ε で置き換えた

$$C = \frac{\varepsilon S}{l} \tag{4.9}$$

と表される (例題 4)．この ε をその誘電体の**誘電率**という．また

$$k_{\mathrm{e}} = \frac{\varepsilon}{\varepsilon_0} \tag{4.10}$$

の比 k_{e} をその誘電体の**比誘電率**という．誘電率の大きさは物質によって異なるが，必ず ε_0 より大きい．すなわち $k_{\mathrm{e}} > 1$ で，誘電体を挿入すると C が増加する．

• 電束密度 • 以下の式

$$\boldsymbol{D} = \varepsilon_0 \boldsymbol{E} + \boldsymbol{P} \tag{4.11}$$

で定義されるベクトル $\boldsymbol{D}$ を**電束密度**という．$\boldsymbol{D}$ は $\boldsymbol{P}$ と同じ次元をもち，$\boldsymbol{P}$ は単位体積当たりの電気双極子モーメントであるからその単位は $\mathrm{C/m^2}$ で，$\boldsymbol{D}$ の単位も同じ $\mathrm{C/m^2}$ である．ガウスの法則から

$$\int_{\mathrm{S}} D_n dS = (\text{S の中にある真電荷の和}) \tag{4.12}$$

という関係が得られる (例題 5)．通常 $\boldsymbol{P}$ は $\boldsymbol{E}$ に比例するが，これを

$$\boldsymbol{P} = \chi_{\mathrm{e}} \varepsilon_0 \boldsymbol{E} \tag{4.13}$$

と表し，比例定数 χ_{e} をその誘電体の**電気感受率**という．真空では $\chi_{\mathrm{e}} = 0$ である．誘電体に外部から電場を作用させると，$\boldsymbol{P}$ は必ず電場と同じ向きに生じるので $\chi_{\mathrm{e}} > 0$ である．(4.11) に (4.13) を代入すると $\boldsymbol{D} = \varepsilon_0(1+\chi_{\mathrm{e}})\boldsymbol{E}$ と表される．誘電率 ε は $\varepsilon = \varepsilon_0(1+\chi_{\mathrm{e}})$ と書け，$\boldsymbol{D}$ と $\boldsymbol{E}$ との間には次の関係が成り立つ．

$$\boldsymbol{D} = \varepsilon \boldsymbol{E} \tag{4.14}$$

電場が電気力線で記述されるように，電束密度の様子は**電束線**で表される．

• 電場に対する境界条件 • 物質 1, 2 という 2 種類の誘電体がある境界面を境に接している場合を考え，境界面は平面とみなせるとする．境界面に真電荷がないと $\boldsymbol{D}$ の法線方向の成分，また電場の接線方向の成分は連続となる (例題 7,8)．あるいは，境界面に垂直で 2 から 1 に向かう単位ベクトルを $\boldsymbol{n}$，境界内の単位ベクトルを $\boldsymbol{t}$ と書き，$\boldsymbol{n}$ 方向，$\boldsymbol{t}$ 方向の成分を n, t の添字で表せば，次式が成り立つ．

$$D_{1n} = D_{2n}, \quad E_{1t} = E_{2t} \tag{4.15}$$

異なった物質が接しているような場合，上の境界条件を適用する必要がある．

例題 4　　極板間に誘電体が挿入された平行板コンデンサー

図 3.11 の平行板コンデンサーの極板の間に誘電率 ε の誘電体を挿入した場合のコンデンサーの電気容量 C を求めよ．

解答　図 3.11 と同様，電池から真電荷 $Q, -Q$ が極板 A,B に移動したとする．極板の間で $\boldsymbol{D}$ は極板と垂直で上向きに生じるが，その大きさを D とすれば，(4.14) により $D = \varepsilon E$ が成り立つ．単位正電荷が移動するときに力のする仕事が電位差であるから電場の大きさ E は誘電体を挿入しても $El = V$ で与えられる．すなわち

$$E = \frac{V}{l}$$

である．一方，A,B 上の真電荷の面密度を σ とすれば，誘電体を挿入したときには真空に対する関係 $E = \sigma/\varepsilon_0$ を $E = \sigma/\varepsilon$ と変えればよい．なぜなら，(4.12) は

$$\varepsilon \int_{\mathrm{S}} E_n dS = (\text{S の中にある真電荷の和})$$

と表され，真空の場合の結果に対して $\varepsilon_0 \to \varepsilon$ と変換すれば誘電体の場合が実現するからである．こうして $\sigma = Q/S$ に注意して次式が求まる．

$$E = \frac{Q}{\varepsilon S}$$

上記の E に対する 2 つの式から $V/l = Q/\varepsilon S$ となり，電気容量 C は

$$C = \frac{Q}{V} = \frac{\varepsilon S}{l}$$

と計算される．

問　題

4.1　真空中で 30μF の電気容量をもつ平行板コンデンサーの極板間に大理石を挿入したとき，その電気容量は何 μF か．ただし，大理石の比誘電率は 8 である．

4.2　極板の面積が S，極板間の距離が l であるような平行板コンデンサーの極板 A,B の間に図 4.5 のように誘電率 $\varepsilon_1, \varepsilon_2$ の誘電体が挿入されている．このコンデンサーの電気容量を求めよ．また，$x = 0$ あるいは $x = l$ とおき，(4.9) が得られることを確かめよ．

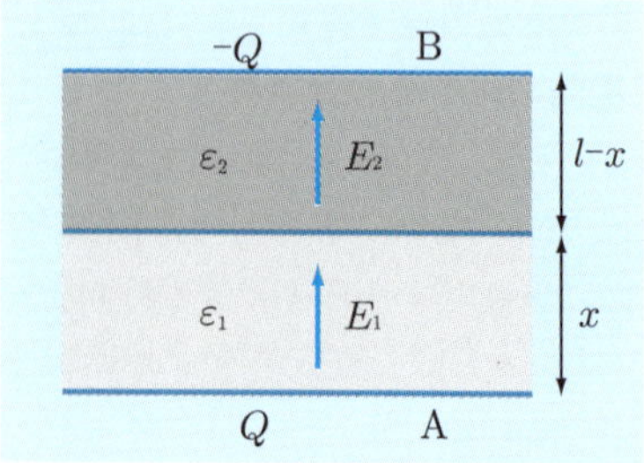

図 4.5　誘電率 $\varepsilon_1, \varepsilon_2$ の誘電体

例題 5 ──────── **誘電体があるときのガウスの法則**

誘電体があるときのガウスの法則を導出せよ.

解答　誘電体と真電荷が混在する体系を考え，図 4.6(a) の破線で示す曲面 S の内部に真電荷と誘電体の一部があるとする．S 中の誘電体の領域を V′，その表面を S′ とし，さらに (b) のように，S の内，誘電体に含まれる部分を S″ と記す．問題 3.2 により領域 V′ 中の全電荷量は 0 であるから，(4.7) を利用すると

$$\int_{\mathrm{V}'} \rho dV + \int_{\mathrm{S}'} \sigma' dS + \int_{\mathrm{S}''} P_n dS = 0$$

が得られる．ここで $\boldsymbol{n}$ は図の矢印のように表される．一方，曲面 S に真空に対するガウスの法則を適用すると

$$\varepsilon_0 \int_{\mathrm{S}} E_n dS = (\mathrm{S}\ の中の全電荷量)$$

が成り立つ．上式の右辺は

$$(\mathrm{S}\ の中にある真電荷の和) + \int_{\mathrm{V}'} \rho dV + \int_{\mathrm{S}'} \sigma' dS$$

となるので，上記の結果により

$$\varepsilon_0 \int_{\mathrm{S}} E_n dS + \int_{\mathrm{S}''} P_n dS = (\mathrm{S}\ の中にある真電荷の和)$$

が導かれる．ここで電束密度が $\boldsymbol{D} = \varepsilon_0 \boldsymbol{E} + \boldsymbol{P}$ と定義されていることに注意すれば，S の内，S″ 以外では $\boldsymbol{P} = 0$ となるので，(4.12) のガウスの法則が導かれる．

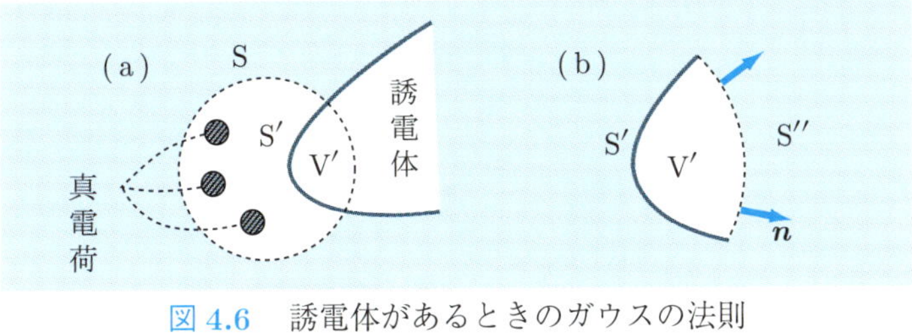

図 4.6　誘電体があるときのガウスの法則

問　題

5.1　真電荷の電荷密度を ρ として $\mathrm{div}\ \boldsymbol{D} = \rho$ の関係を導け．

5.2　一定な誘電率 ε の誘電体中のポアソン方程式はどのように表されるか．

例題 6 —— **同心の導体球間の誘電体**

半径 a, b の同心の導体球殻 A, B があり，A と B との間は誘電率 ε の誘電体が挿入され，他は真空である (図 4.7)．球の中心に点電荷 q をおき，A, B にそれぞれ $Q_{\mathrm{A}}, Q_{\mathrm{B}}$ の電荷を与えた．以下の設問に答えよ．

(a) 電束密度 $D(r)$，電場 $E(r)$ を求めよ．

(b) A,B の電位 $V_{\mathrm{A}}, V_{\mathrm{B}}$ を計算せよ．

解答 (a) 電場の状態が球の中心に関し球対称である点に注意し，ガウスの法則を利用すると次の結果が得られる．$0 < r < a$ では

$$D(r) = \frac{q}{4\pi r^2}$$

$$E(r) = \frac{q}{4\pi\varepsilon_0 r^2}$$

$a < r < b$ では

$$D(r) = \frac{q + Q_{\mathrm{A}}}{4\pi r^2}$$

$$E(r) = \frac{q + Q_{\mathrm{A}}}{4\pi\varepsilon r^2}$$

$b < r$ では

$$D(r) = \frac{q + Q_{\mathrm{A}} + Q_{\mathrm{B}}}{4\pi r^2}$$

$$E(r) = \frac{q + Q_{\mathrm{A}} + Q_{\mathrm{B}}}{4\pi\varepsilon_0 r^2}$$

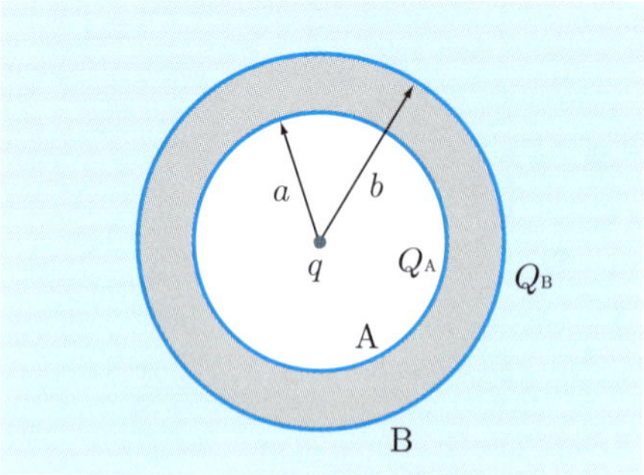

図 4.7 同心の導体球 A, B

(b)

$$\int_{\mathrm{A}}^{\mathrm{B}} E \cdot d\boldsymbol{s} = V_{\mathrm{A}} - V_{\mathrm{B}}$$

を利用し，無限遠で電位は 0 となるよう基準を決める．その結果 V_{A} は

$$\begin{aligned} V_{\mathrm{A}} &= \int_a^{\infty} E(r)dr \\ &= \int_a^b \frac{q+Q_{\mathrm{A}}}{4\pi\varepsilon r^2}dr + \int_b^{\infty} \frac{q+Q_{\mathrm{A}}+Q_{\mathrm{B}}}{4\pi\varepsilon_0 r^2}dr \\ &= \frac{q+Q_{\mathrm{A}}}{4\pi\varepsilon}\left(\frac{1}{a}-\frac{1}{b}\right) + \frac{q+Q_{\mathrm{A}}+Q_{\mathrm{B}}}{4\pi\varepsilon_0 b} \end{aligned}$$

となり，また V_{B} は

$$V_{\mathrm{B}} = \int_b^{\infty} E(r)dr = \int_b^{\infty} \frac{q+Q_{\mathrm{A}}+Q_{\mathrm{B}}}{4\pi\varepsilon_0 r^2}dr = \frac{q+Q_{\mathrm{A}}+Q_{\mathrm{B}}}{4\pi\varepsilon_0 b}$$

と計算される．

問　題

6.1 A と B を導線でつなぎ $V_{\mathrm{A}} = V_{\mathrm{B}}$ としたとき，A, B の電荷はどのように移動するかについて述べよ．

6.2 $Q_{\mathrm{A}} = Q_{\mathrm{B}} = 0$ の場合の $D(r), E(r)$ を求めよ．

強誘電体の応用

自発的に電気分極をもつ物質が強誘電体で，これは自発的に磁気分極をもつ物質が強磁性体であることと似ている．強磁性体は平たくいえば磁石であり，私たちの身に回りではおなじみの存在である．強誘電体は同じような言い方をすれば電石と呼んでもよいが，残念ながらこの種の用語は使われない．しかし，強誘電体は案外日常的なもので，家庭器具などに利用されている．昔から有名な強誘電体はチタン酸バリウム（$BaTiO_3$）で 1944 年頃その強誘電性が発見された．この物質は強誘電体であると同時に圧電性の物質でもある．すなわち，体系に圧力をかけ変形させると電圧が発生するという特色をもつ．この性質は電気双極子の配列と関連していて，体系の強誘電性と不可分の関係にある．ガスコンロを点火させるのに一昔前はマッチをすりその火を利用していた．しかし，現在では圧電セラミックスを使い，力を加えると電圧が生じてガスに火をつけるような圧電点火ユニットが広く利用されている．

例題 7 **境界面における電束密度**

図 4.8 のように，誘電率 ε_1 の物質 1 と誘電率 ε_2 の物質 2 とが隣接しているとき，物質 1, 2 中の電束密度の法線方向の成分を D_{1n}, D_{2n}，境界面の真電荷の面密度を σ とすれば

$$D_{1n} - D_{2n} = \sigma$$

であることを示せ．特に $\sigma = 0$ ならば

$$D_{1n} = D_{2n}$$

が成り立ち，この場合，$\boldsymbol{D}$ の法線成分は境界面で連続となる．

解答 境界面を挟む高さ h の円筒を考え，その上面，下面 (面積 dS) は境界面と平行にとる．境界面の法線は図のように物質 2 から物質 1 に向かうとし，$\boldsymbol{D}$ のこの法線方向の成分を D_n と表し，物質 1,2 中の $\boldsymbol{D}$ をそれぞれ $\boldsymbol{D}_1, \boldsymbol{D}_2$ とする．また，真電荷の電荷密度，境界面上の真電荷の面密度はこの円筒中でほぼ一定であるとみなし，これらをそれぞれ ρ, σ と書く．このような前提で，円筒に対しガウスの法則 (4.12) を適用する (ただし，S の中から外へ向かう S への法線方向を $\boldsymbol{n}$ とし $D_n = \boldsymbol{D}\cdot\boldsymbol{n}$ と書く)．円筒の上面で $\boldsymbol{n}$ はいまの法線と同じ向きなので $\boldsymbol{D}\cdot\boldsymbol{n} = D_{1n}$ であるが，下面では両者は互いに逆向きなので $\boldsymbol{D}\cdot\boldsymbol{n} = -D_{2n}$ となる．また，h が十分小さければ円筒の側面からの寄与は無視できる．こうして (4.12) から

$$(D_{1n} - D_{2n})dS = (\sigma + \rho h)dS$$

が得られる．これを dS で割り，$h \to 0$ の極限をとると $D_{1n} - D_{2n} = \sigma$ となる．もし $\sigma = 0$ であれば $D_{1n} = D_{2n}$ が成り立つ．

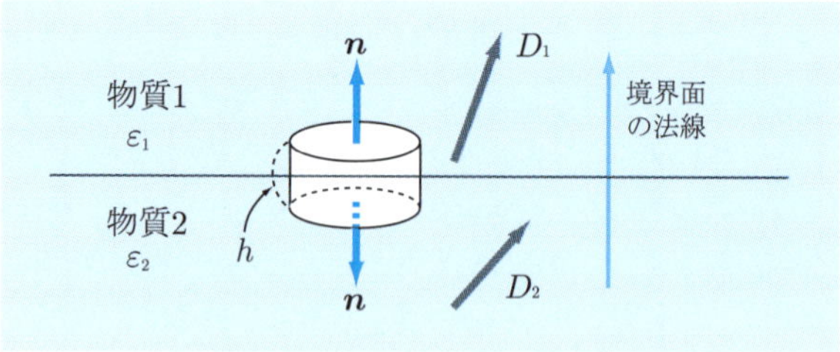

図 4.8 境界面における電束密度

問 題

7.1 $\sigma = 0$ だと電場の法線方向の成分に対して次の関係が成り立つことを示せ．

$$\varepsilon_1 E_{1n} = \varepsilon_2 E_{2n}$$

7.2 真空と大理石が接しているとき，大理石中の E_n は真空中の何倍か．

例題 8　　**境界面における電場**

図 4.9 に示すように物質 1 と物質 2 が境界面で接しているとする．境界面の接線方向の成分を表すのに t という添字をつければ

$$E_{1t} = E_{2t}$$

が成り立つことを示せ．

解答　接線方向の成分を考察するため，境界面と垂直な長方形 (各辺の長さは l, h) を考え，図 4.9 のように辺 AB，辺 CD はそれぞれ境界面と平行で，AB は物質 1 中，CD は物質 2 中にあるとする．また，境界面の接線方向を図のように選び，$\boldsymbol{E}$ のこの方向の成分を E_t と書く．一般に

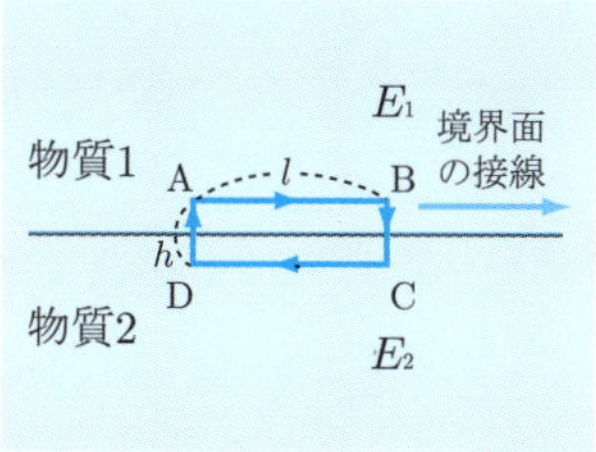

図 4.9　境界面における電場

$$\int_{\mathrm{P}}^{\mathrm{Q}} \boldsymbol{E} \cdot d\boldsymbol{s} = V(\mathrm{P}) - V(\mathrm{Q})$$

が成り立つが，左辺の積分路として図の矢印で示したように ABCDA と一周する経路をとる．この経路の場合，上式の右辺で始点と終点が一致するので積分値は 0 となる．一方，h は十分小さいとして，辺 AD，辺 BC からの寄与は無視する．その結果

$$(E_{1t} - E_{2t})l = 0$$

となり $E_{1t} = E_{2t}$ が導かれる．これからわかるように，E の接線成分は連続である．

問　題

8.1　境界面における $\boldsymbol{D}$ の接線成分に対してどのような関係が成り立つか．

8.2　図 4.10 のように誘電率 $\varepsilon_1, \varepsilon_2$ の物質 1, 2 が接しているとき，それぞれの物質中の電気力線が境界面の法線方向となす角を θ_1, θ_2 とする．境界面上に真電荷は存在しないとして $\tan\,\theta_2/\tan\,\theta_1$ を求めよ．

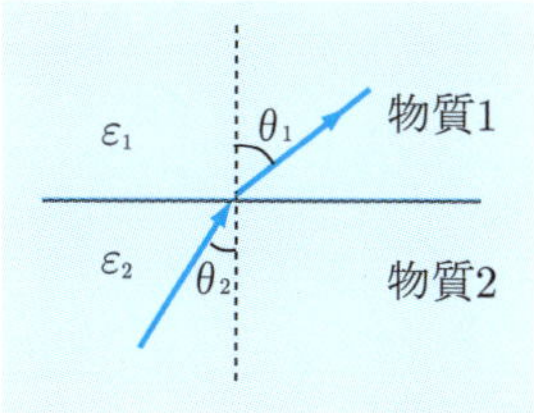

図 4.10　電気力線と法線のなす角

8.3　境界面で電位が連続であるとすれば，電場の接線成分も連続であることを証明せよ．

例題 9 **一様な電気分極をもつ誘電体球**

半径 a の誘電体球が真空中におかれ，球の内部で一様な電気分極 $\boldsymbol{P}$ が生じているとする．$\boldsymbol{P}$ は一定で z 方向を向くと仮定し (図 4.11)，$\boldsymbol{P}$ の z 成分 P は与えられているとする．球の内外における電位，電場を求めよ．

解答 この体系は強誘電体に対する 1 つの模型と考えられる．$\boldsymbol{P}$ は自発的に発生する分極すなわち**自発分極**に相当する．(4.7) により球内で分極電荷の電荷密度は 0 であるから，$r < a$ で電位に対するポアソン方程式は $\Delta V = 0$ となる．さらに $r > a$ の領域は真空で電荷がないので当然 $\Delta V = 0$ が成り立ち，球面を除き V はラプラス方程式を満たす．$r < a$ でラプラス方程式の解は

$$V = -Ez = -Er\cos\theta, \quad (r < a) \tag{1}$$

であるとする．実際には (1) に任意定数 V_0 を加えてもよいが，簡単のため $V_0 = 0$ とおく．また，E は球内の電場の z 成分で定数とするが，後でわかるように $E < 0$ である．すなわち球内の電場 $\boldsymbol{E}$ は $\boldsymbol{P}$ と逆向きでこのような電場を**反電場**という．一方，例題 1 と同様，$r > a$ での V は原点におかれたモーメント p の電気双極子から生じると仮定し

$$V = \frac{p\cos\theta}{4\pi\varepsilon_0 r^2}, \quad (r > a) \tag{2}$$

とする．問題 8.3 により球面上すなわち $r = a$ で V は連続となり，(1), (2) から次式が導かれる．

$$-E = \frac{p}{4\pi\varepsilon_0 a^3} \tag{3}$$

いまの問題では P は与えられた量とするので未知数は p と E である．ここで上式と独立な条件を導くため，球面上で D_n が連続であることを利用する．問題 1.1 と同様，球外における球上での E_n は $-\partial V/\partial r$ と書ける．こうして，球外では $r = a$ で，D_n は

$$D_n = \frac{p\cos\theta}{2\pi a^3} \tag{4}$$

と求まる．一方，球内で $\boldsymbol{D}$ の z 成分は $D = \varepsilon_0 E + P$ と表されるので，$\boldsymbol{D}$ の $\boldsymbol{n}$ 方向の成分は (3) を利用し

$$D_n = -\frac{p\cos\theta}{4\pi a^3} + P\cos\theta \tag{5}$$

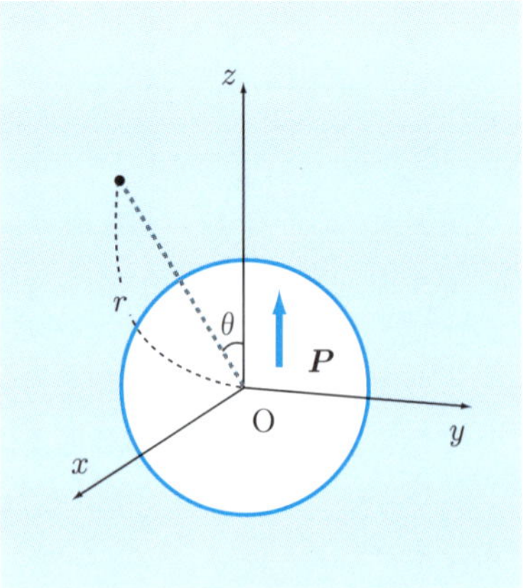

図 4.11 一様な電気分極をもつ誘電体球

と表される．(4), (5) を等しいとおき

$$p = \frac{4\pi a^3}{3} P \tag{6}$$

となる．P は単位体積当たりのモーメントで，$4\pi a^3/3$ は球の体積であるから上式は球全体のモーメントを表す．このような点で (6) は物理的に妥当な結果といえよう．(6) を (3) に代入すると

$$E = -\frac{1}{3\varepsilon_0} P \tag{7}$$

と書ける．(6), (7) を (1), (2) に代入し電位は以下のように求まる．

$$V = \frac{Pr\cos\theta}{3\varepsilon_0} \quad (r < a), \quad V = \frac{Pa^3\cos\theta}{3\varepsilon_0 r^2} \quad (r > a) \tag{8}$$

球内の電場は (7) で与えられる．球外の電位は (8) の右式により

$$V = \frac{Pa^3 z}{3\varepsilon_0 r^3} \tag{9}$$

と書ける．これから電場の諸成分は

$$E_x = -\frac{\partial V}{\partial x} = \frac{Pa^3 zx}{\varepsilon_0 r^5} \tag{10a}$$

$$E_y = -\frac{\partial V}{\partial y} = \frac{Pa^3 zy}{\varepsilon_0 r^5} \tag{10b}$$

$$E_z = -\frac{\partial V}{\partial z} = -\frac{Pa^3}{3\varepsilon_0 r^3} + \frac{Pa^3 z^2}{\varepsilon_0 r^5} \tag{10c}$$

と計算される．

問　題

9.1　一般に反電場の z 成分を

$$E_z = -\frac{N}{\varepsilon_0} P$$

と表し，比例定数 N を**反電場係数**という．いまの例題の反電場係数を求めよ．

9.2　球内で

$$\boldsymbol{D} = \varepsilon_0 \left(1 - \frac{1}{N}\right) \boldsymbol{E}$$

と書け，$\boldsymbol{D}$ と $\boldsymbol{E}$ との関係は一種の有効誘電率で記述されることを示せ．

9.3　球外で次の関係が成り立つことを示せ．

$$E^2 = \frac{(Pa^3)^2}{9{\varepsilon_0}^2 r^6}(1 + 3\cos^2\theta)$$

4.4 電気エネルギー

帯電した物体は小紙片を引き付けるから，その物体はある種のエネルギーをもつと考えられる．一般に，電場が蓄えているエネルギーを**電気エネルギー**あるいは**静電エネルギー**という．平行板コンデンサーを考察すると (例題 10)，単位体積当たりの電気エネルギーすなわち**電気エネルギー密度** $u_{\rm e}$ は次式のように書ける．

$$u_{\rm e} = \frac{\varepsilon E^2}{2} = \frac{ED}{2} = \frac{\boldsymbol{E} \cdot \boldsymbol{D}}{2} \tag{4.16}$$

一般に $\boldsymbol{E}, \boldsymbol{D}$ が場所 $\boldsymbol{r}$ の関数の場合には，(4.16) の結果を一般化し，ある領域 V 中に含まれる電気エネルギー $U_{\rm e}$ は

$$U_{\rm e} = \int_{\rm V} \frac{\varepsilon E^2}{2} dV = \int_{\rm V} \frac{\boldsymbol{E} \cdot \boldsymbol{D}}{2} dV \tag{4.17}$$

で与えられるとする．(4.17) の正しいことは 7 章の議論でわかる．

• 電気エネルギーと力 •　図 4.12 のように，導体，誘電体を含む体系を斜線部で表したとし，これに起電力 V の電池がつながっているとする．δQ の電荷が移動すれば，電池の内部では δQ の電荷を電位が V だけ高い状態に移動させるので電池のする仕事は $V\delta Q$ と書ける．一方，体系の位置を記述する変数を象徴的に ξ と記し，ξ を $\xi + \delta\xi$ に変化させるとき電気力のする仕事を $F_\xi \delta\xi$ とする．ξ が x なら F_ξ は力の x 成分を表す．この電気力に逆らい，ξ を $\xi + \delta\xi$ にするため人のする (外力のする) 仕事は符号を逆にし $-F_\xi \delta\xi$ で与えられる．このように力学的な力の釣合いを保ちながら行う状態変化を**準静的過程**という．電池，外力のした分だけ電気エネルギーが増加すると考えられるので

$$\delta U_{\rm e} = V\delta Q - F_\xi \delta\xi \tag{4.18}$$

が成り立つ．特に $\delta Q = 0$ の場合には

$$F_\xi = -\frac{\partial U_{\rm e}}{\partial \xi} \tag{4.19}$$

と表される．これからわかるように，$U_{\rm e}$ は力学におけるポテンシャルと同じ役割をもち，$U_{\rm e}$ から力が計算できる．ただし，一般には電流が流れるとそれに伴いジュール熱が発生する．(4.18) は電気抵抗が 0 のとき成り立つ関係である．ジュール熱を考慮した議論は問題 10.2 および 7 章で行う．

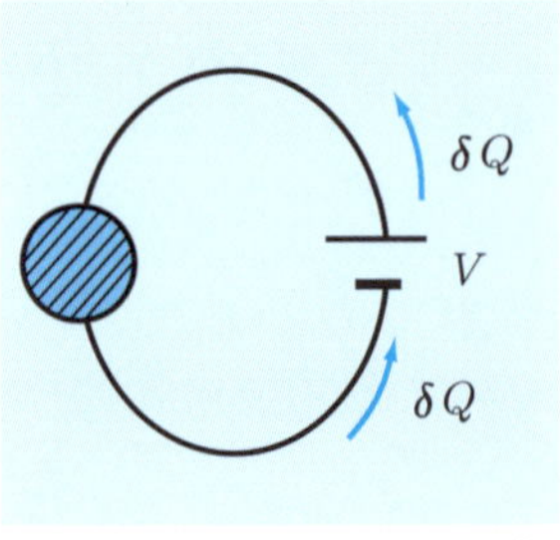

図 4.12　電池のする仕事

例題 10　**平行板コンデンサーのエネルギー**

極板の面積 S，極板間の間隔 x の平行板コンデンサーがあり，極板の間に誘電率 ε の物質をつめたとする．コンデンサーの電気エネルギー密度 u_{e} を求めよ．

解答　両極板に $\pm q$ の電荷があるとき，さらに $dq\ (>0)$ の電荷を負極板から正極板に運ぶための仕事 dW を求める (図 4.13)．このときの電場を $\boldsymbol{E}'$ とし，図のような状況を考えると，dq に働く力 $\boldsymbol{E}'dq$ は下向きとなる．この力に逆らい，dq の電荷を距離 x だけ移動させるので，dW は

$$dW = E'xdq$$

と表される．一方，$\varepsilon E' = q/S$ が成り立ち，これから $dq = \varepsilon S dE'$ と書ける．したがって

$$dW = \varepsilon S x E' dE'$$

となる．電場を 0 から次第に増加させ最終的に E までにするための仕事は，上式を E' に関し 0 から E まで積分し

$$W = \varepsilon S x \int_0^E E' dE' = \frac{\varepsilon S x}{2} E^2$$

で与えられる．ここで Sx は極板にはさまれた領域の体積 V で，この領域以外で電場は 0 である．エネルギー保存則により，ある体系に仕事 W を加えると，その体系のエネルギーは W だけ増加する．このため，上記の W は電気エネルギー U_{e} を表し，電気エネルギー密度 u_{e} は $\varepsilon E^2/2$ と表される．

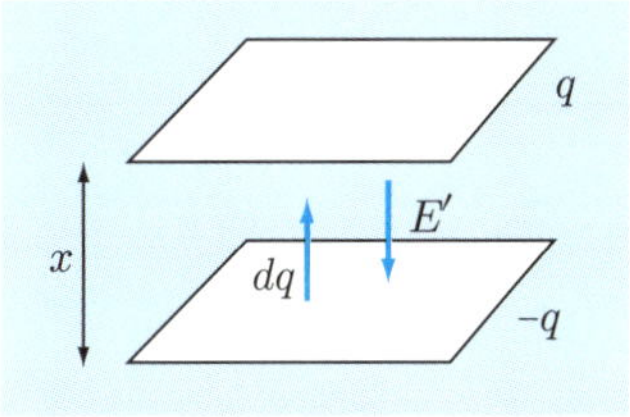

図 4.13　平行板コンデンサーのエネルギー

問　題

10.1 極板間の電位差を V，極板に蓄えられる電荷を $\pm Q$，電気容量を C とすれば，コンデンサーの電気エネルギー U_{e} は次のように書けることを示せ．

$$U_{\mathrm{e}} = \frac{QV}{2} = \frac{CV^2}{2} = \frac{Q^2}{2C}$$

10.2 図 4.14 のように起電力 V の電池にコンデンサー C，電気抵抗 R を連結した回路を考える．微小時間 δt の間に電池のする仕事を考察し，これがジュール熱と電気エネルギーに変換されることを示せ．

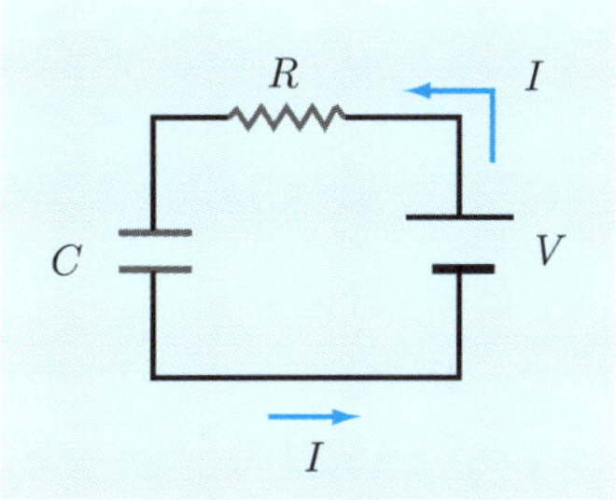

図 4.14　電気回路

例題 11　　**平行板コンデンサーの極板に働く力**

例題 10 と同じ構造の平行板コンデンサーを考え，次の (a), (b) を求めよ．
(a)　極板上の電荷 $\pm Q$ を固定したとき，極板間に働く力
(b)　両極板を起電力 V の電池につなぎ V を一定に保つとき，極板間に働く力

解答　(a)　極板間で

$$D = \sigma = Q/S \qquad \therefore \quad E = Q/\varepsilon S$$

となる．これを電気エネルギーの式に代入すると次式が得られる．

$$U_{\mathrm{e}} = \frac{\varepsilon S x}{2} E^2 = \frac{x Q^2}{2\varepsilon S} \tag{1}$$

このように Q の関数として表された電気エネルギーを U_Q と書く．図 4.15(a) のように一方の極板上に原点を選んで x 軸をとり，(4.18) で $\delta Q = 0$, $\xi = x$ とおけば

$$F_x = -\frac{\partial U_Q}{\partial x} \tag{2}$$

と書ける．(2) に (1) を代入すると F_x は次のように計算される．

$$F_x = -\frac{Q^2}{2\varepsilon S} \tag{3}$$

F_x が負であるのは図のように極板に働く力が引力であることを意味する．

(b)　図 4.15(b) のように V が一定な場合，(4.18) は $\delta U_{\mathrm{e}} = \delta(VQ) - F_\xi \delta\xi$ となる．問題 10.1 により $2U_{\mathrm{e}} = VQ$ が成り立つので，上の関係は $F_\xi \delta\xi = \delta U_{\mathrm{e}}$ と書ける．したがって，V の関数として表した電気エネルギーを U_V とすれば

$$F_x = \frac{\partial U_V}{\partial x} \tag{4}$$

である．(2) と (4) とは符号が違う．(1) に $E = V/x$ を代入すると $U_V = \varepsilon S V^2/2x$ と書け，F_x は次のようになる．

$$F_x = -\frac{\varepsilon S V^2}{2x^2} \tag{5}$$

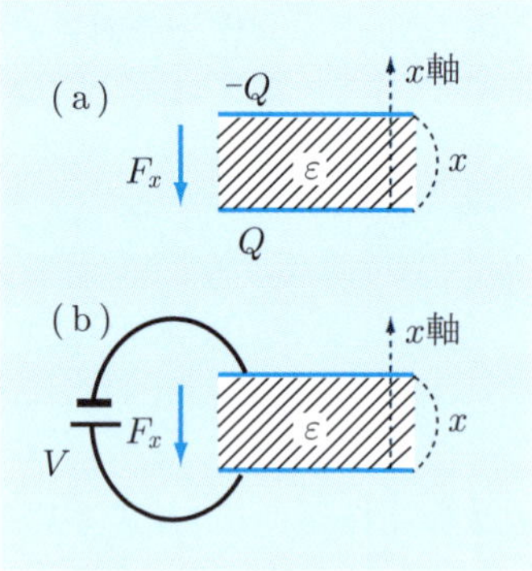

図 4.15　極板間の力

問　題

11.1 (3) と (5) は同じ結果を与えることを示せ．

11.2 ε を ε_0 とすれば真空中の結果 (3 章の例題 9) が得られることを確かめよ．

例題 12　**極板の間隔の変化と電池のする仕事**

面積 S，間隔 x の平行板コンデンサーの極板間に誘電率 ε の物質をつめたとする．極板を起電力 V の電池につなぎ，V を一定に保って間隔を δx だけ増加させたとき，電池のする仕事 δW を求めよ．

解答　(4.18) で $V\delta Q = \delta W$ と書けるので同式は

$$\delta W = \delta U_{\mathrm{e}} + F_x \delta x \tag{1}$$

と表される．例題 11 の (5) により

$$F_x = -\frac{\varepsilon S V^2}{2x^2} \tag{2}$$

と書ける．一方，U_V は

$$U_V = \frac{\varepsilon S V^2}{2x}$$

で，これから $V =$ 一定の場合

$$\delta U_V = -\frac{\varepsilon S V^2}{2x^2}\delta x \tag{3}$$

が得られる．(1)～(3) により，以下の結果が導かれる．

$$\delta W = -\frac{\varepsilon S V^2}{x^2}\delta x \tag{4}$$

問　題

12.1 $Q = \varepsilon SV/x$ の関係から δQ を計算し，$\delta W = V\delta Q$ に代入して δW を求めよ．また，その結果は (4) と一致することを確かめよ．

12.2 $\delta x > 0$ だと $\delta W < 0$ であるが，この物理的な意味について述べよ．

誘 電 関 数

電場が空間的，時間的に変動している場合にも誘電率という概念が一般化される．通常，空間変化は波数ベクトル $\boldsymbol{q}$，時間変化は角振動数 ω で記述されるが，電束密度 $\boldsymbol{D}(\boldsymbol{q},\omega)$ と電場 $\boldsymbol{E}(\boldsymbol{q},\omega)$ との間の関係を $\boldsymbol{D}(\boldsymbol{q},\omega) = \varepsilon(\boldsymbol{q},\omega)\boldsymbol{E}(\boldsymbol{q},\omega)$ と表し，このような $\varepsilon(\boldsymbol{q},\omega)$ を誘電関数という．もし $\varepsilon(\boldsymbol{q},\omega) = 0$ が成り立つと，0 でない $\boldsymbol{E}(\boldsymbol{q},\omega)$ が可能である．すなわち，$\varepsilon(\boldsymbol{q},\omega) = 0$ を満たす $\boldsymbol{q},\omega$ の電気振動が起こることになる．その一例を紹介しよう．互いにクーロン力を及ぼし合う電子の集団を電子ガスというが，この体系ではプラズマ振動という電気振動が存在する．プラズマ振動は実験的にも観測されている．

5 静 磁 場

5.1 磁石と磁場

棒磁石に鉄粉をふりかけると，鉄粉をよく吸い付ける部分が2箇所あることがわかる．これを**磁極**といい，北を指す方をN極，南を指す方をS極という．

• 磁荷とクーロンの法則 •　磁極には磁気が存在しN極には正の**磁荷**，S極には負の磁荷があるとする．磁気量 q_{m} の点磁荷と磁気量 q'_{m} の点磁荷との間には電気の場合と同様なクーロンの法則が成り立ち，真空中で両者の間に働く磁気力 F は，両磁荷間の距離を r としたとき

$$F = \frac{1}{4\pi\mu_0}\frac{q_{\mathrm{m}}\,q'_{\mathrm{m}}}{r^2} \tag{5.1}$$

と表される．力は両磁荷を結ぶ線上にあり，磁荷が同符号のとき斥力，磁荷が異符号のとき引力となる．力 F をN，距離 r をmで表したとき，定数 μ_0 の値が

$$\mu_0 = 4\pi \times 10^{-7}\,\mathrm{N/A^2} \tag{5.2}$$

となるように定めた磁気量の単位を**ウェーバ** (Wb) という．この単位に関して

$$1\,\mathrm{Wb} = 1\,\mathrm{J/A} \tag{5.3}$$

の関係が成り立つ (問題 1.2)．電気の場合の ε_0 に対応する μ_0 を**真空の透磁率**という．

• 磁場 •　電気の場合と同様，ある点におかれた磁気量 q_{m} の小さな磁荷の受ける力 $\boldsymbol{F}$ を

$$\boldsymbol{F} = q_{\mathrm{m}}\boldsymbol{H} \tag{5.4}$$

と表したとき，この $\boldsymbol{H}$ をその点における**磁場の強さ**または単に**磁場**という．磁場の大きさの単位は，(5.3) を用いまた $\mathrm{J = N \cdot m}$ の関係に注意すると

$$\mathrm{N/Wb = N\cdot A/J = A/m}$$

と書ける．電気力線と同様に磁場の様子は**磁力線**によって記述される．

電気に対するクーロンの法則で $\varepsilon_0 \to \mu_0$，$q \to q_m$ という変換を実行すると磁気に対する同法則が得られる．このため，クーロンの法則から導かれる結論は上述の変換を行い，$\boldsymbol{E} \to \boldsymbol{H}$ とすれば磁場の場合にも成立する．例えば，$\boldsymbol{r}'$ の点に磁荷 q_{m} があるとき場所 $\boldsymbol{r}$ における $\boldsymbol{H}$ は，(2.7) に対して上記の変換を実行し次のように表される．

$$\boldsymbol{H} = \frac{q_{\mathrm{m}}}{4\pi\mu_0}\frac{\boldsymbol{r}-\boldsymbol{r}'}{|\boldsymbol{r}-\boldsymbol{r}'|^3} \tag{5.5}$$

例題 1　　**磁気力の例**

質量 10 g の物体に働く重力は 9.81×10^{-2} N である．同じ磁気量をもつ磁荷が 1 cm 離れているとき，両者間の磁気力が上の重力に等しいとする．このときの磁荷は何 Wb か．

解答　(5.1) で $q_{\mathrm{m}} = q'_{\mathrm{m}} = q$，$r = 0.01$，$F = 9.81 \times 10^{-2}$ とおくと

$$q^2 = 4\pi\mu_0 \times 9.81 \times 10^{-6} = 9.81 \times (4\pi)^2 \times 10^{-13}$$

となり，これから q は $q = 1.24 \times 10^{-5}$ Wb と計算される．

問　題

1.1　同じ 1 Wb の磁気量をもつ 2 つの磁荷が 1 m 離れておかれているとき，両者間に働く磁気力は何 N か．

1.2　(5.1)，(5.2) の 2 つの式を利用して 1 Wb = 1 J/A の関係が成り立つことを示せ．

1.3　電気の場合の電位に相当し，**磁位**を考えることができる．すなわち，磁位を $V_{\mathrm{m}}(\boldsymbol{r})$ としたとき，$\boldsymbol{r}$ における磁場 $\boldsymbol{H}$ は

$$\boldsymbol{H} = -\nabla V_{\mathrm{m}}(\boldsymbol{r})$$

のように書ける．点 $\boldsymbol{r}'$ に磁荷 q_{m} があるとき点 $\boldsymbol{r}$ における磁位 $V_{\mathrm{m}}(\boldsymbol{r})$ は，次式で与えられることを示せ．

$$V_{\mathrm{m}}(\boldsymbol{r}) = \frac{q_{\mathrm{m}}}{4\pi\mu_0} \frac{1}{|\boldsymbol{r} - \boldsymbol{r}'|}$$

1.4　空間中の 2 点 A, B を考えたとき磁場と磁位に対し

$$\int_{\mathrm{A}}^{\mathrm{B}} \boldsymbol{H} \cdot d\boldsymbol{s} = V_{\mathrm{m}}(\mathrm{A}) - V_{\mathrm{m}}(\mathrm{B})$$

が成り立つことを証明せよ．

参考　磁位が定義できるのは，磁荷によって生じる磁場の場合に限られ，一般に電流が作る磁場のときには磁位が一義的に決まらない．この点については 5.5 節で再び論じる．

1.5　磁場に対するガウスの法則は

$$\mu_0 \int_{\mathrm{S}} H_n dS = (\text{S の中にある磁荷の和})$$

という関係になることを示せ．

1.6　点磁荷が空間分布する場合，磁荷に対する磁荷密度を導入し，磁位に対するポアソン方程式を導け．

5.2 磁気双極子と磁化

磁石をいくら切っても切るたびにN極とS極とが現れ，その事情は誘電体の分極電荷と似ている．磁気の場合，電気の分極電荷に相当するものを**分極磁荷**という．電気と磁気との基本的な違いは，電気では真電荷が存在するが，磁気では真磁荷が存在しないという点である．磁気の場合，正磁荷と負磁荷とがいつもペアになっていて，むしろ電気双極子に対応する体系を扱う方が現実的である．

• 磁気双極子 • わずかに離れた正負2つの点磁荷 $\pm q_{\mathrm{m}}$ を考え，このような一組を**磁気双極子**という．また磁荷間の距離を l とし $m = q_{\mathrm{m}} l$ で定義される m を磁気モーメントの大きさという．電気双極子のときと同様，$-q_{\mathrm{m}}$ から q_{m} へ向かい，m の大きさをもつベクトル $\boldsymbol{m}$ を導入し，これを**磁気モーメント**という．磁気モーメントの作る磁位 (したがって磁場) は電気双極子の $\boldsymbol{p}$ を $\boldsymbol{m}$ で置き換え，$\varepsilon_0 \to \mu_0$ とすれば求まる．例えば，原点に磁気双極子があるとき，点 $\boldsymbol{r}$ での磁位は (4.3) により

$$V_{\mathrm{m}} = \frac{\boldsymbol{m} \cdot \boldsymbol{r}}{4\pi\mu_0 r^3} \tag{5.6}$$

と表される．磁気モーメントの単位は Wb·m である．

• 磁化 • 電気のときと同じように，i 番目の磁気モーメントを $\boldsymbol{m}_i$ としたとき

$$\boldsymbol{M} = \sum_{(\text{単位体積中})} \boldsymbol{m}_i \tag{5.7}$$

で定義される $\boldsymbol{M}$ を**磁化**または**磁気分極**という．これは電気分極 $\boldsymbol{P}$ に対応する量である．誘電体に対する (4.7) と同じように，分極磁荷の面密度 σ'_{m} と分極磁荷の磁荷密度 ρ_{m} は

$$\sigma'_{\mathrm{m}} = M_n, \quad \rho_{\mathrm{m}} = -\mathrm{div}\,\boldsymbol{M} \tag{5.8}$$

と表される．ただし，M_n は $\boldsymbol{M}$ の (磁性体の内部から外部に向かう) 法線方向の成分である．磁気モーメントの単位は Wb·m で，M はこれを単位体積当たりに換算するので m^3 で割り，M の単位は $\mathrm{Wb/m^2}$ となる．

• 磁性体の種類 • 大部分の物質では外部から磁場を作用させないと磁化は0で，磁場が十分小さいとき $\boldsymbol{M}$ は $\boldsymbol{H}$ に比例する．この関係を

$$\boldsymbol{M} = \chi_{\mathrm{m}} \mu_0 \boldsymbol{H} \tag{5.9}$$

と書き，χ_{m} をその物質の**磁化率**あるいは**磁気感受率**という．電気の場合，χ_{m} に対応する χ_{e} は必ず正であるが，χ_{m} は正になったり負になったりする．$\chi_{\mathrm{m}} > 0$ の物質を**常磁性体**，$\chi_{\mathrm{m}} < 0$ の物質を**反磁性体**という．例えば，硫酸銅は常磁性体，ビスマスは反磁性体である．

外部から磁場をかけなくても，磁化が自然に発生しているような物質を**強磁性体**といい，その磁化を**自発磁化**という．鉄，コバルト，ニッケルは典型的な強磁性体である．強磁性体の場合，H と M との関係は (5.9) のように単純ではなく，同じ H に対する M はどのように磁場を加えたかという履歴に依存する．このような現象を**ヒステリシス**という．例えば，$M = 0$ の強磁性体に磁場をかけると，図 5.1 の曲線 OA のように変化し，A で磁化は飽和に達し，それ以上 H を大きくしても M は一定になる．それから H を減らすと，M は AB のような経過をたどり，$H = 0$ になったとき OB $(= M_r)$ に相当する**残留磁化**を示す．これは自発磁化に対応すると考えてよい．M を 0 にするためには，逆向きに OC $(= H_c)$ だけの磁場をかけねばならず，この H_c を**保磁力**という．逆向きの磁場の大きさをさらにふやしていくと，D で逆向きの飽和に達する．D から磁場を大きくしていくと M は D → E → F → A と変化する．図 5.1 の曲線を**ヒステリシス曲線**という．純鉄では

$$M_r \simeq 1.3\,\mathrm{Wb/m^2}, \quad H_c \simeq 60\,\mathrm{A/m}$$

であるが，永久磁石として使われるフェライトでは，

$$M_r \simeq 0.3\,\mathrm{Wb/m^2}, \quad H_c \simeq 2 \times 10^5\,\mathrm{A/m}$$

の程度となる．

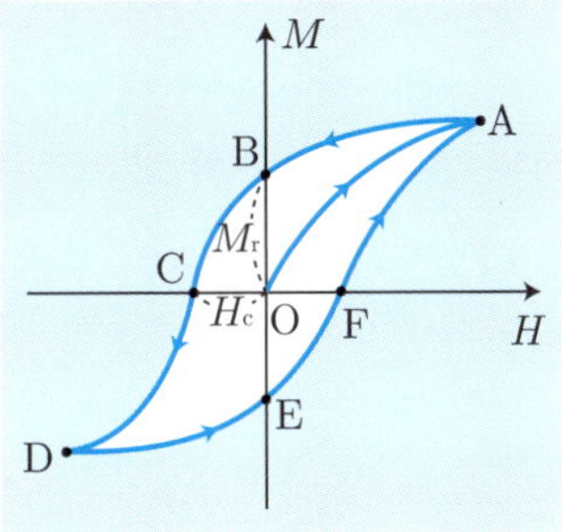

図 5.1　ヒステリシス曲線

• 反磁場 •　図 5.2 は外部磁場がないときの永久磁石内外の磁力線の概略を示す．N 極は磁力線の沸き出し口，S 極はその吸い込み口である．この図から磁石の内部では $\boldsymbol{H}$ が $\boldsymbol{M}$ と逆向きになり，$\boldsymbol{M}$ を打ち消す向きに働くことがわかる．この磁場を**反磁場**という．反磁場は反電場に対応している．図 5.1 の横軸の H は，外部磁場とこの反磁場の和である．$\boldsymbol{M}$ の方向に z 軸をとり，反磁場の z 成分 H_z を

$$H_z = -\frac{NM}{\mu_0} \tag{5.10}$$

と書き，比例定数 N を**反磁場係数**という．この係数は一般に磁石の形状に依存する．例えば，z 方向に十分長い棒磁石では，両端の近傍を除き $N = 0$ としてよい (例題 3)．また，球内で一様な磁化が生じているときには $N = 1/3$ となる (例題 3)．

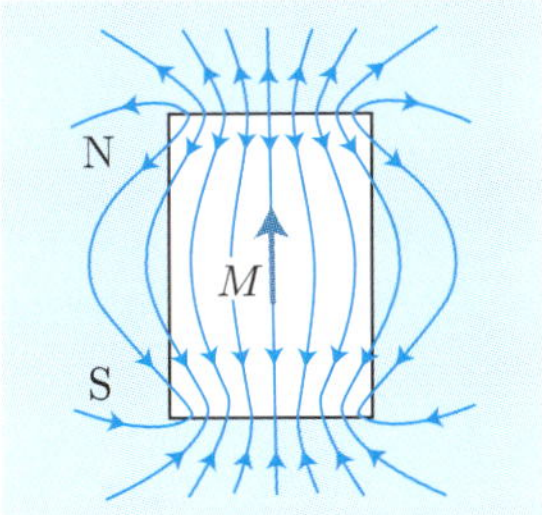

図 5.2　永久磁石の磁力線

例題 2 **原点にある磁気双極子が作る磁場**

原点におかれた磁気モーメント $\boldsymbol{m}$ が点 $\boldsymbol{r}$ に作る磁場 $\boldsymbol{H}(\boldsymbol{r})$ を求めよ．特に，$\boldsymbol{m}$ が z 軸に沿う場合すなわち $\boldsymbol{m} = (0, 0, m)$ のとき $\boldsymbol{H}$ はどのように表されるか．

解答 4 章の例題 2 で $\varepsilon_0 \to \mu_0$，$\boldsymbol{p} \to \boldsymbol{m}$ の変換を行うと，$\boldsymbol{H}(\boldsymbol{r})$ は

$$\boldsymbol{H}(\boldsymbol{r}) = \frac{1}{4\pi\mu_0 r^3}\left[\frac{3\boldsymbol{r}(\boldsymbol{m}\cdot\boldsymbol{r})}{r^2} - \boldsymbol{m}\right]$$

と表される．$\boldsymbol{m}$ が $\boldsymbol{m} = (0, 0, m)$ のときには $\boldsymbol{m}\cdot\boldsymbol{r} = mz$ であるから，上式の x, y, z 成分をとり，$\boldsymbol{H}$ は下記のように計算される．

$$\boldsymbol{H} = \frac{m}{4\pi\mu_0 r^3}\left(\frac{3xz}{r^2},\ \frac{3yz}{r^2},\ \frac{3z^2}{r^2} - 1\right)$$

問 題

2.1 電場中にある電気双極子は位置エネルギーをもつが，それと同様に磁場中の磁気双極子も位置エネルギーをもつ．磁場 $\boldsymbol{H}$ の場所にある磁気モーメント $\boldsymbol{m}$ の磁気双極子の位置エネルギー U は

$$U = -\boldsymbol{m}\cdot\boldsymbol{H}$$

と表されることを示せ．

2.2 図 5.3 に示すような断面が半径 a の円，長さ l の細長い円筒状の棒磁石がある．この磁石は軸方向に一様な磁化 M をもつとして，次の設問に答えよ．

(a) 棒磁石を 1 つの磁気双極子とみなし，その磁気モーメント m を求めよ．

(b) 棒の両端の磁荷 q_{m} はどのように表されるか．

(c) 磁石の軸上，端から距離 s だけ離れた点 P における磁場を求めよ．

2.3 問題 2.2 で $a = 5\,\mathrm{mm}$，$l = 10\,\mathrm{cm}$，$M = 1.5\,\mathrm{Wb/m^2}$，$s = 5\,\mathrm{cm}$ のとき，点 P における磁場の大きさは何 A/m か．

2.4 電子の磁気モーメントを記述する定数として**ボーア磁子**があり，これは

$$m_{\mathrm{B}} = \frac{eh}{4\pi m}$$

と定義される．e = 電気素量 $= 1.60 \times 10^{-19}\,\mathrm{C}$，$h$ = プランク定数 $= 6.63 \times 10^{-34}\,\mathrm{J\cdot s}$，$m$ = 電子の質量 $= 9.11 \times 10^{-31}\,\mathrm{kg}$ の数値を用いてボーア磁子を計算せよ．また，電子の磁気モーメントは $m = \mu_0 m_{\mathrm{B}}$ と書けることに注意し m を求めよ．

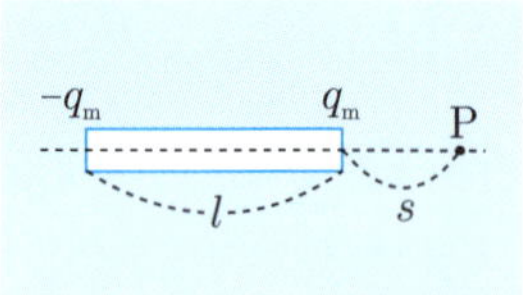

図 5.3 円筒状の棒磁石

注意 同じ m という記号を用いたが，これは電子の質量または磁気モーメントを意味する．

例題 3 **反磁場係数**

反磁場係数 N に関する次の設問に答えよ．

(a) z 方向に十分細長い磁石を考えると，両端の近傍を除き $N \simeq 0$ としてよいことを示せ．

(b) 一様な磁化 M をもつ球の場合，$N = 1/3$ が成り立つことを証明せよ．

解答 (a) 棒磁石の断面積を S，長さを L とし，その中心を座標原点 O にとる (図 5.4)．磁石は z 方向に一様に磁化しているとし，磁化の大きさを M とする．磁石の上端には MS の磁荷が生じ，これは座標 z の点に

$$H_z = -\frac{MS}{4\pi\mu_0}\frac{1}{[(L/2)-z]^2}$$

の磁場を生じる．磁石の下端に発生する $-MS$ の磁荷は上の z の符号を逆にした H_z を与える．こうして $z = \alpha L/2 \quad (-1 < \alpha < 1)$ における H_z は

$$H_z = -\frac{MS}{\pi\mu_0 L^2}\left[\frac{1}{(1-\alpha)^2} + \frac{1}{(1+\alpha)^2}\right]$$

と計算される．したがって，N は

$$N = \frac{S}{\pi L^2}\left[\frac{1}{(1-\alpha)^2} + \frac{1}{(1+\alpha)^2}\right]$$

と表される．αが1あるいは-1に近くない限り $L^2 \gg S$ であるから $N \simeq 0$ としてよい．

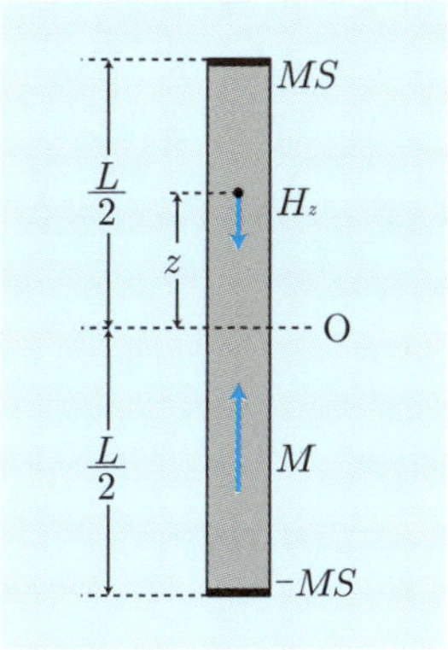

図 5.4 細長い磁石

(b) 反電場を反磁場に翻訳すればよい．4 章の問題 9.1 で行った誘電体に対する議論を繰り返すと，球の場合の反磁場係数は 1/3 となる．

問 題

3.1 地球自体は 1 つの大きな磁石で，その S 極は地理的な北極付近，また N 極は地理的な南極付近にある．地球を半径 a の球とみなし，内部で磁化の大きさ M は一定であると仮定する．図 4.11 で $\theta = 0$ は地球の磁石としての N 極であるとし，磁化 $\boldsymbol{M}$ は z 軸に沿って生じるとする．以下の問に答えよ．

(a) $\theta = 0$，$r = a$ における磁場を求めよ．

(b) 上記の磁場の大きさは 53 A/m と実測されている．地球内の M を求めよ．

(c) 地球のもつ磁気モーメントの大きさ m を計算せよ．ただし，地球の半径を $a = 6.38 \times 10^6$ m とする．

3.2 ヒステリシス曲線と反磁場係数が与えられているとき，自発磁化を求める方法を考えよ．

5.3 磁束密度

電気から磁気へ移行するには $\varepsilon_0 \to \mu_0$，$q \to q_{\mathrm{m}}$，$\boldsymbol{E} \to \boldsymbol{H}$，$\boldsymbol{P} \to \boldsymbol{M}$ という変換を行えばよい．$\boldsymbol{D} = \varepsilon_0 \boldsymbol{E} + \boldsymbol{P}$ と定義される電束密度に対応し，磁気では

$$\boldsymbol{B} = \mu_0 \boldsymbol{H} + \boldsymbol{M} \tag{5.11}$$

の $\boldsymbol{B}$ を導入し，これを**磁束密度**という．μ_0，H の次元はそれぞれ $\mathrm{N/A^2}$，$\mathrm{A/m}$ で $\mu_0 H$ の次元は両者の積 $\mathrm{N/(A\cdot m)}$ となる．すなわち，B の単位は $\mathrm{N/(A\cdot m)}$ でこれを**テスラ** (T) という．実用上，テスラは大きすぎるので，nT ($= 10^{-9}$ T) あるいは**ガウス** (G) がよく使われる．1 G は次式で定義される．

$$1\,\mathrm{G} = 10^{-4}\,\mathrm{T} \tag{5.12}$$

(5.11) から B の単位は M の単位に等しいことがわかる．後者は $\mathrm{Wb/m^2}$ と書け，これまでの結果をまとめると単位間の次の関係が得られる．

$$\mathrm{T} = \frac{\mathrm{N}}{\mathrm{A\cdot m}} = \frac{\mathrm{J}}{\mathrm{A\cdot m^2}} = \frac{\mathrm{Wb}}{\mathrm{m^2}} \tag{5.13}$$

• 透磁率 • $\boldsymbol{M}$ が $\boldsymbol{H}$ に比例する物質では (5.9)，(5.11) により $\boldsymbol{B} = \mu_0 \boldsymbol{H} + \chi_{\mathrm{m}} \mu_0 \boldsymbol{H} = \mu_0 (1 + \chi_{\mathrm{m}}) \boldsymbol{H}$ と書ける．あるいは

$$\mu = \mu_0 (1 + \chi_{\mathrm{m}}) \tag{5.14}$$

とおき，この μ をその物質の**透磁率**，また $k_{\mathrm{m}} = \mu/\mu_0 = 1 + \chi_{\mathrm{m}}$ の k_{m} を**比透磁率**という．空気の透磁率は真空中の値とほぼ同じであると考えてよい．空気に限らず，強磁性体以外では事実上 $\mu = \mu_0$ とみなしてよい．透磁率を用いると $\boldsymbol{B}$ は次式のように表される．

$$\boldsymbol{B} = \mu \boldsymbol{H} \tag{5.15}$$

• 磁性体に対するガウスの法則 • 磁気の場合，真磁荷に相当するものがないので，(4.12) に対応し

$$\int_{\mathrm{S}} B_n dS = 0 \tag{5.16}$$

というガウスの法則が成り立つ．磁力線に対応し，磁束密度の様子を記述する線を**磁束線**という．磁力線と違い磁束線の場合には，湧き出し口も吸い込み口も存在しない．磁性体のない $\boldsymbol{M} = 0$ の場所では $\boldsymbol{B} = \mu_0 \boldsymbol{H}$ であるが，例えば永久磁石の場合，磁束線は磁石の内部では図 5.5 のようになっている．

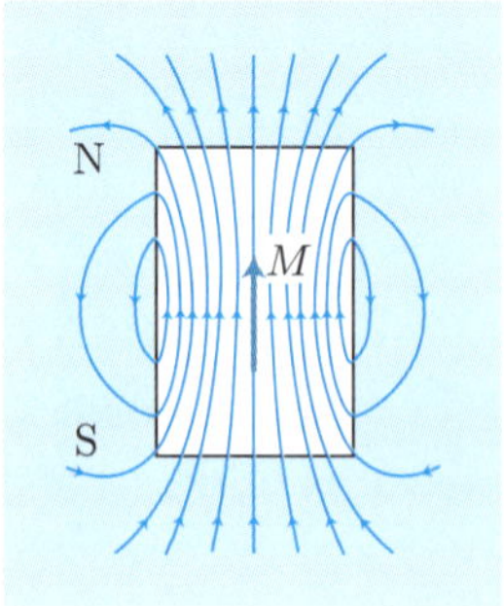

図 5.5　永久磁石の磁束線

例題 4 **磁性体中の磁場**

一様な磁束密度 $\boldsymbol{B}_0$ をもつ真空の磁場中に無限に広い常磁性体 (透磁率 μ) の板をその面が $\boldsymbol{B}_0$ と垂直になるようおいたとする (図 5.6). 磁性体内の磁束密度の大きさ B, 磁場の大きさ H, 磁化の大きさ M を求めよ.

解答 板が無限に広いとしているから, 対称性により磁束線は板と垂直になる. 図に示すように, 底面積 dS の円筒にガウスの法則を適用すると

$$(B_0 - B)dS = 0 \qquad \therefore \quad B = B_0$$

が得られる. 磁性体の H は $B = \mu H$ の関係から

$$H = B_0/\mu$$

と求まる. また, 常磁性体であるから

$$B = \mu_0 H + M$$

と書け, これから次式が導かれる.

$$M = B - \mu_0 H = \left(1 - \frac{\mu_0}{\mu}\right) B_0$$

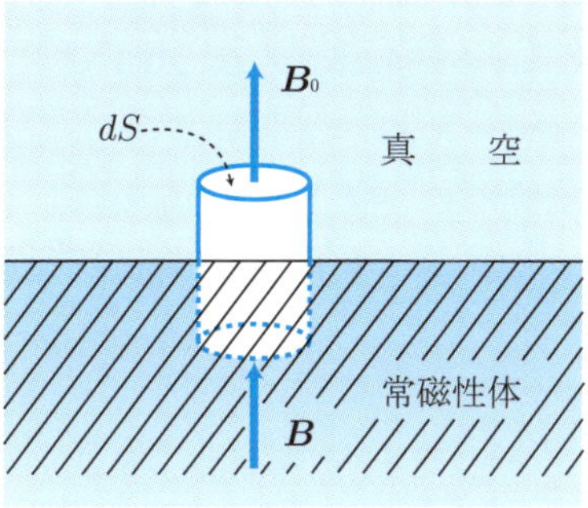

図 5.6 磁性体中の磁場

問 題

4.1 例題 4 で板が反磁性体の場合, 磁化の大きさ M はどのように表されるか.

4.2 磁束密度に対する $\mathrm{div}\,\boldsymbol{B} = 0$ の関係を導け.

4.3 異なる 2 つの磁性体 1, 2 が接しているとき, その境界面で

$$B_{1n} = B_{2n}, \quad H_{1t} = H_{2t}$$

が成り立つことを示せ.

参考 上の $\boldsymbol{H}$ の接線成分が連続という条件は, $\boldsymbol{H}$ が磁位から導かれることを前提としている. ただし, 電流が磁場を作る場合には磁位が存在しないため違った考え方が必要となる. この点については 7.2 節で述べる.

4.4 透磁率 μ_1 の物質 1 と透磁率 μ_2 の物質 2 とが平面を境に接している. 磁束線と法線とのなす角をそれぞれ θ_1, θ_2 とする (図 5.7). $\mu_1, \mu_2, \theta_1, \theta_2$ の間に成り立つ関係を導出せよ.

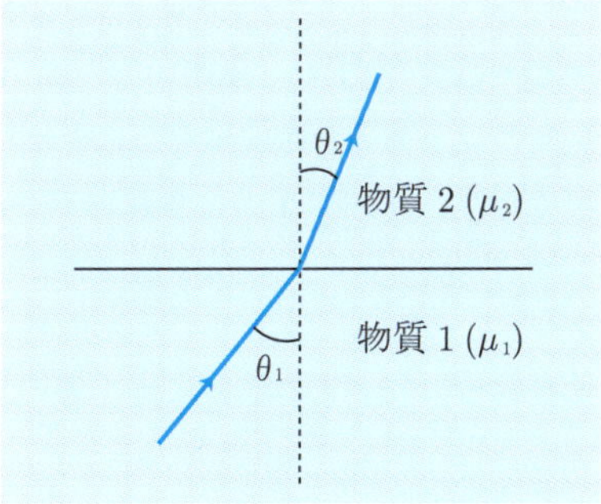

図 5.7 境界面における磁束線

5.4 電流と磁場

磁場中にある電流は力を受けるし，また電流はその周辺に磁場を生じる．このような電流と磁場の関係について学んでいく．

• 電流が磁場から受ける磁気力 • 磁場中の導線に電流 I を流すと，導線は電流と磁場の両方に垂直な力を受ける．長さ ds をもち電流と同じ向きのベクトルを $\boldsymbol{ds}$ とし，そこでの磁束密度を $\boldsymbol{B}$ とすれば (図 5.8)，この微小部分の受ける磁気力 $\boldsymbol{F}$ は

$$\boldsymbol{F} = I(\boldsymbol{ds} \times \boldsymbol{B}) \tag{5.16}$$

と書ける．ベクトル積の定義により，$\boldsymbol{ds}$ から $\boldsymbol{B}$ の向きに右ネジを回すとき，$\boldsymbol{F}$ はネジの進む向きをもつ．また，$\boldsymbol{B}$ と $\boldsymbol{ds}$ とのなす角を θ とすれば $\boldsymbol{F}$ の大きさ F は

$$F = IB\sin\theta ds \tag{5.17}$$

となる．特に $\boldsymbol{ds}$ と $\boldsymbol{B}$ とが垂直であれば，次式のように書ける．

$$F = IBds \tag{5.18}$$

1 A の電流の流れる 1 m の導線が 1 T の磁束密度から受ける力が 1 N である．

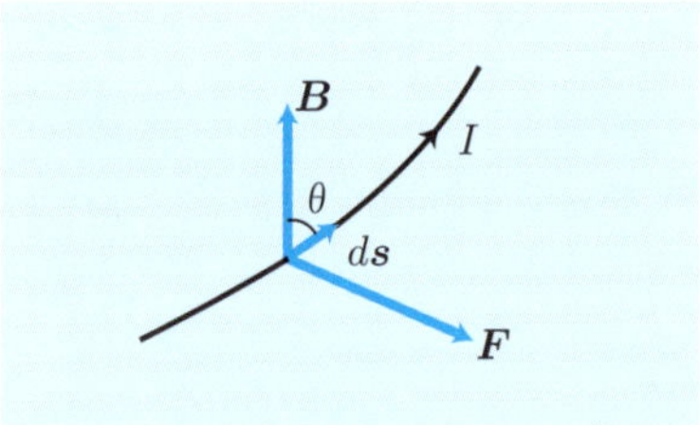

図 5.8　電流が磁場から受ける磁気力

• ローレンツ力 • 磁場中を運動する荷電粒子に働く力を考える．電流は磁束密度と垂直とし，導線の断面積を S，荷電粒子の速度を $\boldsymbol{v}$ (図 5.9)，荷電粒子の電荷，数密度をそれぞれ q, n とする．単位時間当たり断面を通過する粒子数は nvS で，電流は

$$I = qnvS$$

と書ける．長さ l の部分に働く力の大きさは (5.18) により

$$F = IBl = qnvSBl$$

に等しい．ここで，nSl は長さ l の部分に含まれる粒子数である．したがって，粒子 1

個当たりに働く力の大きさは qvB となる．これを一般化すると，磁束密度 $\boldsymbol{B}$ の中で運動する電荷 q の粒子に働く力 $\boldsymbol{F}$ は

$$\boldsymbol{F} = q(\boldsymbol{v} \times \boldsymbol{B}) \tag{5.19}$$

と表される．電場 $\boldsymbol{E}$ と磁束密度 $\boldsymbol{B}$ がともに働くとき，荷電粒子の受ける力は

$$\boldsymbol{F} = q[\boldsymbol{E} + (\boldsymbol{v} \times \boldsymbol{B})] \tag{5.20}$$

で与えられる．この力を**ローレンツ力**という．

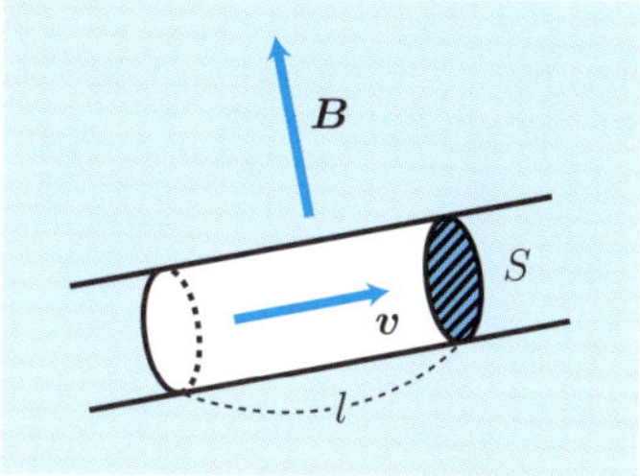

図 5.9　ローレンツ力

• 電流の作る磁場 •　電流はその周辺に磁場を作る．電流 I が流れる導線上の点 $\boldsymbol{r}'$ 近傍の微小部分 $d\boldsymbol{s}$ が場所 $\boldsymbol{r}$ の点 P に作る磁場 $d\boldsymbol{H}$ は

$$d\boldsymbol{H} = \frac{I}{4\pi}\frac{d\boldsymbol{s} \times (\boldsymbol{r} - \boldsymbol{r}')}{|\boldsymbol{r} - \boldsymbol{r}'|^3} \tag{5.21}$$

と表される (図 5.10)．これを**ビオ・サバールの法則**という．この法則は磁場中の電流が受ける力の反作用として理解できる (例題 7)．(5.21) を導線全体にわたり積分すれば導線が作る全体の磁場が求まる．電流の流れる向きを逆にすると $d\boldsymbol{s}$ の符号が逆転するので，(5.21) の $d\boldsymbol{H}$ の符号も逆になる．$\boldsymbol{r} - \boldsymbol{r}'$ は $\boldsymbol{r}'$ から $\boldsymbol{r}$ へ向かうベクトルであるから，図のように角 θ をとると

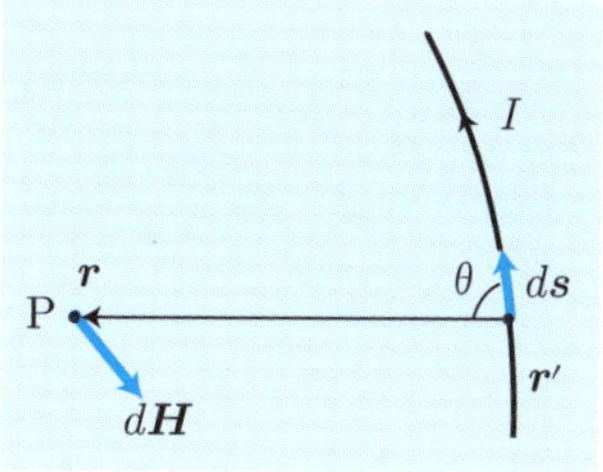

図 5.10　ビオ・サバールの法則

$$d\boldsymbol{s} \times (\boldsymbol{r} - \boldsymbol{r}')$$

の大きさは，ベクトル積の定義を使うことにより

$$|\boldsymbol{r} - \boldsymbol{r}'| \sin\theta ds$$

となる．したがって，$d\boldsymbol{H}$ の大きさ dH は

$$dH = \frac{I \sin\theta}{4\pi|\boldsymbol{r} - \boldsymbol{r}'|^2} ds \tag{5.22}$$

と書ける．考える空間中に磁性体があると，電流による磁場のため磁性体は磁化され，この磁性体も磁場を生じる．したがって，全体の磁場は電流が作る磁場と磁性体が作る磁場の和として表される．

● 微小回路の電流と磁気双極子 ● 図 5.11 に示すように，微小面積 ΔS の回りを電流 I が流れている微小回路を考える．一般に，ある曲面の回りを電流が流れているとし，電流の向きに右ネジを回したときそのネジが進む向きを曲面の向きと定義する．また，曲面の法線方向をもち曲面の向きと一致する単位ベクトル $\boldsymbol{n}$ を導入する．このような記号を用いると，微小回路の電流が作る磁場は

$$\boldsymbol{m} = \mu_0 I \boldsymbol{n} \Delta S \tag{5.23}$$

という磁気モーメントをもつ磁気双極子が作る磁場と一致する．例題 8 で小さな長方形回路に対し (5.23) を導く．

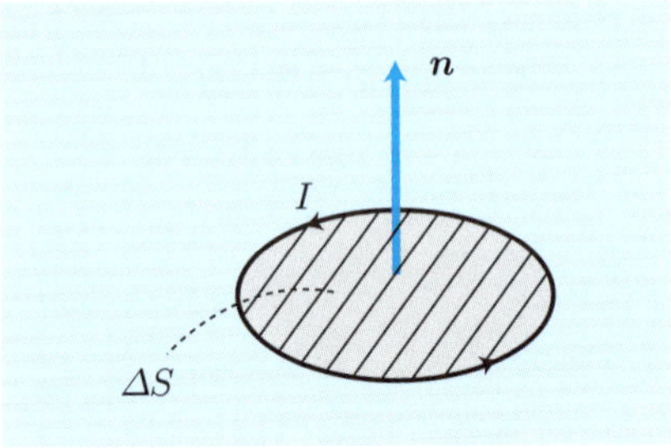

図 5.11 微小回路

ビオとサバール

ビオもサバールもフランスの物理学者でフランス革命後の時代に活躍した．ビオは 1774 年生まれで，ナポレオンの統治下，1808 年フランス大学の創立とともに天文学教授に就任し物理学についても講義を行い，また著名な教科書も書いている．革命期の人物としては穏健派で，政治には関与せず，ノンポリ的な存在であった．一方，サバールはビオより 14 歳年下の物理学者で音響学や偏光の分野でも顕著な業績を残している．1820 年，ビオとの共同研究で本文に述べたビオ・サバールの法則を実験的に導いた．彼らは磁場中に置かれた磁針の振動の周期が磁場の大きさと関係することに注目し，物理学史上不滅の法則を発見したのである．

ビオやサバールと同時代のナポレオンは希代の英雄として，当時の日本が鎖国中であったにもかかわらず，その名は我が国の有識者の間で知られていた．幕末の志士吉田松陰も大きな影響を受けたといわれている．メートルの制定にナポレオンは大きく貢献したが，この当時のフランス人は物理学の発展に多大の功績を残したといえよう．

例題 5　　**直流モーターの原理**

図 5.12 は直流モーターの原理を示す．コイル (各辺が長さ a, b の長方形回路) が磁石の間にあり，これは整流子とブラシを通じて外部の直流電源に接続されている．コイルは回転軸 OO′ の回りで回転するが，コイルに電流が流れると，これは磁場から図のような力 F を受け回転する．コイルが 180° 回転すると，全体の状態は最初と同じとなり，コイルは同じ方向の回転を続ける．以下の設問に答えよ．

(a)　磁束密度，電流の大きさを B, I として磁気力 F の大きさを求めよ．

(b)　図 5.13 のように，コイルの回転角を θ としたとき，コイルを回転させる力のモーメント (トルク) はどのように表されるか．

解答　(a)　長さ b の導線に働く磁気力の大きさは，(5.17) により単位長さ当たり BI である ($\sin\theta = 1$)．したがって，F は $F = BIb$ と書ける．

(b)　図 5.13 で右側の長さ b の導線に働く磁気力は鉛直下向きで，これはコイルを時計回りに回そうとする．この力のモーメントは $F(a/2)\sin\theta$ となる．一方，左側の力も同じ力のモーメントを与え，全体の力のモーメント N は

$$N = Fa\sin\theta = BIab\sin\theta$$

と表される．

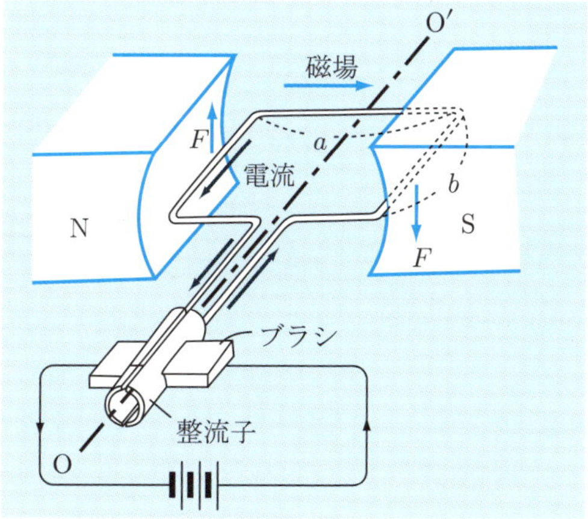

図 5.12　直流モーターの原理

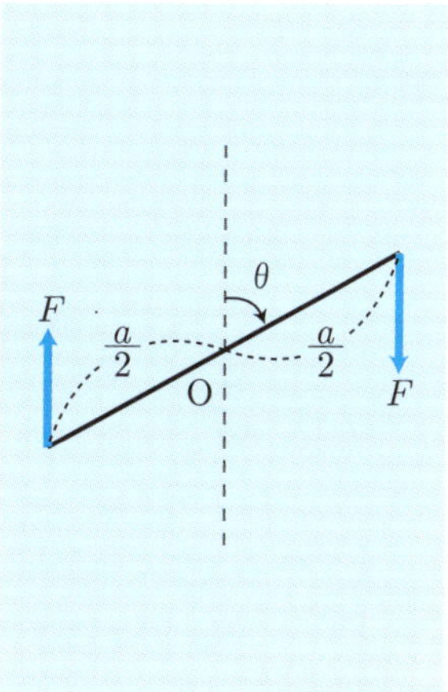

図 5.13　力のモーメント

問　題

5.1　図 5.12 で $a = b = 3\,\mathrm{cm}$，$I = 2\,\mathrm{A}$，$B = 50\,\mathrm{G}$，$\theta = \pi/2$ のときの N を求めよ．

5.2　20 G の磁束密度と 30° の角をなす導線に 5 A の電流が流れている．この導線 1 cm 当たりに働く磁気力は何 N か．

例題 6　　**荷電粒子のサイクロトロン運動**

z 方向を向く一様な磁束密度 $\boldsymbol{B}$ の中にある質量 m，電荷 q の荷電粒子はどのような運動を行うか．

解答　$\boldsymbol{B} = (0, 0, B)$ であるから $\boldsymbol{v} \times \boldsymbol{B} = (v_y B, -v_x B, 0)$ である．したがって，時間微分を $\dot{}$ で表すと，ニュートンの運動方程式は

$$m\dot{v}_x = qBv_y \tag{1}$$

$$m\dot{v}_y = -qBv_x \tag{2}$$

$$m\dot{v}_z = 0 \tag{3}$$

と書ける．(3) から z 方向の運動は等速運動であることがわかる．xy 面内での運動を調べるため，(1) をもう 1 回時間 t で微分し (2) を用いると

$$m\ddot{v}_x = qB\dot{v}_y = -\frac{(qB)^2}{m} v_x$$

が得られる．ここで**サイクロトロン角振動数** ω_{c} を

$$\omega_{\mathrm{c}} = \frac{|q|B}{m} \tag{4}$$

で定義すると，$\ddot{v}_x = -\omega_{\mathrm{c}}^2 v_x$ となり，この解は次のように書ける．

$$v_x = v_0 \sin(\omega_{\mathrm{c}} t + \alpha) \tag{5}$$

(5) を (1) に代入すると $q > 0$，$q < 0$ に応じ $+$ または $-$ の符号をとることにして

$$v_y = \pm v_0 \cos(\omega_{\mathrm{c}} t + \alpha) \tag{6}$$

となる．$t = 0$ で $x = x_0$，$y = y_0$ という初期条件を仮定すると，(5),(6) から

$$x = -\frac{v_0}{\omega_{\mathrm{c}}} \cos(\omega_{\mathrm{c}} t + \alpha) + \frac{v_0}{\omega_{\mathrm{c}}} \cos\alpha + x_0 \tag{7}$$

$$x = \pm\frac{v_0}{\omega_{\mathrm{c}}} \sin(\omega_{\mathrm{c}} t + \alpha) \mp \frac{v_0}{\omega_{\mathrm{c}}} \sin\alpha + y_0 \tag{8}$$

が得られる．(7)，(8) は $(v_0/\omega_{\mathrm{c}})\cos\alpha + x_0$，$\mp(v_0/\omega_{\mathrm{c}})\sin\alpha + y_0$ をそれぞれ x, y 座標とする点を中心とする半径 v_0/ω_{c} の円運動を表す．この運動を**サイクロトロン運動**という．このように，$\boldsymbol{B}$ に垂直な面内では円運動，$\boldsymbol{B}$ の方向では等速運動であり，したがって荷電粒子はらせん運動を行う．

問　題

6.1　上の例題で $q > 0$ あるいは $q < 0$ に応じ，xy 面内での円運動は時計回りあるいは反時計回りであることを示せ．

6.2　電子が 10^3 ガウスの磁束密度の下でサイクロトロン運動しているとする．電子はその角振動数と同じ電磁波を放出するとして電磁波の波長を求めよ．

例題 7 **ビオ・サバールの法則の導出**

図 5.14 のように，導線の $\boldsymbol{ds}$ 部分から見て位置ベクトル $\boldsymbol{r}$ の点に磁荷 q_{m} があるとする．q_{m} が $\boldsymbol{ds}$ 部分に及ぼす力を考慮し，ビオ・サバールの法則を導け．

解答　q_{m} の作る磁場は $-q_{\mathrm{m}}\boldsymbol{r}/4\pi\mu_0 r^3$ と書ける．この磁場のため $\boldsymbol{ds}$ 部分は

$$I\boldsymbol{ds}\times\left(-\frac{q_{\mathrm{m}}\boldsymbol{r}}{4\pi r^3}\right)$$

の力を受ける．力学の作用反作用の法則により磁荷 q_{m} には上式の符号を逆にした

$$q_{\mathrm{m}}\frac{I(\boldsymbol{ds}\times\boldsymbol{r})}{4\pi r^3}$$

の力が働くが，これは $\boldsymbol{ds}$ の作る磁場が $I(\boldsymbol{ds}\times\boldsymbol{r})/4\pi r^3$ であることを意味し，このようにしてビオ・サバールの法則が導かれる．

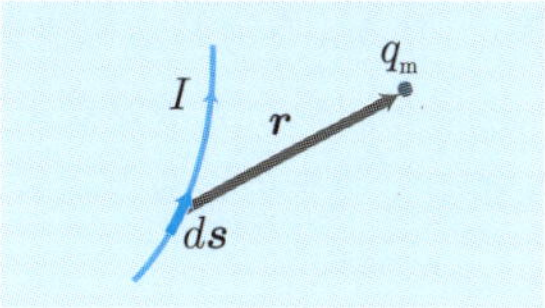

図 5.14　ビオ・サバールの法則の導出

問　題

7.1　電流 I の流れる直線 AB から r の距離をもつ点 P を考え，図 5.15(a) のような角 $\varphi_{\mathrm{A}}, \varphi_{\mathrm{B}}$ をとる．次の設問に答え，点 P における磁場を求めよ．

(a)　点 P から直線に下ろした垂線の足を O とし，図 5.15(b) に示すように，直線電流の流れる向きに z 軸をとり，OP の向きに x 軸をとる．直線上の点 C(座標 z) にある長さ dz の微小部分が点 P に作る磁場 $d\boldsymbol{H}$ はどのように表されるか．

(b)　$d\boldsymbol{H}$ を z に関して点 A から点 B まで積分し点 P における磁場を求めよ．

7.2　無限に長い直線電流の場合，点 P における磁場の大きさは $H = I/2\pi r$ であることを示せ．

7.3　3 A の無限に長い直線電流から距離 0.1 m だけ離れている点における磁場は何 A/m か．

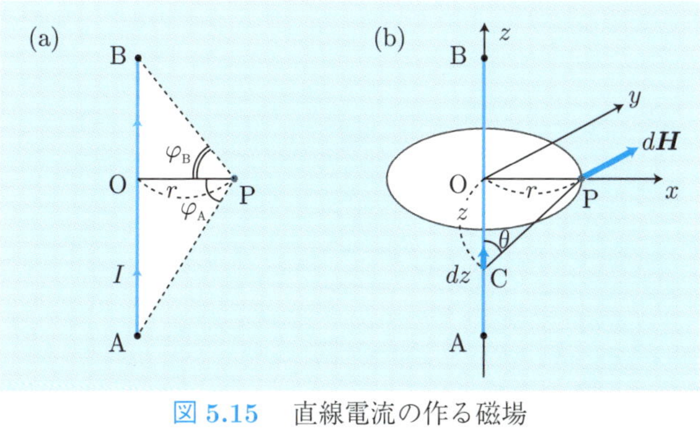

図 5.15　直線電流の作る磁場

例題 8 **小さな長方形回路の作る磁場**

xy 面上に辺の長さがそれぞれ $2a, 2b$ の長方形があり，これに電流 I が ABCDA の向きに流れているとする (図 5.16)．この長方形は十分小さいとして回路が場所 $\boldsymbol{r} = (x, y, z)$ の点 P に作る磁場を求め，(5.23) が成り立つことを示せ．

解答 辺 AB を流れる電流が点 P に作る磁場 $\boldsymbol{H}_{\mathrm{AB}}$ を計算する (以下，各辺の電流が作る磁場を同様な記号で表す)．$\boldsymbol{r}'$ は辺 AB 上の変数だが，$\boldsymbol{r}' = (a, y', 0)$ と表す．ベクトル積の定義を用いると次式が得られる (問題 8.1)．

$$d\boldsymbol{s} \times (\boldsymbol{r} - \boldsymbol{r}') = (z, 0, -x + a)dy' \tag{1}$$

一方，$|\boldsymbol{r} - \boldsymbol{r}'| = [(x-a)^2 + (y-y')^2 + z^2]^{1/2}$ であるが a^2, y'^2 の程度の項を省略すると

$$\begin{aligned}\frac{1}{|\boldsymbol{r} - \boldsymbol{r}'|^3} &\simeq (r^2 - 2ax - 2yy')^{-3/2} = r^{-3}\left(1 - \frac{2ax + 2yy'}{r^2}\right)^{-3/2} \\ &\simeq \frac{1}{r^3}\left(1 + \frac{3ax + 3yy'}{r^2}\right) \end{aligned}\tag{2}$$

となる．(1), (2) の積を作り y' で積分する際

$$\int_{-b}^{b} y' dy' = 0$$

が成立する．したがって，(2) で yy' を含む項を落とし，y' に関する積分は $2b$ を与えるとしてよい．こうして

$$\boldsymbol{H}_{\mathrm{AB}} = \frac{I}{4\pi}\frac{2b}{r^3}\left(1 + \frac{3ax}{r^2}\right)(z, 0, -x + a) \tag{3}$$

が導かれる．これに対し，辺 CD 上の変数は $(-a, y', 0)$ と表され，ここを流れる電流の向きは上で考えたのと逆向きである．そのため点 P に作る磁場も逆向きとなる．したがって，$\boldsymbol{H}_{\mathrm{CD}}$ を求めるには，(3) で a を $-a$ とし，全体の符号を逆転させればよい．こうして

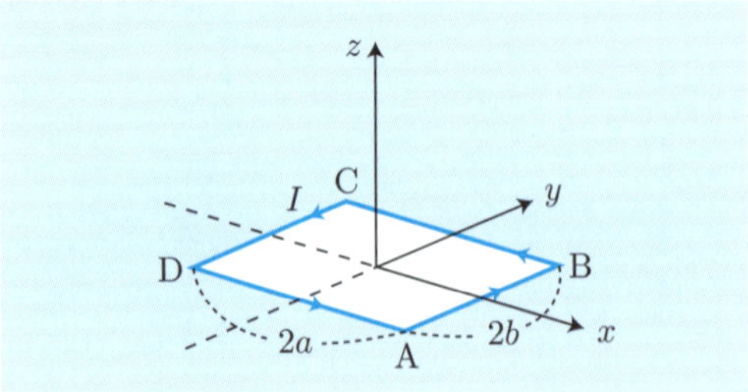

図 5.16 小さな長方形回路

$$\boldsymbol{H}_{\mathrm{CD}} = -\frac{I}{4\pi}\frac{2b}{r^3}\left(1-\frac{3ax}{r^2}\right)(z, 0, -x-a) \tag{4}$$

で，(3) と (4) を加え，a^2b の項を無視すると次式が得られる．

$$\boldsymbol{H}_{\mathrm{AB}} + \boldsymbol{H}_{\mathrm{CD}} = \frac{I}{4\pi}\frac{4ab}{r^3}\left(\frac{3xz}{r^2}, 0, 1-\frac{3x^2}{r^2}\right) \tag{5}$$

次に $\boldsymbol{H}_{\mathrm{DA}}$ を考えると $\boldsymbol{r}' = (x', -b, 0)$，$\boldsymbol{r}-\boldsymbol{r}' = (x-x', y+b, z)$，$d\boldsymbol{s} = (dx', 0, 0)$ で

$$d\boldsymbol{s} \times (\boldsymbol{r}-\boldsymbol{r}') = (0, -z, y+b)dx' \tag{6}$$

となる (問題 8.2)．また

$$\frac{1}{|\boldsymbol{r}-\boldsymbol{r}'|^3} = \frac{1}{r^3}\left(1+\frac{3xx'-3by}{r^2}\right) \tag{7}$$

と計算され，(6),(7) から

$$\boldsymbol{H}_{\mathrm{DA}} = \frac{I}{4\pi}\frac{2a}{r^3}\left(1-\frac{3by}{r^2}\right)(0, -z, y+b) \tag{8}$$

が得られる．(8) で b の符号を逆転し，さらに全体の符号を逆にすると

$$\boldsymbol{H}_{\mathrm{BC}} = -\frac{I}{4\pi}\frac{2a}{r^3}\left(1+\frac{3by}{r^2}\right)(0, -z, y-b) \tag{9}$$

となる．(8) と (9) を加え ab^2 の項を無視すれば

$$\boldsymbol{H}_{\mathrm{DA}} + \boldsymbol{H}_{\mathrm{BC}} = \frac{I}{4\pi}\frac{4ab}{r^3}\left(0, \frac{3yz}{r^2}, 1-\frac{3y^2}{r^2}\right), \tag{10}$$

が導かれる．したがって，$\varDelta S = 4ab$ が長方形の面積であること，$x^2+y^2 = r^2-z^2$ が成り立つことに注意し，(5) と (10) を加えると，点 P での磁場 $\boldsymbol{H}$ は次のように表される．

$$\boldsymbol{H} = \frac{I\varDelta S}{4\pi r^3}\left(\frac{3xz}{r^2}, \frac{3yz}{r^2}, \frac{3z^2}{r^2}-1\right) \tag{11}$$

(11) と例題 2 の結果を比べると，$m = \mu_0 I\varDelta S$ とおけば両者の一致することがわかる．すなわち，小さな長方形回路の作る磁場は，上記の磁気モーメントをもつ磁気双極子が作る磁場と同じである．これを一般化すると (5.23) が導かれる．

問　題

8.1　$\boldsymbol{r}' = (a, y', 0)$，$d\boldsymbol{s} = (0, dy', 0)$ に対し，次の関係を示せ．

$$d\boldsymbol{s} \times (\boldsymbol{r}-\boldsymbol{r}') = (z, 0, -x+a)dy'$$

8.2　$\boldsymbol{r}-\boldsymbol{r}' = (x-x', y+b, z)$，$d\boldsymbol{s} = (dx', 0, 0)$ のとき

$$d\boldsymbol{s} \times (\boldsymbol{r}-\boldsymbol{r}') = (0, -z, y+b)dx'$$

が成り立つことを証明せよ．

例題 9　**平行電流間の力**

図 5.17 のような 1 辺の長さが r, l の長方形で，AB には電流 I_1，A′B′ には電流 I_2 が流れているとする．このような平行電流間に働く力を求めよ．ただし，両電流は同じ向きをもつとする．

解答　A′ を原点とする z 軸をとり，図のように座標 z をもつ点 P を考えると，ここでの磁場は紙面の表から裏へ向かい，その大きさは問題 7.1 解答欄の (3) により $H = (I_1/4\pi r)(\sin\varphi_A + \sin\varphi_B)$ と表される．したがって，点 P での磁束密度はこれに μ_0 を掛ければ求まる．点 P に隣接する微小部分 dz に働く磁気力を $d\boldsymbol{F}$ とすれば，$d\boldsymbol{F}$ は紙面上に生じ A′B′ と垂直となる．すなわち，力は引力となる．また，$d\boldsymbol{F}$ の大きさは次のように書ける．

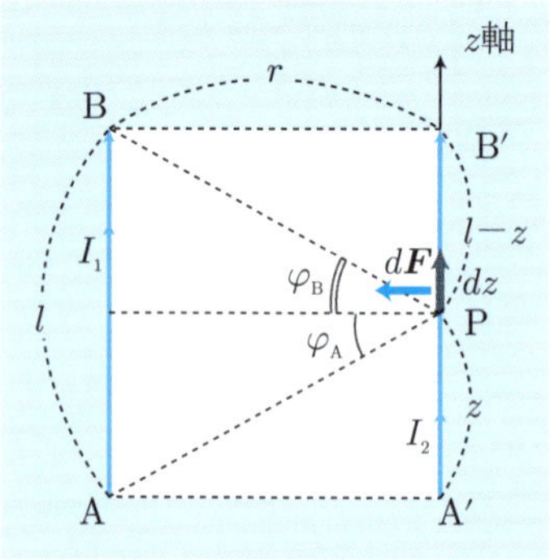

図 5.17　平行電流間の力

$$dF = \frac{\mu_0 I_1 I_2}{4\pi r}(\sin\varphi_A + \sin\varphi_B)dz$$

ここで，$\sin\varphi_A = z/(r^2+z^2)^{1/2}$，$\sin\varphi_B = (l-z)/[r^2+(l-z)^2]^{1/2}$ が成り立つので，A′B′ 全体に働く力 F は，上式を z について 0 から l まで積分し

$$\begin{aligned} F &= \frac{\mu_0 I_1 I_2}{4\pi r}\int_0^l \left(\frac{z}{(r^2+z^2)^{1/2}} + \frac{l-z}{[r^2+(l-z)^2]^{1/2}}\right)dz \\ &= \frac{\mu_0 I_1 I_2}{4\pi r}\left((r^2+z^2)^{1/2}\Big|_0^l - [r^2+(l-z)^2]^{1/2}\Big|_0^l\right) \\ &= \frac{\mu_0 I_1 I_2}{2\pi r}\left((r^2+l^2)^{1/2} - r\right) \end{aligned}$$

と計算される．

問　題

9.1　無限に長い直線電流の間に働く力はどのように表されるか．

9.2　無限に長い直線電流を考え，$I_1 = I_2 = 2\,\text{A}$，$r = 0.1\,\text{m}$ とする．1 m 当たりの力は何 N か．

参考　国際単位系では無限に長い直線電流間の力を用い電流の単位アンペアを定義する．すなわち，1 m 離れた同じ大きさの平行電流間に 1 m 当たり $\mu_0/2\pi = 2\times10^{-7}\,\text{N}$ の力が働くとき，その電流の大きさを 1 A と定義するのである．

5.5　アンペールの法則

• 電流と磁石板 •　任意の閉曲線 C′ (平面上にある必要はない) に沿い I の電流が流れているとし，C′ を縁とする任意の曲面を S′ とする［図 5.18(a)］．便宜上，曲面の向きは裏から表に向かうとして曲面の表裏を決める．図 5.18(b) のような S′ 上の微小面積 ΔS は (5.23) と同様 $\mu_0 I\boldsymbol{n}\Delta S$ の磁気モーメントをもつとする．具体的には，S′ は一様な厚さ h の磁石の板を表すとし S′ の表には正の磁荷 (N 極)，裏には負の磁荷 (S 極) を一様に分布させる．q_m の面密度を σ'_m とすれば，ΔS 部分の磁気モーメントの大きさは $\sigma'_\mathrm{m}h\Delta S$ と書け，モーメントの向きは $\boldsymbol{n}$ と一致するから，$\sigma'_\mathrm{m}h = \mu_0 I$ ととればよい．このような磁石板が作る磁場は電流 I が作る磁場と一致する．この性質は電流の作る磁場の計算に有効に利用される．

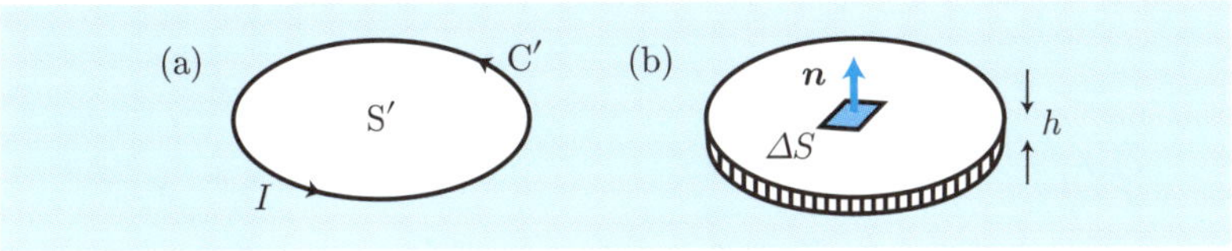

図 5.18　電流と磁石板

• アンペールの法則 •　回る向きの決まった閉曲線 C があり (図 5.19)，C 上の微小変位のベクトルを $d\boldsymbol{s}$ とする．C を縁とする曲面 S をとり，電流 I が S の裏から表へ貫通するか (a)，表から裏へ貫通するか (b)，まったく貫通しないか (c) に従い

$$\oint_\mathrm{C} \boldsymbol{H}\cdot d\boldsymbol{s} = \begin{cases} I & (5.24\mathrm{a}) \\ -I & (5.24\mathrm{b}) \\ 0 & (5.24\mathrm{c}) \end{cases}$$

が成り立つ．これをアンペールの法則という．ここで左辺の積分記号は C に沿って一周する積分を表す．

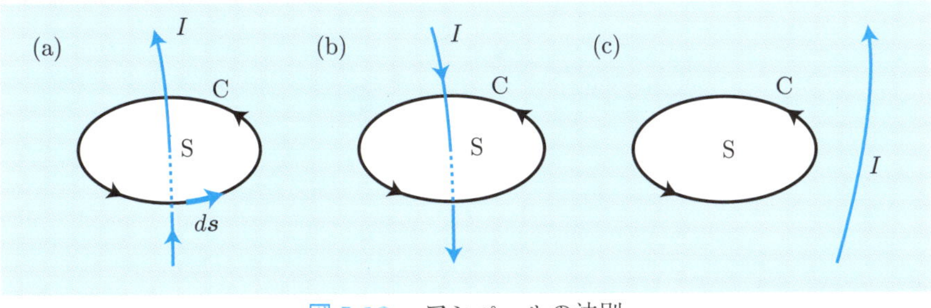

図 5.19　アンペールの法則

例題 10 **電流の作る磁場と磁石板の作る磁場**

電流 I が流れている閉曲線 C′ があるとし，C′ を縁とする任意の曲面 S′ をとる．S′ は磁石板で S′ 上の微小面積 ΔS は，$\mu_0 I\boldsymbol{n}\Delta S$ の磁気モーメントをもつとする．電流の作る磁場と上記の磁石板の作る磁場は一致することを証明せよ．

解答 S′ を網目にわけ，個々の網目には図 5.20 の矢印のような電流 I が流れるとする．図 5.21 のように，隣接する 2 つの網目の共通部分では，一方では Q → P の電流が現れ，他方では P → Q の電流が現れる．両者を加えると電流は 0 になるから，すべての網目のうち共通部分のないところ，すなわち，回りの縁を流れる電流からの寄与だけが残る．網目は十分小さいとしてそれを平面とみなせば，この網目の作る磁場は (5.23) の磁気モーメントからの寄与と一致し，電流の作る磁場 $\boldsymbol{H}$ はこれら網目の寄与の総和となる．すなわち，$\boldsymbol{H}$ は磁石板 S′ の作る磁場に等しい．

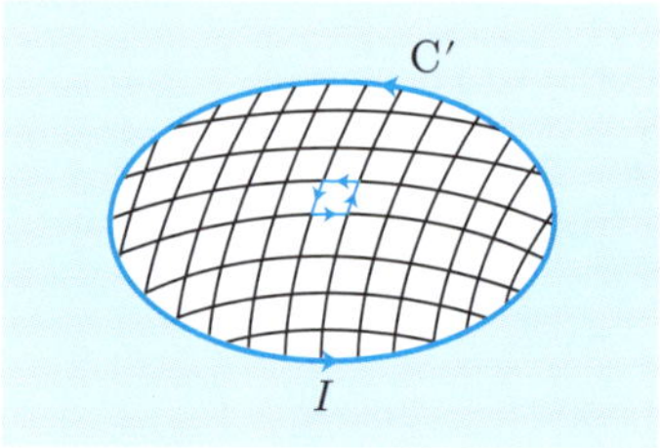

図 5.20 閉曲線を流れる電流

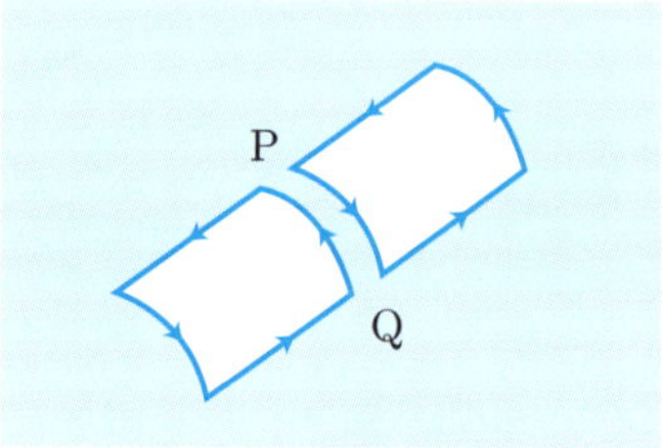

図 5.21 隣接する網目

問 題

10.1 微小面積 ΔS をもつ 1 つの網目に注目し，これが点 P に作る磁位 ΔV_{m} は図 5.22(a), (b) を参照し，次のように書けることを示せ．

$$\Delta V_{\mathrm{m}} = \frac{\boldsymbol{m}\cdot\boldsymbol{r}}{4\pi\mu_0 r^3} = \frac{I\Delta S}{4\pi}\frac{\cos\theta}{r^2}$$

10.2 点 P が ΔS を見込む立体角と ΔV_{m} との関係について論じよ．

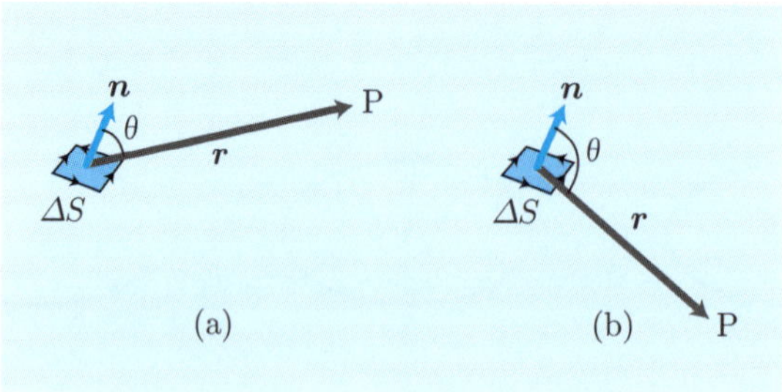

図 5.22 1 つの網目の作る磁位

例題 11 **磁石板が作る磁位と立体角**

電流 I が流れている閉曲線 C′ に対して例題 10 で論じた磁石板 S′ を考える．点 P から S′ を見込む立体角を Ω_{P} とすれば，点 P における磁位 $V_{\mathrm{m}}(\mathrm{P})$ は

$$V_{\mathrm{m}}(\mathrm{P}) = \frac{I}{4\pi}\Omega_{\mathrm{P}}$$

と表されることを示せ．ただし，Ω_{P} は符号をもつとし，P が S′ の表側のときには $\Omega_{\mathrm{P}} > 0$ ［図 5.23(a)］，P が S′ の裏側のときには $\Omega_{\mathrm{P}} < 0$ とする［図 5.23(b)］．

解答 問題 10.2 により，1 つの網目が生じる磁位 ΔV_{m} は $\Delta V_{\mathrm{m}} = I\Delta\Omega/4\pi$ と表される．このような微小立体角をすべて加えれば，その結果は P から S′ を見込む立体角 Ω_{P} となり与式が導かれる．Ω_{P} が符号をもつのは図 5.22 の (a) または (b) の状況に対応している．

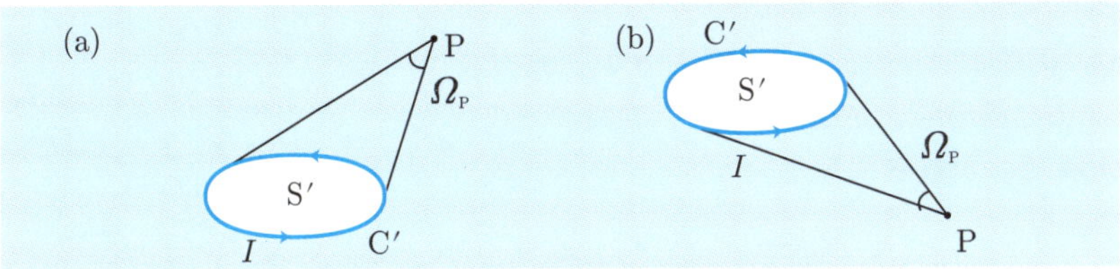

図 5.23 磁石板が作る磁位と立体角

問　題

11.1 半径 r の球面上で極座標を考える．図 5.24 を参照して，原点から見込む微小立体角 $\Delta\Omega$ が $\Delta\Omega = \sin\theta\Delta\varphi\Delta\theta$ と書けることを示せ．

11.2 図 5.24 で全空間の半分 $(z > 0)$ を見込む立体角を求めるには，図 5.25 で示す半球を考慮すればよい．このような観点からいまの立体角を求めよ．また，全空間を見込む立体角はどうなるか．

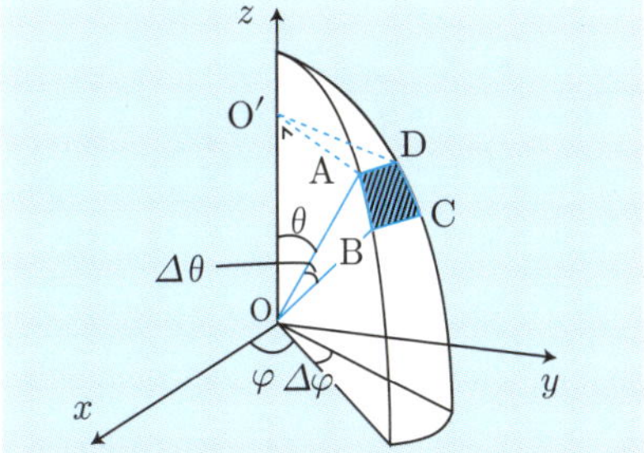

図 5.24 極座標と立体角

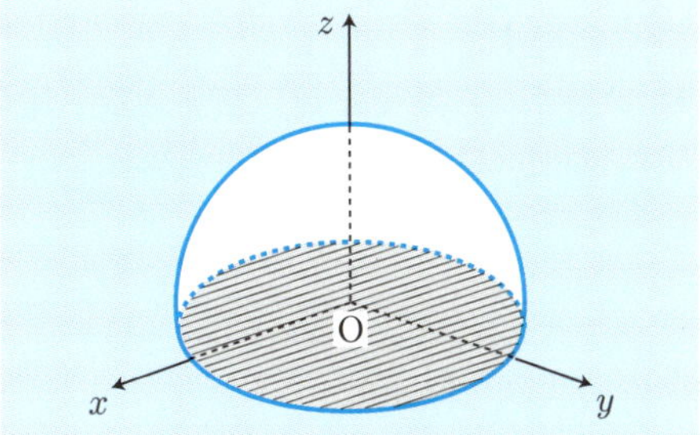

図 5.25 半空間の立体角

例題 12 **円電流が生じる磁場**

xy 面上で原点を中心とする半径 a の円に沿い電流 I が正の向き (反時計回り) に流れている．z 軸上の点 P における磁場を次の 2 つの方法で求めよ．

(a) ビオ・サバールの法則の適用 (b) 立体角に基づく磁位からの導出

解答 (a) 点 P の座標を z とし，図 5.26 のような角 θ をとると $\boldsymbol{r} = (0, 0, z)$, $\boldsymbol{r}' = (a\cos\theta, a\sin\theta, 0)$ である．また，$d\boldsymbol{s} = d\boldsymbol{r}'$ と書けるので，$\boldsymbol{r}'$ の微分をとると $d\boldsymbol{s} = a(-\sin\theta, \cos\theta, 0)d\theta$ である．$|\boldsymbol{r} - \boldsymbol{r}'| = (a^2 + z^2)^{1/2}$ が成り立つのでビオ・サバールの法則から

$$\begin{aligned} d\boldsymbol{H} &= \frac{Iad\theta}{4\pi(a^2+z^2)^{3/2}}(-\sin\theta, \cos\theta, 0) \times (-a\cos\theta, -a\sin\theta, z) \\ &= \frac{Iad\theta}{4\pi(a^2+z^2)^{3/2}}(z\cos\theta, z\sin\theta, a) \end{aligned}$$

となる (問題 12.1)．上式を θ に関し 0 から 2π まで積分すると磁場の x, y 成分は 0 で，磁場の z 成分は次のように計算される．

$$H_z = \frac{Ia^2}{4\pi(a^2+z^2)^{3/2}}\int_0^{2\pi} d\theta = \frac{Ia^2}{2(a^2+z^2)^{3/2}}$$

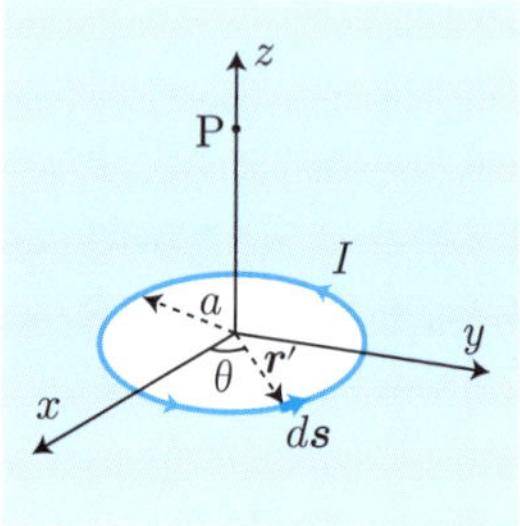

図 5.26 円電流による磁場

(b) 問題 12.2 の結果を使い以下のように計算される．

$$\begin{aligned} \Omega_{\mathrm{P}} &= 2\pi(1-\cos\theta_0) = 2\pi\left(1 - \frac{z}{(a^2+z^2)^{1/2}}\right) \\ \therefore\ H_z &= \frac{I}{2}\frac{\partial}{\partial z}\left(-\frac{z}{(a^2+z^2)^{1/2}}\right) = \frac{Ia^2}{2(a^2+z^2)^{3/2}} \end{aligned}$$

問 題

12.1 $(-\sin\theta, \cos\theta, 0) \times (-a\cos\theta, -a\sin\theta, z)$ を計算せよ．

12.2 原点から半径 a の円を見込む立体角 Ω (図 5.27) に対する次の結果を導け．

$$\Omega = 2\pi(1-\cos\theta_0)$$

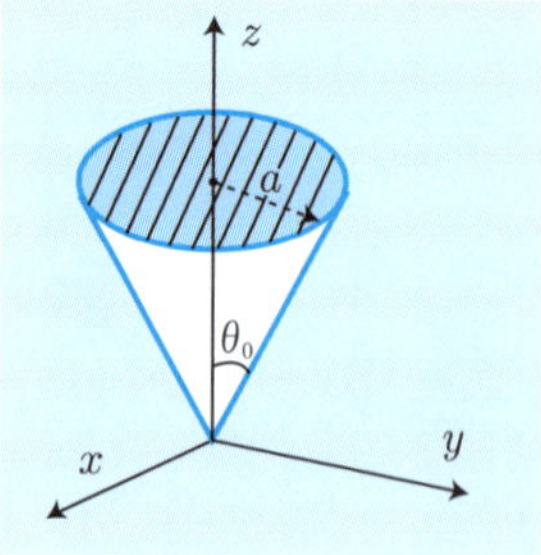

図 5.27 原点から円を見込む立体角

例題 13 **アンペールの法則の導出**

アンペールの法則 (5.24a)〜(5.24c) を導け．

解答 一般に，磁場は電流と磁性体とから作られ，全体の磁位は電流の $I\Omega_{\mathrm{P}}/4\pi$ と磁性体の磁位 V' の和になる．このような磁位を用いると，問題 1.4 により

$$\int_{\mathrm{A}}^{\mathrm{B}} \boldsymbol{H} \cdot d\boldsymbol{s} = \frac{I}{4\pi}(\Omega_{\mathrm{A}} - \Omega_{\mathrm{B}}) + V'(\mathrm{A}) - V'(\mathrm{B})$$

が成り立つ．始点 A と終点 B を一致させ，図 5.28 に示す閉曲線 C に対する線積分を考える．磁性体の磁位は各磁荷からの寄与の和であり，場所の関数として一義的に決まる．このため $V'(\mathrm{A}) - V'(\mathrm{B}) = 0$ が成り立ち，上式右辺の第 1 項だけを考慮すればよい．図 5.28(a) のように，C が磁石板 S′ を貫通しない場合には，A から B へいたる間 Ω は連続的に変化し，よってこのときには上式の右辺は 0 となる．すなわち，C を縁とする曲面 S を電流が貫通しないとき，(5.24c) が成立する．

一方，(b) のように C が磁石板 S′ を貫通する場合には事情が違う．文字通りの閉曲線だと，磁石板内部の状況を考察する必要があるので，ひとまず C の経路の内，S′ 内部の部分を除く．また，始点 A は S′ の表側で S′ のごく近くにあるとする．この A は図 5.23(a) に相当するので立体角は正となり，A から S′ を見込むのは半空間を見込むのと等価で A での立体角 Ω_{A} は 2π となる．同様に Ω_{B} は -2π となる．こうして，以上の 2 点 A, B に対して上式の右辺は I に等しいことがわかる．この段階で磁石板を除き，先ほど除外した S′ 内部に相当する線積分を付け加え，閉曲線を完成させる．もともと A, B は接近した 2 つの点としているので B → A という極限をとれば付加分は無視でき，上の I が閉曲線 C に対する積分値となる．このようにして (5.24a) が導かれた．(5.24b) の導出も同様である (問題 13.1)．

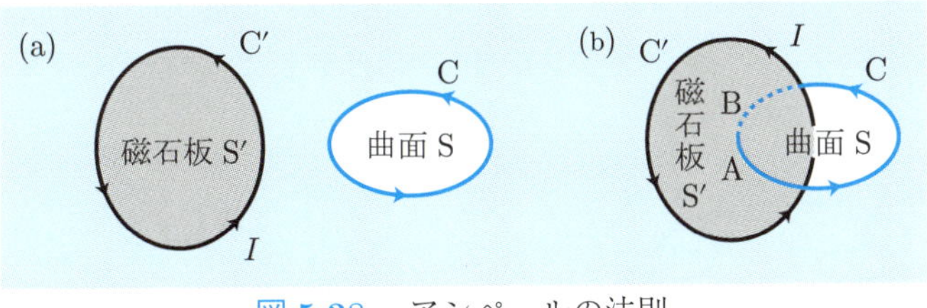

図 5.28 アンペールの法則

問 題

13.1 (5.24b) を導け．

13.2 電流による磁位は一義的に決まらず，場所の多価関数であることを示せ．

例題 14　多数の電流があるときのアンペールの法則

図 5.29 に示すように，n 個の電流 $I_1, I_2, \cdots, I_n$ が流れているとき，アンペールの法則はどのように書けるか．

解答 それぞれの電流が作る磁場を $\boldsymbol{H}_1, \boldsymbol{H}_2, \cdots, \boldsymbol{H}_n$ とする．全体の磁場 $\boldsymbol{H}$ は

$$\boldsymbol{H} = \boldsymbol{H}_1 + \boldsymbol{H}_2 + \cdots + \boldsymbol{H}_n$$

となるが，各 $\boldsymbol{H}_j$ についてアンペールの法則を適用すると

$$\oint_{\mathrm{C}} \boldsymbol{H} \cdot d\boldsymbol{s} = \sum_{j=1}^{n} I_j$$

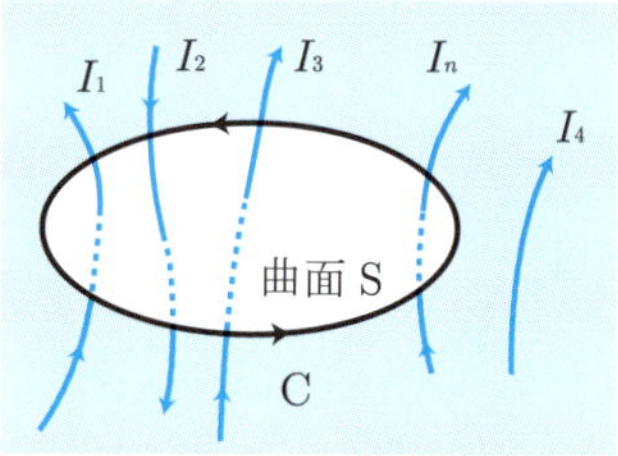

図 5.29　多数の電流

が得られる．ただし，I_j は正負の符号をもつとし，曲面 S を裏から表へと流れるときは正，逆の場合は負，また S を貫通しないときには $I_j = 0$ とおく．

問　題

14.1 図 5.30 のような閉曲線 C に対するアンペールの法則を導け．

14.2 電流 I が流れる無限に長い直線の導体に対し，直線から距離 r だけ離れた点における磁場を求めたい．次のような段階で問題を解くとし，各設問に答えよ．

(a)　閉曲線 C として図 5.31 に示した半径 r の円をとると，磁場 $\boldsymbol{H}$ は円の接線方向に生じることを示せ．

(b)　軸対称性によりこの円上で磁場の大きさ H は一定となる点に注意し，その大きさ H を求めよ．

参考 電流の向きに右ネジを進めるとき，ネジを回す向きに磁場が発生する．

14.3 C を縁とする任意の曲面を S をとし，S の法線方向で裏から表へ向かう単位ベクトルを $\boldsymbol{n}$ とする．電流密度 $\boldsymbol{j}$ の $\boldsymbol{n}$ 方向の成分を j_n としたとき，アンペールの法則はどのように書けるか．

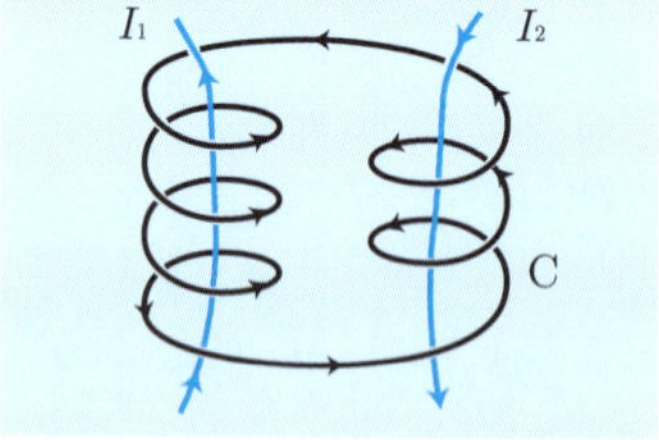

図 5.30　アンペールの法則の例

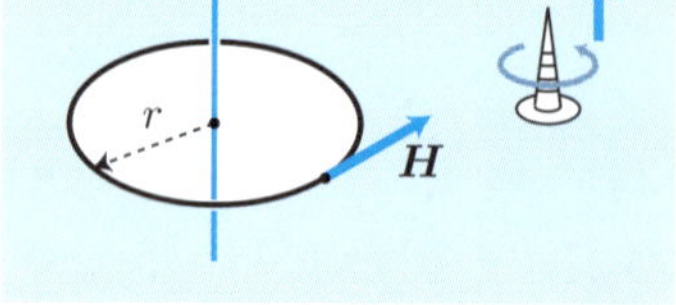

図 5.31　直線電流の作る磁場

例題 15 ソレノイドの作る磁場

図 5.32 に示すように，導線を円筒面に沿いらせん状に一様かつ密に巻いたコイルを**ソレノイド**という．ソレノイドは無限に長いと仮定し，導線に電流 I を流したときにソレノイドの作る磁場を求めよ．図 5.32 ではコイルの導線が一層の場合を描いたが，実際のソレノイドでは何層にもわたりコイルを巻くことがある．一般に，単位長さ当たりの巻数を n とせよ．

解答 ソレノイドの外部に 0 でない磁場が生じると，(5.24a, b) により外部に電流が流れることになる．したがって，ソレノイドの外部の磁場は 0 である．また，問題 15.1 で学ぶように，ソレノイド内部での磁場 $\boldsymbol{H}$ は軸に平行となる．そこで，ソレノイドの軸を含む断面内で図 5.33 のような長方形の閉曲線 ABCDA をとり，アンペールの法則を適用する．この図で⊙は紙面の裏から表へ，⊗は表から裏へ電流が流れることを意味し，また図は 2 層のコイルを表す．AB の長さを L，AB 上での磁場を H とすれば，CD 上での磁場は 0 であるから，$HL = InL$ が得られ H は

$$H = nI$$

と表される．AB の位置はソレノイドの内部であればどこでもよいから，内部で磁場は一様であり，磁場の値はソレノイドの半径に依存しない．

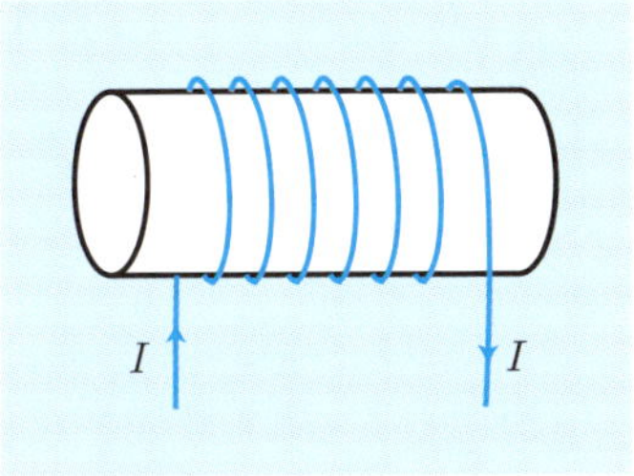

図 5.32 ソレノイド

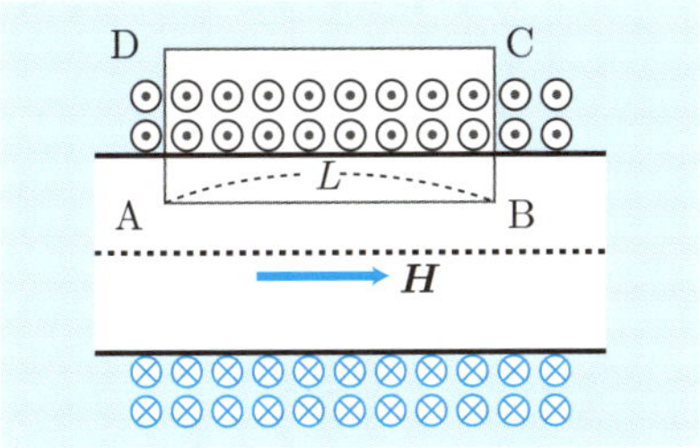

図 5.33 ソレノイド内部の磁場

問 題

15.1 ソレノイド内部でもし磁場 $\boldsymbol{H}$ が円筒の中心軸と平行でないと，中心軸と垂直な方向で $\boldsymbol{H}$ は 0 でない成分 H_n をもつ (図 5.34)．この状況はガウスの法則と矛盾することを示せ．

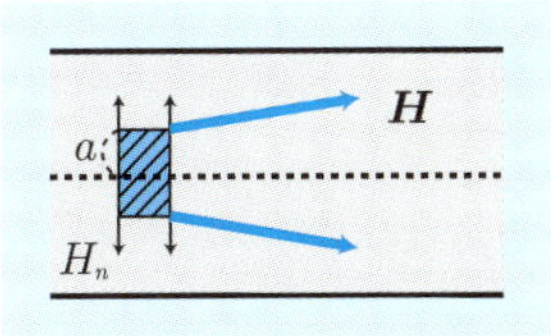

図 5.34 中心軸と平行でない $\boldsymbol{H}$

15.2 $n = 2000/\mathrm{m}, I = 4\,\mathrm{A}$ のとき，ソレノイド内部の磁場，磁束密度を求めよ．

例題 16 **電磁石の原理**

電磁石は電流を流している間だけ磁石として振る舞う (図 5.35). 半径 R のドーナツ状の鉄環に巻数 N のコイルを巻くが，間隔 δ が十分に小さければ，磁束線は同心円となる．また，鉄環の断面の半径は R に比べ十分小さいとする．鉄の透磁率を μ とし，間隔の部分を除き磁束線は鉄環からもれないと仮定し以下の問に答えよ．

(a) 鉄環内と間隙内における磁束密度を求めよ．

(b) $R = 0.1\,\mathrm{m}$,　$\delta = 3 \times 10^{-3}\,\mathrm{m}$，鉄の比透磁率 $k_{\mathrm{m}} = 7 \times 10^3, N = 300$ とする．5 A の電流を流したとき，間隔部分に生じる磁束密度は何ガウスか．

解答 (a) 断面の半径が R より十分小さいとしたから，鉄環の内部で磁束密度 $\boldsymbol{B}$ の大きさは一定としてよい．また，鉄環と間隙との境界面で B_n は連続なので，鉄環の中心線 (図の点線) 上で B は一定となる．よって，鉄環内，間隙内での磁場の大きさは B/μ, B/μ_0 である．図の点線にアンペールの法則を適用すると

$$\frac{B}{\mu}(2\pi R - \delta) + \frac{B}{\mu_0}\delta = NI$$

で，これから B は次のように求まる．

$$B = \frac{\mu_0 \mu N I}{(2\pi R - \delta)\mu_0 + \mu\delta} = \frac{\mu N I}{2\pi R - \delta + k_{\mathrm{m}}\delta}$$

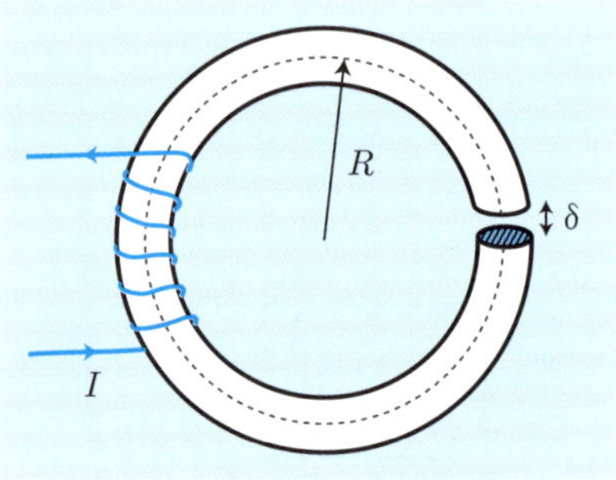

図 5.35　電磁石の原理

(b) 国際単位系での値 $\mu = 7 \times 10^3 \times 4\pi \times 10^{-7}$ および与えられた数値を代入し

$$B = \frac{7 \times 10^3 \times 4\pi \times 10^{-7} \times 300 \times 5}{2\pi \times 0.1 - 3 \times 10^{-3} + 7 \times 10^3 \times 3 \times 10^{-3}}\mathrm{T} = 0.610\mathrm{T} = 6100 \text{ ガウス}$$

となる．

問　題

16.1 図 5.36 は鉄環と外部との境界面での磁束密度の状況を表したものである．これを参考に磁束線は鉄環からもれないと仮定してよい理由を考えよ．

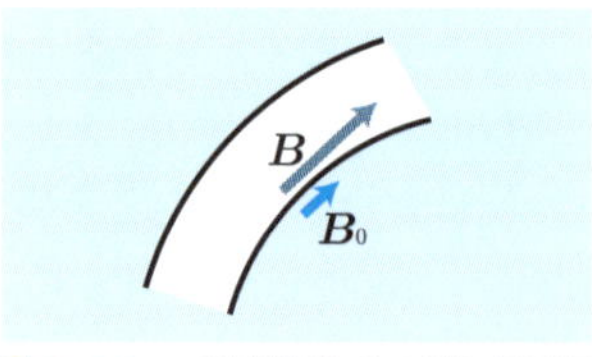

図 5.36　境界面での磁束密度

16.2 $k_{\mathrm{m}} \to \infty$ の極限で B はどのように表されるか．

6　時間変化する電磁場

6.1　電磁誘導とファラデーの法則

電場と磁場を総称して**電磁場**という．電磁場の時間変化を調べるのは電磁気学の重要なテーマの 1 つである．

• 電磁誘導 •　磁石をコイルに近づけたり遠ざけたりすると，コイル中に電流が誘起される．1831 年にファラデーが発見したこの現象を**電磁誘導**といい，これは発電機の原理である．電磁誘導によって流れる電流の向きは，その電流の作る磁場が誘導の原因である磁場の変化に逆らうように生じる．これを**レンツの法則**という．

いま，図 6.1(a) のようにコイルに電流が流れ，電流は図の向きをもつとする．電流の向きに右ネジを進めるような向きに磁場が発生するため (図 5.31 参照)，磁場は図のように下から上へと生じる．電流の向きを逆転すれば磁場の向きも逆転する．電流の流れていないコイルに磁石の N 極を下の方から近づけると［図 6.1(b)］，磁極に近い方が磁場は強いので，コイルを貫通する上向きの磁場は増大する．誘導の原因となる磁場はいまの場合，増大の状態にある．レンツの法則によると，この変化に逆らい電流は下向きの磁場を発生するように流れ，よって図に示した向きをもつ．逆に，N 極を遠ざけるときには，(b) と逆の状態となり，電流は (c) のような向きに流れる．

上述の現象で，磁石を移動させたときコイル内に電流が流れるのは，電磁誘導によりコイル内に電流を流そうとする作用すなわち起電力が発生するためである．電磁誘導によって生じる起電力を**誘導起電力**という．あるいは，後で述べるがこれを**逆起電力**ともいう．

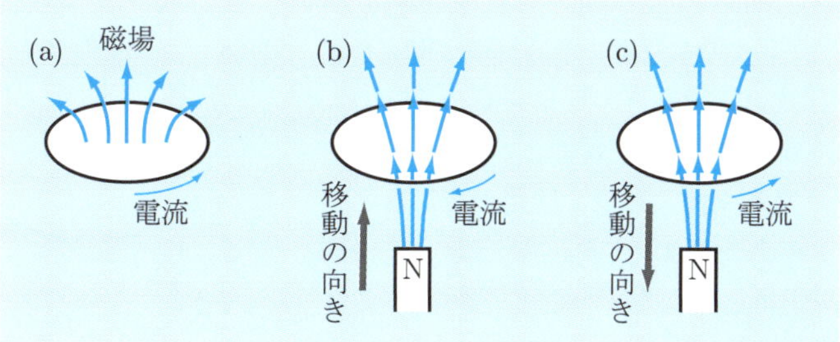

図 6.1　レンツの法則

• 磁束 •　向きの決まった閉曲線 C を縁とする曲面 S を考え［図 6.2(a)］，S の裏から表へと向かう法線方向の単位ベクトルを $\boldsymbol{n}$ とする．$B_n = \boldsymbol{B}\cdot\boldsymbol{n}$ とし次の面積積分

$$\Phi = \int_{\mathrm{S}} B_n dS \tag{6.1}$$

で定義される Φ を曲面 S を貫く**磁束**という．S が平面で図 6.2(b) のように一様な大きさ B の磁束密度に垂直なら $\boldsymbol{B}_n = B$ で $\Phi = BS$ と書ける (S は S の面積)．すなわち，磁束密度は単位面積当たりの磁束に等しい．磁束の単位は**ウェーバ** (Wb) で，これは磁場に垂直な $1\,\mathrm{m}^2$ の面を 1 T の磁束密度が貫くときの磁束を表す．

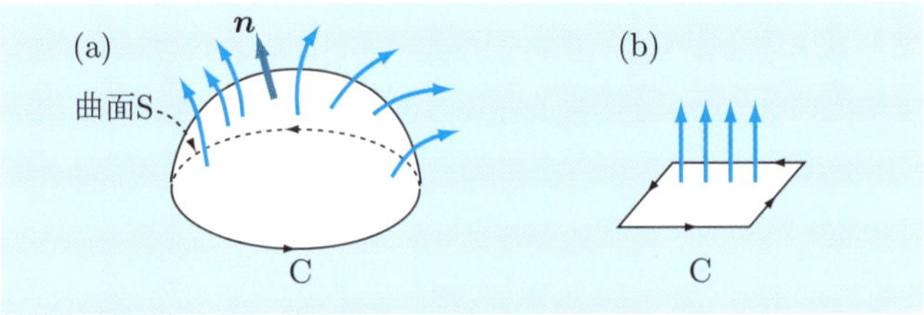

図 6.2　磁束の定義

• ファラデーの法則 •　閉回路 C に起電力 V の電池が挿入されているとし，回路の電気抵抗を R，流れる電流を I とする (図 6.3)．電流の流れる向きを閉曲線の向きにとり，C を縁とする曲面を S として，S を貫く磁束を Φ とする．Φ が時間的に変動するとき誘導起電力 V_i は次のように表される．

$$V_i = -\frac{d\Phi}{dt} \tag{6.2}$$

これを**ファラデーの法則**という．図 6.3 で電流を決めるべき回路方程式は

$$RI = V - \frac{d\Phi}{dt} \tag{6.3}$$

と書ける．Φ が時間とともに増加するとき，$d\Phi/dt > 0$ であるから，上式の右辺第 2 項は回路に電流を流そうとする起電力と逆向きの作用をもつ．そのような意味で誘導起電力を**逆起電力**という．回路中の電流の変化，回路全体の移動，回路の変形など磁束変化のさまざまな原因がある．ファラデーの法則によると，原因はどうであれ，結局，誘導起電力は $-d\Phi/dt > 0$ で与えられる．

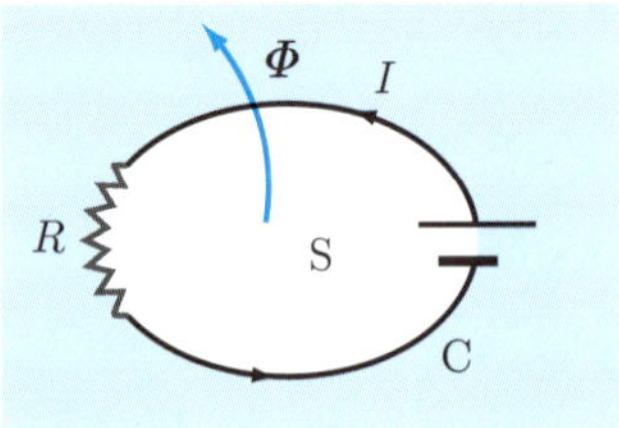

図 6.3　ファラデーの法則

例題 1 **交流発電機の原理**

図 6.4(a) のように，大きさ B の一様な磁束密度中に一辺の長さがそれぞれ a, b の長方形回路 ABCD がおかれているとする．図の回転軸の回りで回路を一定の角速度 ω で矢印の向きに回転させたとし，端子 Q に対する端子 P の電位 V を求めよ．

解答 長方形 ABCD が図 6.3 の曲面 S に，また端子 P, Q が図 6.3 の電池の陽極，陰極に相当するものとする．S の裏から表へ向かう法線方向の単位ベクトルを $\boldsymbol{n}$ とする．図 6.4(b) のように $\boldsymbol{n}$ と $\boldsymbol{B}$ のなす角を θ とすれば θ は回転角を表す．時刻 $t = 0$ で $\theta = 0$ とすれば $\theta = \omega t$ と書ける．$\boldsymbol{B}$ の $\boldsymbol{n}$ 方向の成分は $B \cos \omega t$ で，このため長方形回路を貫く磁束 Φ は

$$\Phi = abB \cos \omega t$$

と書ける．誘導起電力 V_i は $-d\Phi/dt$ で与えられるから

$$V_i = -\frac{d}{dt}(abB \cos \omega t) = ab\omega B \sin \omega t$$

が得られる．上の V_i は角振動数 ω あるいは周波数 f $(\omega = 2\pi f)$ の交流電圧である．

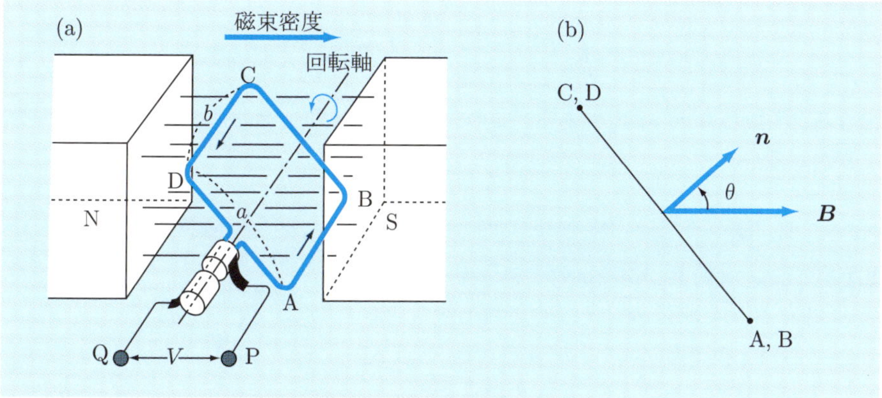

図 6.4 交流発電機の原理

問 題

1.1 $a = 0.4\,\mathrm{m}$, $b = 0.5\,\mathrm{m}$, $B = 0.2\,\mathrm{T}$, $f = 50\,\mathrm{Hz}$ の場合，交流電圧の振幅は何 V か．

1.2 磁束の単位も磁荷の単位もともに Wb で表されるのはなぜか．

1.3 xy 面上で原点 O を中心とする半径 a の円があり，B_z が $B_z = B_0 t^2$ というように時間変化する．円内に生じる誘導起電力を求めよ．

例題 2　　**磁束の性質**

(6.1) で定義した磁束 Φ は曲面 S のとり方に依存するように思われる．しかし，実際には Φ は曲線 C だけで決まり S の選び方にはよらないことを示せ．

解答　図 6.5 のように C を縁とする 2 つの曲面 S_1, S_2 を考える．単位ベクトル $\boldsymbol{n}$ は曲面の裏から表へ向かうとすれば，S_1, S_2 を貫く磁束 Φ_1, Φ_2 は

$$\Phi_1 = \int_{S_1} \boldsymbol{B}\cdot\boldsymbol{n}dS, \quad \Phi_2 = \int_{S_2} \boldsymbol{B}\cdot\boldsymbol{n}dS$$

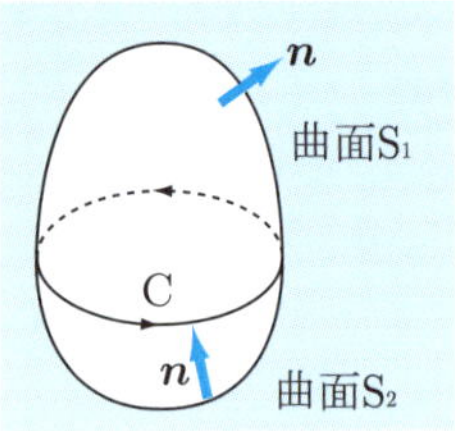

図 6.5　C を縁とする曲面 S_1, S_2

と書ける．曲面 S_1, S_2 を合わせた曲面を S とすれば，ガウスの法則により

$$\int_S B_n dS = 0$$

が成り立つ．ただし，この場合の B_n は外向きの法線方向の成分で，図 6.5 からわかるように，曲面 S_1 では $B_n = \boldsymbol{B}\cdot\boldsymbol{n}$ であるが，曲面 S_2 では $B_n = -\boldsymbol{B}\cdot\boldsymbol{n}$ となる．したがって，上式の S を S_1 と S_2 とにわけると

$$\int_{S_1} \boldsymbol{B}\cdot\boldsymbol{n}dS - \int_{S_2} \boldsymbol{B}\cdot\boldsymbol{n}dS = 0$$

となる．すなわち $\Phi_1 = \Phi_2$ である．このようにして Φ は曲面の選び方に依存しないことがわかる．

問　題

2.1　図 6.6 のように，閉曲線 C に沿う微小変位を表すベクトルを $\boldsymbol{ds}$ とし，C を縁とする曲面 S に対し従来通りベクトル $\boldsymbol{n}$ をとる．2 点 A, B 間の電位差を考え B → A の極限をとると，ファラデーの法則は次のように書けることを示せ．

$$\oint_C \boldsymbol{E}\cdot d\boldsymbol{s} = -\frac{d}{dt}\int_S B_n dS$$

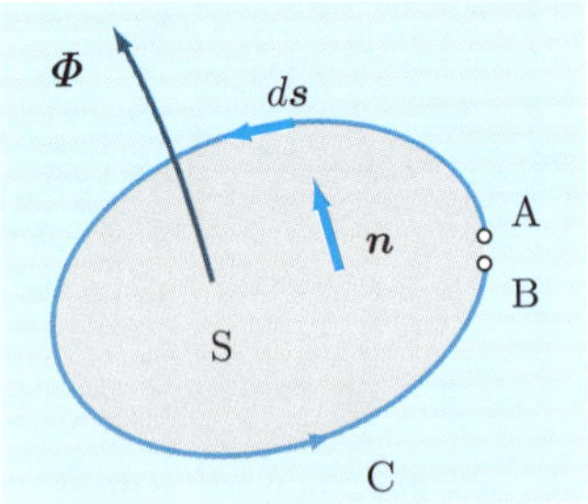

図 6.6　ファラデーの法則

2.2　図 6.1 ではコイルは固定され，磁石を移動させるとした．逆に，磁石を固定しコイルを動かしたときどんな現象が観測されるか．

例題 3　**誘導起電力とローレンツ力**

誘導起電力が発生する機構はローレンツ力と密接に関係している．両者の関係を理解するため，一様な磁束密度 $\boldsymbol{B}$ の磁場中にこれと垂直なコの字型の導線 CDEF があるとする (図 6.7)．図のように辺 DE と平行のまま導線 AB を一定の速度 $\boldsymbol{v}$ で右向きに運動させたとし，次の設問に答えよ．

(a)　$\mathrm{DE} = l$, $\mathrm{EB} = x$ とする．長方形 ADEB を貫く磁束 Φ を計算せよ．また，図の矢印の向きに電流を流そうとする誘導起電力はどのように表されるか．

(b)　導線 AB 中にある電荷 q の荷電粒子が速度 $\boldsymbol{v}$ で運動するとし，これに働くローレンツ力 $\boldsymbol{F}$ を求めよ．

(c)　誘導起電力とローレンツ力の関係について論じよ．

解答　(a)　ADEB の面積は lx であるから $\Phi = Blx$ と表される．このため矢印の向きに電流を流そうとする誘導起電力 V_i は (6.2) により

$$V_i = -\frac{d\Phi}{dt} = -Bl\frac{dx}{dt} = -Blv$$

と書ける．V_i は負であるから，誘導起電力は A から B の方へ電流を流そうとする．

(b)　(5.19) により荷電粒子は $\boldsymbol{F} = q(\boldsymbol{v} \times \boldsymbol{B})$ というローレンツ力を受ける．この力は図に示すように A から B へと向かい，その大きさは $F = qBv$ となる．

(c)　ローレンツ力に対する結果は，荷電粒子に $E = Bv$ の電場が働くことを意味する．したがって，AB 間の電位差すなわち誘導起電力は，A から B へ電流を流すように生じ，その大きさは (電場) × (長さ) $= Blv$ となり，(a) の結果と一致する．

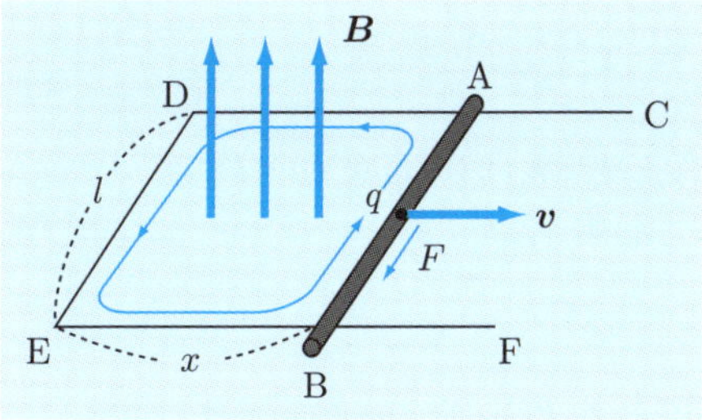

図 6.7　誘導起電力とローレンツ力

問　題

3.1　例題 3 で $B = 200$ ガウス，$l = 0.1\,\mathrm{m}$, $v = 8\,\mathrm{m/s}$ のとき，誘導起電力の大きさは何 V か．

6.2　相互誘導と自己誘導

• 相互誘導 •　電流 I_1 が流れるコイル C_1 の作る磁場は I_1 に比例する．したがって，それが別のコイル C_2 を貫くときの磁束 Φ_2 も I_1 に比例し (図 6.8)

$$\Phi_2 = M_{21} I_1 \tag{6.4}$$

と書ける．C_1, C_2 を固定し I_1 を時間的に変化させると Φ_2 も変化するため，C_2 に誘導起電力が発生する．この現象を**相互誘導**，また定数 M_{21} を C_1 から C_2 への**相互インダクタンス**という．C_1, C_2 を固定したとき M_{21} は時間によらない．このためファラデーの法則により，C_2 に起こる誘導起電力 V_2 は次式のようになる．

$$V_2 = -\frac{d\Phi_2}{dt} = -M_{21}\frac{dI_1}{dt} \tag{6.5}$$

図 6.8 でコイル C_2 に電流 I_2 が流れると，C_1 を貫通する磁束 Φ_1 は (6.4) と同様

$$\Phi_1 = M_{12} I_2 \tag{6.6}$$

と書ける．M_{12} は C_2 から C_1 への相互インダクタンスであるが

$$M_{12} = M_{21} \tag{6.7}$$

が成り立つ．この関係を**相反定理**という．相反定理の一般的な証明については 7 章の問題 4.3 で論じるが，本章では具体的な例 (例題 4) でそれを確かめる．

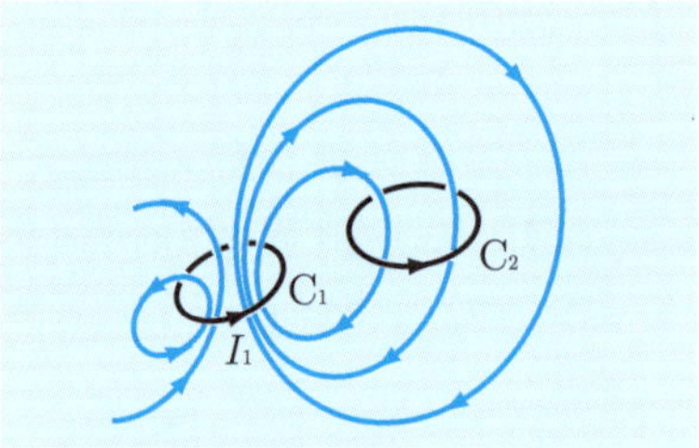

図 6.8　相互誘導と自己誘導

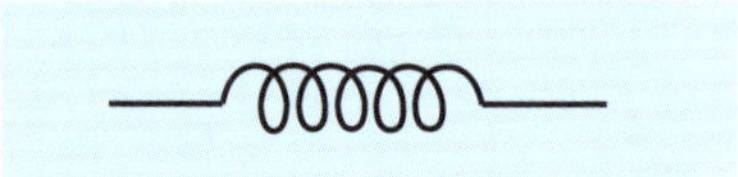
図 6.9　インダクタンスの記号

• 自己誘導 •　I_1 の作る磁束線は C_1 自身も貫くので，これによる磁束 Φ_1 は

$$\Phi_1 = L_1 I_1 \tag{6.8}$$

と表される．I_1 が時間的に変化すると，次式の誘導起電力が C_1 に発生する．

$$V_1 = -\frac{d\Phi_1}{dt} = -L_1\frac{dI_1}{dt} \tag{6.9}$$

このように，コイル内の電流変化によりそれ自身の内部に誘導起電力が起こる現象を**自己誘導**，比例定数 L_1 を**自己インダクタンス**あるいは単に**インダクタンス**という．回路図でインダクタンスは図 6.9 のような記号で表される．

例題 4 ―― 相互インダクタンスと自己インダクタンス

断面が半径 a の円の鉄棒から図 6.10 のような半径 r の円環を作り，巻数 N_1, N_2 の 2 つのコイル 1, 2 を巻きつけた．鉄の透磁率を μ，また $r \gg a$ とし，鉄内の磁束密度の大きさ B は一定であるとして，次の設問に答えよ．

(a) 相互インダクタンス M_{21}, M_{12} を求め，両者が等しいことを確かめよ．

(b) コイル 1, 2 の自己インダクタンス L_1, L_2 を求めよ．

解答 (a) コイル 1 に電流 I_1 を流したとき，5 章の例題 16 と同様，磁束線は円環の外部に漏れないとしてよい．したがって，半径 r の円の経路にアンペールの法則を適用し，$2\pi r B = \mu N_1 I_1 \quad \therefore \quad B = \mu N_1 I_1 / 2\pi r$ が得られる．これから磁束 Φ は $\Phi = \pi a^2 B = \mu a^2 N_1 I_1 / 2r$ となる．この磁束はコイル 2 を N_2 回貫き

$$\Phi_2 = N_2 \Phi = \frac{\mu a^2 N_1 N_2}{2r} I_1 \qquad (1)$$

となる．したがって，(1) から M_{21} は

$$M_{21} = \frac{\mu a^2 N_1 N_2}{2r} \qquad (2)$$

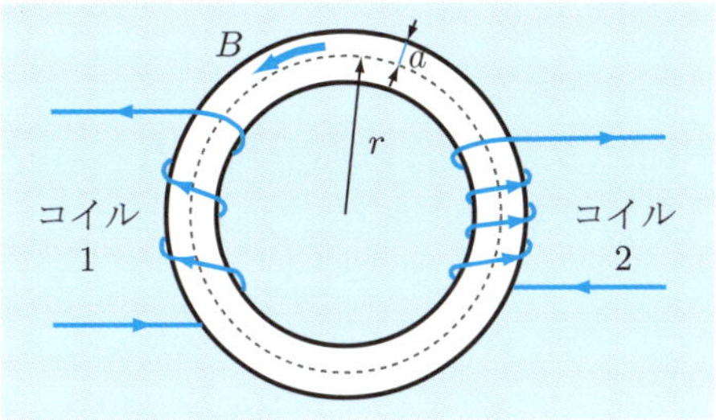

図 6.10 鉄の円環

と計算される．一方，コイル 2 に電流 I_2 を流すと $B = \mu N_2 I_2 / 2\pi r$ となり，コイル 1 を貫く磁束は $\Phi_1 = \mu a^2 N_1 N_2 I_2 / 2r$ であることがわかる．したがって，M_{12} も (2) で与えられ $M_{12} = M_{21}$ となる．

(b) コイル 1 に電流 I_1 が流れていると，磁束 Φ は $\Phi = \mu a^2 N_1 I_1 / 2r$ と表され，これはコイル 1 を N_1 回貫く．よって $\Phi_1 = \mu a^2 N_1^2 I_1 / 2r$ となり，L_1 は

$$L_1 = \frac{\mu a^2 N_1^2}{2r} \qquad (3)$$

と求まる．同様に L_2 は $L_2 = \mu a^2 N_2^2 / 2r$ と表される．

問 題

4.1 インダクタンスの単位はヘンリー (H) である．次の関係

$$\mathrm{H} = \mathrm{Wb/A} = \mathrm{V \cdot s/A}$$

が成り立つことを確かめよ．

4.2 L は正であるが，M の符号は一方の閉曲線の向きを逆にすると逆転することを示せ．

例題 5 ソレノイドの自己インダクタンス

断面積 S, 長さ l, 巻数 N の十分長い円筒形のソレノイドがありこれに電流 I が流れている (図 6.11). このソレノイドに関する以下の設問に答えよ.

(a) ソレノイド中の磁場はどのように表されるか.

(b) ソレノイド円筒の内部は中空として, その自己インダクタンスを求めよ.

(c) 円筒の中空部分にぴったり合う鉄心を入れた場合の自己インダクタンスはどうなるか. ただし, 鉄の透磁率を μ, その比透磁率を k_{m} とする.

解答 (a) 5 章の例題 15 により磁場の大きさ H は

$$H = nI = \frac{NI}{l}$$

と表される.

(b) ソレノイドの内部が中空だと, 内部の透磁率は真空と同じ μ_0 と考えられるので, 磁束密度の大きさは (a) での結果を μ_0 倍し

$$B = \mu_0 \frac{N}{l} I \tag{1}$$

となる. 1 つのコイルは (1) に断面積 S を掛けた磁束をもたらす. これが N 回ソレノイドを貫くので全体の磁束 Φ はさらに N 倍し

$$\Phi = \mu_0 \frac{N^2}{l} SI$$

と書ける. したがって, 自己インダクタンス L は次式のように表される.

$$L = \mu_0 \frac{N^2}{l} S \tag{2}$$

(c) (b) の結果で μ_0 を μ で置き換えればよい. すなわち

$$L = \mu \frac{N^2}{l} S \tag{3}$$

と書け, これは (2) の k_{m} 倍である.

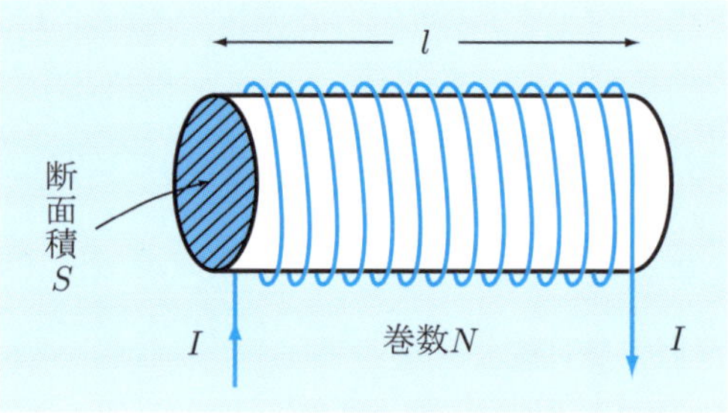

図 6.11 ソレノイド

問 題

5.1 直径 3 cm, 長さ 5 cm の中空円筒に直径 0.5 mm の銅製のエナメル線を 100 回巻きソレノイドを作った. その自己インダクスンスを計算せよ.

5.2 上のソレノイドの内部を鉄で満たすときの自己インダクタンスはいくらか. ただし鉄の比透磁率を 7×10^3 とする.

例題 6 **変圧器の原理**

図 6.12 に示すようにロの字型の鉄心の一方に巻数 N_1 の 1 次コイル，他方に巻数 N_2 の 2 次コイルを巻いたとし，コイルの両端間の電圧をそれぞれ V_1, V_2 とする．V_1 が角振動数 ω の交流電源の場合，V_2 も同じ ω をもつ交流で

$$\frac{V_2}{V_1} = \frac{N_2}{N_1}$$

が成り立つことを示せ．

解答 V_1 が交流電源だと，鉄心内の磁束 Φ も角振動数 ω で $\Phi = \Phi_0 \cos\omega t$ のように時間変化する．磁束線が鉄心からもれないとすれば Φ は鉄心内で共通の値をもち，磁束は 1 次コイルを N_1 回，2 次コイルを N_2 回貫く．したがって，(6.2) により V_1, V_2 は

$$V_1 = -N_1 \frac{d\Phi}{dt} = N_1 \Phi_0 \omega \sin\omega t, \quad V_2 = -N_2 \frac{d\Phi}{dt} = N_2 \Phi_0 \omega \sin\omega t$$

と表される．この比をとれば与式が得られる．これからわかるように，電圧の比は巻数の比に等しい．この関係を利用して電圧の値を変えるのが変圧器の原理である．

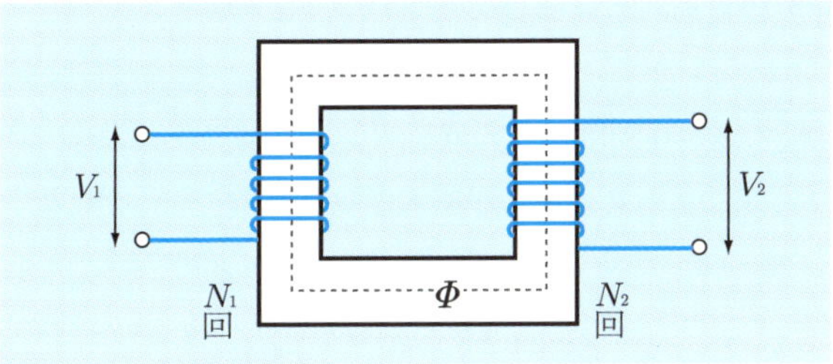

図 6.12 変圧器の原理

問 題

6.1 あるノートパソコンの使用電圧は 19.5 V である．1 次コイルの巻数が 200 回の変圧器を使い 100 V の交流電圧をこの電圧にするための 2 次コイルの巻数を求めよ．

6.2 図 6.8 で C_1 に I_1 の電流，C_2 に I_2 の電流が流れているとする．両者間の相互インダクタンスを M とし，C_1, C_2 の自己インダクタンスをそれぞれ L_1, L_2 とする．磁束 Φ_1, Φ_2 に対する表式を導け．

6.3 自己インダクタンス 4 mH のコイルがあり，$\Delta t = 5 \times 10^{-3}$ s の間に電流が 0 から直線的に 3 A に増加した．発生する自己誘導の起電力は何 V になるか．ただし，$1\,\text{mH} = 10^{-3}\text{H}$ である．また，このコイルに 3 A の電流が流れているとき，コイルのもつ磁束は何 Wb か．

例題 7　　　　**L と R を含む回路**

自己インダクタンス L のコイルと電気抵抗 R が起電力 V の電池と接続しているとする (図 6.13)．回路を流れる電流を図のように I とし，L は時間によらず一定であるとして，次の設問に答えよ．

(a)　回路中の電流の時間変化を記述する方程式を導け．

(b)　$t=0$ の瞬間にスイッチ S を入れたとし，それ以後の電流を時間の関数として求めよ．$\tau = L/R$ で定義される τ を**時定数**という．電流を t/τ の関数として図示し，$t \gg \tau$ だと $I \simeq V/R$ であることを示せ．

(c)　スイッチを入れてから十分時間がたった後に，t' でスイッチを切ったとする．スイッチを切ったときスイッチ部分は有限な電気抵抗 R' ($\gg R$) をもつとして，電流の時間変化を求め，この変化を表す図を描け．

解答　(a)　(6.3) で $\Phi = LI$ とおき，I に対する $L(dI/dt) + RI = V$ が得られる．これからわかるように，図 6.13 のように L を通って矢印の向きに電流 I が流れるとき，A, B における電位に対し $V_{\mathrm{A}} - V_{\mathrm{B}} = L(dI/dt)$ が成り立つ．

(b)　上の微分方程式の一般解は A を任意定数として

$$I = \frac{V}{R} + Ae^{-t/\tau}$$

で与えられる．$t=0$ で $I=0$ という初期条件から A は $A = -V/R$ と決まり I は

$$I = \frac{V}{R}(1 - e^{-t/\tau})$$

と表される．上式を時間の関数として図示すると図 6.14 のようになる．$t \gg \tau$ だと $I \simeq V/R$ となり，L の存在を無視してオームの法則を適用した結果と一致する．この場合，スイッチを入れた瞬間に電流が最終値の V/R に達するのではなく，そのためにはある程度の時間が必要である．時定数はこの時間に対する 1 つの目安を与える．

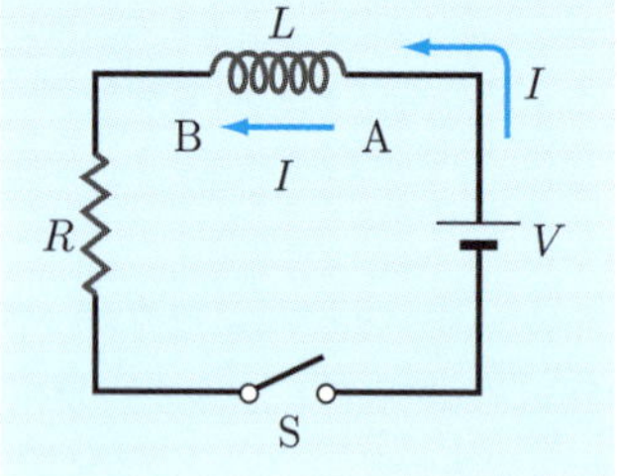

図 6.13　L と R を含む回路

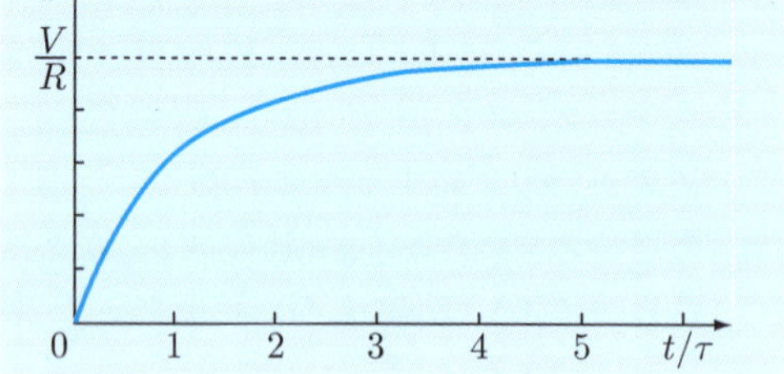

図 6.14　電流の時間変化

(c) スイッチを切った後，$R' \gg R$ が成り立つから電池の起電力 V，抵抗 R の両端の電位差は $R'I$ に比べ無視できる．したがって，電流に対する方程式は

$$L\frac{dI}{dt} + R'I = 0$$

となる．この場合の時定数を $\tau' = L/R'$ とすれば，上の方程式の解は

$$I = Ce^{-t/\tau'}$$

と書ける．ただし，C は任意定数である．時刻 t' で電流は V/R としてよいので C は

$$C = \frac{V}{R}e^{t'/\tau'}$$

と求まり，$t \geq t'$ の電流は

$$I = \frac{V}{R}e^{-(t-t')/\tau'}$$

と表される．$\tau' \ll \tau$ であるから t' 以後はそれまでに比べ電流は急激な変化を示し，全体の時間変化は図 6.15 のようになる．

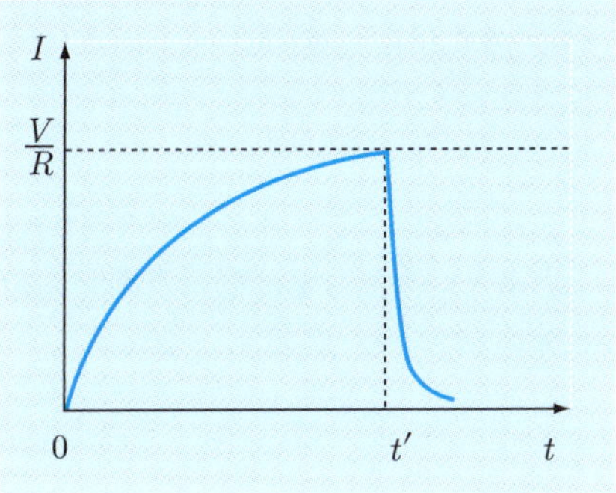

図 6.15 S を切ったときの時間変化

問題

7.1 上の例題でスイッチを切ったとき火花がとぶことがある．その物理的な理由について考えよ．

7.2 τ や τ' の次元が時間であることを確かめよ．

7.3 $L = 2\,\mathrm{mH}, R = 50\,\Omega$ のとき，時定数 τ を求めよ．

電気火花

ビニール棒を毛皮でこすって静電気をおこし，とがった物を近づけると放電する．その様子を暗いところで見ると，弱いけれど火花がとんでいることがわかる．この種の火花は電磁気現象の大きな特徴で，大規模なのは稲妻のような空中放電である．家庭の電気器具でも時々火花が観測される．普通にスイッチを切っただけでは火花は見られないが，例えば電気掃除機とか電気アイロンのスイッチをオンにしておき，電源のコードを抜くとコンセントのところで火花が観測される．このようなスイッチの切り方は，電気器具の扱いとしてほめられる話ではないが，上の問題 7.1 の 1 つの実験的検証である．このような現象が起こるのは，掃除機やアイロンは自己インダクタンスを含んでいるためである．

6.3 交流回路 I(LR回路)

コイル，コンデンサー，抵抗などが適当につながり，それらが交流電源と接続している回路を**交流回路**という．交流電源の電圧 V が

$$V = V_0 \cos \omega t \tag{6.10}$$

で与えられるとき，電源に出入りする電流 I は (図 6.16)，一般に

$$I = I_0 \cos (\omega t - \phi) \tag{6.11}$$

と表される．ここで ϕ を**位相の遅れ**，$\cos \phi$ を**力率**という．力率は電源の提供する電力と関係している (例題 8)．また

$$Z = \frac{V_0}{I_0} \tag{6.12}$$

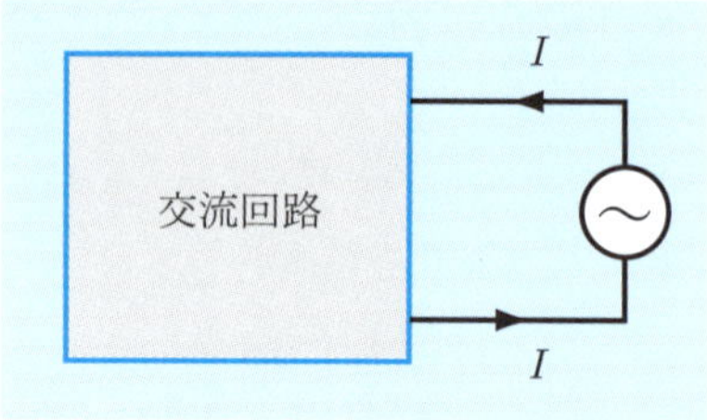

図 6.16　交流回路

は直流の場合の抵抗に相当する量で，Z を**インピーダンス**という．交流回路を扱う基本的な考え方はある瞬間に注目し直流回路で述べたキルヒホッフの法則を適用することである．本節ではインダクタンス L と電気抵抗 R から構成される回路を扱う．

• LR 回路 •　図 6.13 の直流電源を交流電源に置き換えた図 6.17 で示すような交流回路 (LR 回路) を考える．図のように点 A, B をとり，時刻 t で A の電位が B より $V(t)$ だけ高いとし，このときの電流を I とする．例題 7 の V を $V(t)$ で置き換えれば，I を決める方程式は次のように書ける．

$$L\frac{dI}{dt} + RI = V(t) \tag{6.13}$$

(6.13) の解は，右辺を 0 としたときの解 I_1 と，とにかく上式を満たす解 (特殊解)I_2 の和で与えられる．I_1 は $I_1 = Ae^{-t/\tau}$ と書け時間がたつと急速に 0 に近づき事実上 0 とみなしてよい．したがって，以下特殊解だけを考えていく．(6.13) の方程式で $V(t)$ は角振動数 ω の交流電圧で記述されるとして (6.10) の形に話を限定する．その結果，I に対する方程式は次式のように書ける．

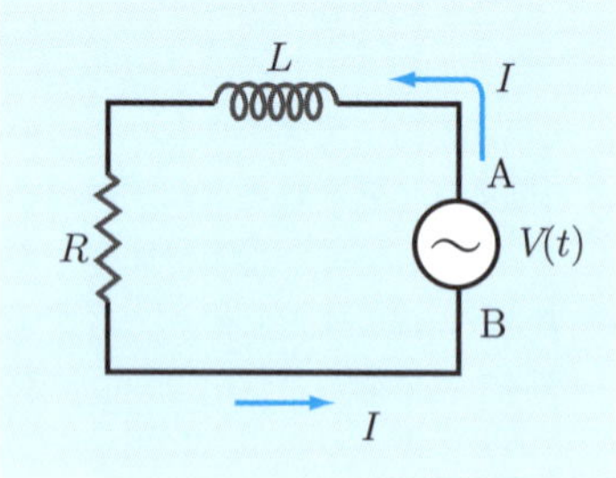

図 6.17　LR 回路

$$L\frac{dI}{dt} + RI = V_0 \cos\omega t \tag{6.14}$$

• 複素数表示 •　電圧や電流は実数だが，これらを複素数とみなすと数学的な取り扱いが簡単になる．これを**複素数表示**という．具体例として，(6.14) のかわりに

$$L\frac{dI}{dt} + RI = V_0 e^{i\omega t} \tag{6.15}$$

を考え，その特殊解を求める．ここで i は $i^2 = -1$ の虚数単位であるが，θ を実数としたとき，**オイラーの公式** $e^{i\theta} = \cos\theta + i\sin\theta$ が成り立つことに注意する (問題 8.1). (6.15) の解 I は一般に複素数であるが，I を実数部分と虚数部分にわけ $I = I_\mathrm{r} + iI_\mathrm{i}$ とおくと，I_r は (6.14) の解であることがわかる (問題 8.2)．以下，複素数 z の実数部分，虚数部分を $\mathrm{Re}\, z$, $\mathrm{Im}\, z$ という記号で表す．

• 複素インピーダンス •　(6.15) を解くため $I = \hat{I}e^{i\omega t}$ とおき，時間によらない複素振幅 $\hat{I}$ を導入する．(6.15) から $(R + i\omega L)\hat{I} = V_0$ となるが，$\hat{Z} = R + i\omega L$ という**複素インピーダンス**を使うと，$\hat{I}$ は次のように表される．

$$\hat{I} = \frac{V_0}{\hat{Z}} \tag{6.16}$$

ここで，話を一般化し図 6.16 の電流 I を表す複素振幅が (6.16) で与えられるとする．電流 I は $I = \hat{I}e^{i\omega t}$ の実数部分をとり

$$I = \mathrm{Re}\left(\frac{V_0}{\hat{Z}} e^{i\omega t}\right) \tag{6.17}$$

と表されるが，複素インピーダンスを実数部分と虚数部分にわけ

$$\hat{Z} = Z_\mathrm{r} + i\, Z_\mathrm{i} \tag{6.18}$$

とする．上式を表現するため，図 6.18 に示すような複素平面を導入し，OP と x 軸とのなす角を ϕ とする．OP は $\hat{Z}$ の絶対値 $|\hat{Z}|$ に等しく

$$|\hat{Z}| = \sqrt{Z_\mathrm{r}^2 + Z_\mathrm{i}^2} \tag{6.19}$$

の関係が成り立つ．また，オイラーの公式を使うと $\hat{Z} = Z_\mathrm{r} + i\, Z_\mathrm{i} = |\hat{Z}|(\cos\phi + i\sin\phi) = |\hat{Z}|e^{i\phi}$ となり，(6.17) から

$$I = \frac{V_0}{|\hat{Z}|}\mathrm{Re}\,(e^{i\omega t - i\phi}) = \frac{V_0}{|\hat{Z}|}\cos(\omega t - \phi) \tag{6.20}$$

が得られる．これを (6.11),(6.12) と比べると，ϕ が位相の遅れ，$|\hat{Z}|$ がインピーダンス Z に等しいことがわかる．

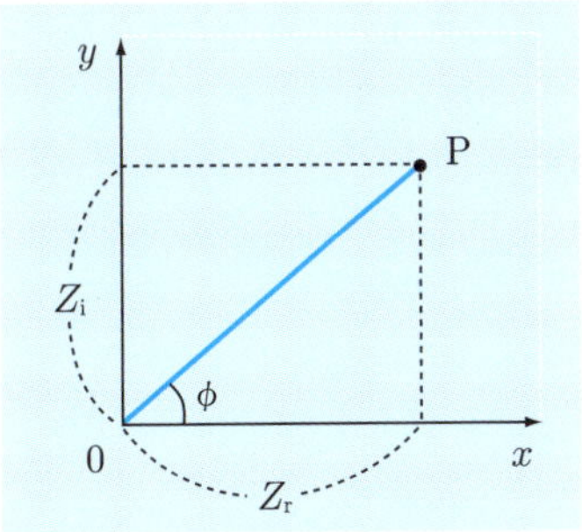

図 6.18　複素インピーダンス

例題 8　　　　**交流の電力と力率**

交流電源の電圧が $V = V_0 \cos\omega t$，電源に出入りする電流が $I = I_0 \cos(\omega t - \phi)$ と書けるとき，電源の提供する電力は

$$P = \frac{V_0 I_0}{2} \cos\phi$$

で与えられることを示せ．

解答　1 章の例題 4 と同様，微小時間 dt の間に電源のする仕事は $VIdt$ と表され，これは

$$\begin{aligned} &V_0 I_0 \cos\omega t \cos(\omega t - \phi) dt \\ &= V_0 I_0 (\cos^2 \omega t \cos\phi + \cos\omega t \sin\omega t \sin\phi) dt \end{aligned}$$

となる．前と同様上式の 1 周期に対する平均をとる．$\cos^2 \omega t$ の平均値は 1/2 と書けるが，$2\cos\omega t \sin\omega t = \sin 2\omega t$ は図 6.19 のように振動していてその平均値は 0 で，電力は与式のようになる．1 章の例題 4 は $\phi = 0$ の場合に相当する．

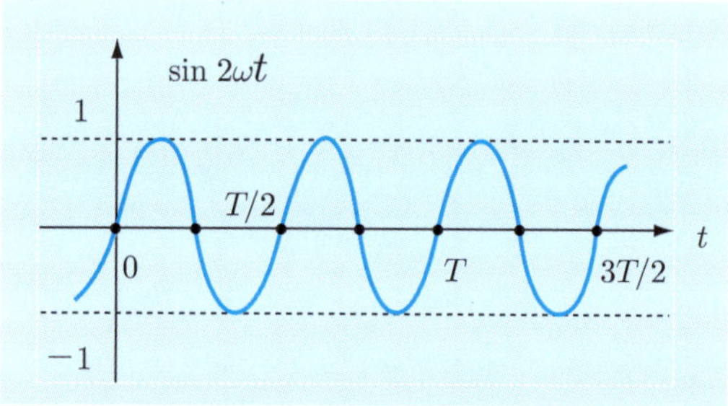

図 6.19　$\sin 2\omega t$ の t 依存性

問　題

8.1　z が複素数のとき指数関数 e^z は

$$e^z = 1 + z + \frac{z^2}{2!} + \frac{z^3}{3!} + \frac{z^4}{4!} + \cdots$$

と定義される．これを利用し，オイラーの公式を導け．

8.2　(6.15) を満たす I の実数部分は (6.14) の解であることを示せ．

8.3　図 6.17 の LR 回路を考え，図 6.20 のように点 A, B, C をとる．各瞬間に成り立つ以下の電位差に対する関係

$$V_A - V_B = V(t), \quad V_C - V_B = RI, \quad V_A - V_C = L\frac{dI}{dt}$$

を利用し，複素インピーダンスとキルヒホッフの法則との関係について考えよ．

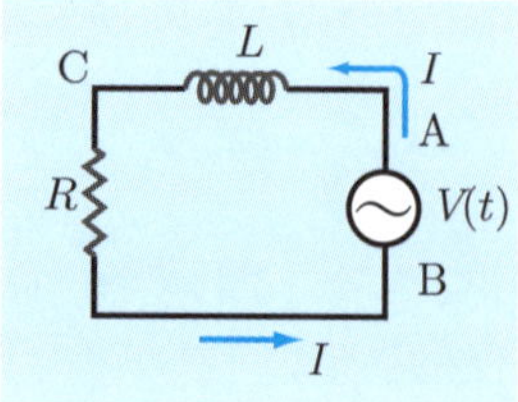

図 6.20　LR 回路

例題 9 **R と L の並列接続**

図 6.21 のように抵抗 R，インダクタンス L が並列に接続している交流回路がある．交流電源の電圧が $V(t) = V_0 \cos \omega t$ の場合，図に示した電流 I, I_1, I_2 を求めよ．また，複素インピーダンスはどのように表されるか．

解答 R, L の両端での電位差を考慮し $RI_1 = V_0 \cos \omega t$, $L(dI_2/dt) = V_0 \cos \omega t$ となる．後者の式を t に関して積分し振動項だけをとると

$$I_1 = \frac{V_0}{R} \cos \omega t, \quad I_2 = \frac{V_0}{L\omega} \sin \omega t \tag{1}$$

が得られる．(1) から I は次のように表される．

$$I = I_1 + I_2 = \frac{V_0}{R} \cos \omega t + \frac{V_0}{L\omega} \sin \omega t \tag{2}$$

一方，複素振幅を考えると $R\hat{I}_1 = V_0$, $i\omega L\hat{I}_2 = V_0$ で，これから

$$\hat{I} = \hat{I}_1 + \hat{I}_2 = \frac{V_0}{R} + \frac{V_0}{i\omega L} \tag{3}$$

となる．複素インピーダンス $\hat{Z}$ は $\hat{Z} = V_0/\hat{I}$ で定義されるので (3) から

$$\frac{1}{\hat{Z}} = \frac{1}{R} + \frac{1}{i\omega L} \tag{4}$$

が導かれる．(4) は直流回路の並列接続における関係が合成インピーダンスでも成り立つことを意味する．なお，(3) から電流 I は

$$I = \mathrm{Re}\left(\frac{V_0}{R} e^{i\omega t} + \frac{V_0}{i\omega L} e^{i\omega t}\right) = \frac{V_0}{R} \cos \omega t + \frac{V_0}{L\omega} \sin \omega t$$

と計算され，(2) の結果が得られる．

問　題

9.1 図 6.20 の LR 回路におけるインピーダンス Z と力率 $\cos\phi$ とを求めよ．

9.2 50 Hz の交流の場合，$L = 3\,\mathrm{H}$, $R = 200\,\Omega$ の LR 回路に対するインピーダンス，力率を計算せよ．

9.3 図 6.21 の交流回路の合成複素インピーダンスについて次の問に答えよ．

(a) 実数部分 Z_{r}，虚数部分 Z_{i} を求めよ．

(b) $\tan\phi$ を計算せよ．

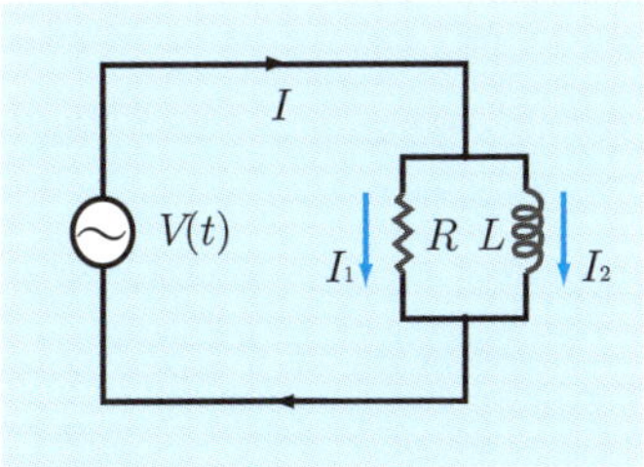

図 6.21　R と L の並列接続

例題 10　　**合成インピーダンス**

図 6.22 のように，L' と R' が並列につながれ，これに L と R が直列接続されている交流回路がある．この回路に対する以下の設問に答えよ．

(a)　全体の合成された複素インピーダンスを計算せよ．

(b)　この交流回路に対する $\tan\phi$ を求めよ．

解答　(a)　L' と R' が並列接続された部分の合成インピーダンス $\hat{Z}'$ は，問題 9.3 により

$$\hat{Z}' = \frac{\omega^2 L'^2 R' + i\omega L' R'^2}{R'^2 + \omega^2 L'^2} \tag{1}$$

で与えられる．R と L は直列接続なのでその複素インピーダンスは $R + i\omega L$ となり，これに (1) を加え全体の合成インピーダンス $\hat{Z}$ は

$$\hat{Z} = R + i\omega L + \frac{\omega^2 L'^2 R' + i\omega L' R'^2}{R'^2 + \omega^2 L'^2} \tag{2}$$

と表される．

(b)　(2) は

$$\hat{Z} = \frac{RR'^2 + \omega^2 L'^2 (R + R')}{R'^2 + \omega^2 L'^2} + i\omega \frac{(L + L')R'^2 + \omega^2 LL'^2}{R'^2 + \omega^2 L'^2}$$

と書ける．上式を使うと $\tan\phi$ は次のように求まる．

$$\tan\phi = \omega \frac{(L + L')R'^2 + \omega^2 LL'^2}{RR'^2 + \omega^2 L'^2 (R + R')} \tag{3}$$

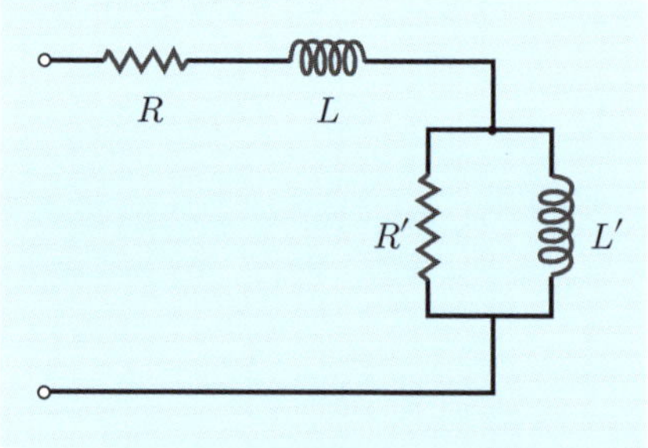

図 6.22　合成インピーダンス

問　題

10.1 $R = R' = L = L' = 1$,　$\omega = 2$ という特別な場合に対し，いまの体系の $\tan\phi$ を求めよ．

10.2 複素インピーダンスを実数部分，虚数部分で表し $\hat{Z} = R + iX$ としたとき，R を**抵抗分**，X を**リアクタンス**という．また，$\hat{Z}$ の逆数を $\hat{Y}$ と書き，$\hat{Y} = G + iB$ と表す．$\hat{Y}$ を**アドミッタンス**，G を**コンダクタンス**，B を**サセプタンス**という．G, B を R, X で表す公式を導け．

6.4 交流回路 II (LCR 回路)

一般に L, R の他に電気容量 C のコンデンサーを含む交流回路を考察する．基本的な考え方として，L, C, R は実数で，電流，電位，電荷などを複素数とみなし，方程式の実数部分が物理的な意味をもつとする．この場合，従来通り複素インピーダンスが定義できる．L, R はこれまでと同様に扱えるが，コンデンサーの寄与を調べるため，一例として図 6.23 のように L, C, R が直列に接続されている交流回路 (LCR 回路) を考えよう．図のように電流 I をとり，コンデンサーの極板 B, C に蓄えられる電荷をそれぞれ $Q, -Q$ とする．微小時間 dt の間に極板 B に流れ込む電荷 dQ は $dQ = Idt$ と書けるので次式が成り立つ．

$$\frac{dQ}{dt} = I \qquad (6.21)$$

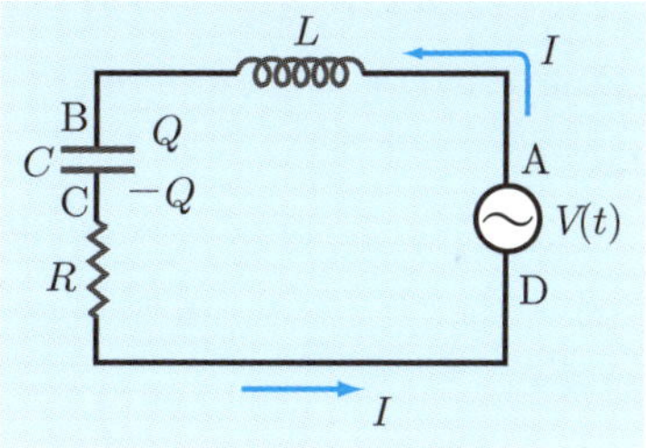

図 6.23　LCR 回路

• 複素インピーダンスの計算法 •　便宜上，図のように点 A, B, C, D をとると，B, C 間の電位差は Q/C と表される．$V(t) = V_0 e^{i\omega t}$ と書き，複素振幅を導入して

$$Q = \hat{Q}e^{i\omega t}, \quad I = \hat{I}e^{i\omega t} \qquad (6.22)$$

とおく．(6.21) から

$$i\omega\hat{Q} = \hat{I}$$

となり，上記の電位差は $\hat{I}/i\omega C$ と表される．あるいは (電位差)$/\hat{I} = 1/i\omega C$ となる．一般に (6.16) により，複素インピーダンス $\hat{Z}$ は

$$\hat{Z} = V_0/\hat{I}$$

と書けるので，電気容量 C のコンデンサーは複素インピーダンスに $1/i\omega C$ の寄与をもたらすことがわかる．図 6.23 の複素インピーダンスの具体的な計算で，このような考えの正しいことが確かめられる (例題 11)．一般に複素インピーダンスを求めるには，抵抗に R，インダクタンスに $i\omega L$，コンデンサーに $1/i\omega C$ を対応させ (図 6.24)，直流回路と同様のキルヒホッフの法則を適用すればよい．

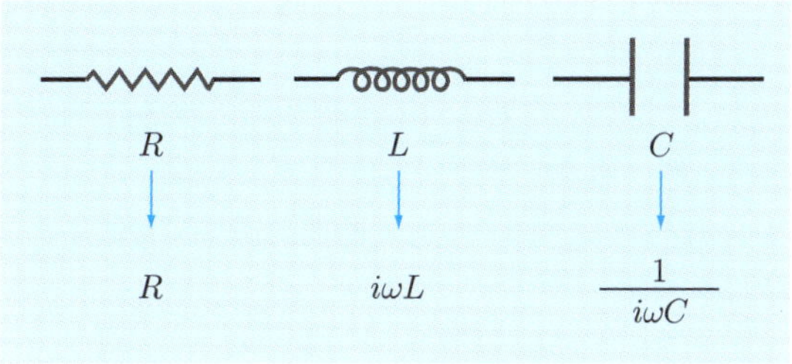

図 6.24　R, L, C と複素インピーダンス

例題 11 　　**LCR 回路の複素インピーダンス**

図 6.23 に示した LCR 回路に関し，以下の設問に答えよ．

(a)　複素インピーダンスを求めよ．

(b)　インピーダンス Z および $\tan\phi$ を計算せよ．

解答　(a)　B における電位は C に比べ Q/C だけ高いことに注意すると，各点における電位差は $V_{\mathrm{A}} - V_{\mathrm{B}} = LdI/dt$,　$V_{\mathrm{B}} - V_{\mathrm{C}} = Q/C$,　$V_{\mathrm{C}} - V_{\mathrm{D}} = RI$ と表される．これらを加えると $V_{\mathrm{A}} - V_{\mathrm{D}} = LdI/dt + Q/C + RI$ が得られる．一方，$V_{\mathrm{A}} - V_{\mathrm{D}}$ は交流電源の電圧 $V(t)$ に等しい．こうして次式が求まる．

$$L\frac{dI}{dt} + RI + \frac{Q}{C} = V(t) \tag{1}$$

$V(t) = V_0 e^{i\omega t}$ とおき，(6.22) のような複素振幅を導入して $\hat{Q} = \hat{I}/i\omega$ に注意すると (1) から

$$\left(R + i\omega L + \frac{1}{i\omega C}\right)\hat{I} = V_0 \tag{2}$$

が導かれる．したがって，複素インピーダンスは

$$\hat{Z} = R + i\left(\omega L - \frac{1}{\omega C}\right) \tag{3}$$

と表される．問題 10.2 で学んだように (3) の第 2 項 (虚数部) $\omega L - 1/\omega C$ をリアクタンスという．いまの場合，L, C, R が直列に接続されているので，図 6.24 の対応から (3) を導くこともできる．

(b)　(3) により複素インピーダンスの実数部分，虚数部分は

$$Z_{\mathrm{r}} = R, \quad Z_{\mathrm{i}} = \omega L - \frac{1}{\omega C} \tag{4}$$

と表される．したがって，次の結果が得られる．

$$Z = \sqrt{R^2 + \left(\omega L - \frac{1}{\omega C}\right)^2} \tag{5}$$

$$\tan\phi = \frac{\omega L - 1/\omega C}{R} \tag{6}$$

問　題

11.1 例題 11 の (1) をさらに時間で微分し電流 I の時間変化を求めるべき微分方程式を導け．

11.2 60 Hz の交流に対して，$L = 2\,\mathrm{H}$, $C = 3 \times 10^{-6}\,\mathrm{F}$, $R = 500\,\Omega$ の LCR 回路の Z_{r}, Z_{i}, Z, $\tan\phi$ を求めよ．

例題 12　**電源がないとき起こる電気振動**

電源のない LCR 回路は図 6.25 のように表され，電流に対する式は

$$L\frac{d^2I}{dt^2}+R\frac{dI}{dt}+\frac{I}{C}=0$$

となる．$I=Ae^{\alpha t}$ (A,α：定数) と仮定して上式を解け．

解答　α を決めるべき方程式として

$$L\,\alpha^2+R\,\alpha+\frac{1}{C}=0 \tag{1}$$

が得られる．$R^2<4L/C$ の条件が満たされると α は複素数となり (問題 12.1)

$$\alpha=-\gamma\pm i\,\omega' \tag{2}$$

と表される．ただし，γ, ω' は次式で定義される．

$$\gamma=\frac{R}{2L},\quad \omega'=\sqrt{\frac{1}{LC}-\frac{R^2}{4L^2}} \tag{3}$$

方程式の解は $e^{\alpha\,t}=e^{-\gamma\,t\pm i\,\omega'\,t}=e^{-\gamma\,t}(\cos\omega'\,t\pm i\,\sin\omega'\,t)$ となるが，この実数部分，虚数部分はそれぞれ方程式を満たすので，A,B を任意定数として

$$I=e^{-\gamma\,t}(A\,\cos\omega'\,t+B\,\sin\omega'\,t) \tag{4}$$

が方程式の一般解となる．(4) で $A=I_0\cos\varphi$,　$B=I_0\sin\varphi$ とおけば，I は次のように表される．

$$I=I_0e^{-\gamma\,t}\cos(\omega'\,t-\varphi) \tag{5}$$

一般に $\gamma>0$ の場合，電流は**減衰振動** (図 6.26) を示す．(5) 中の $e^{-\gamma\,t}$ は LR 回路の時定数 τ を使うと $e^{-t/2\tau}$ と書けるので，$t\gg\tau$ の場合には事実上振動の振幅は 0 となり，この種の振動は無視できる．

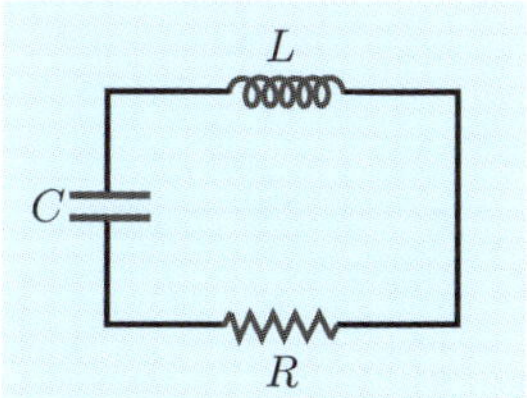

図 6.25　電気振動

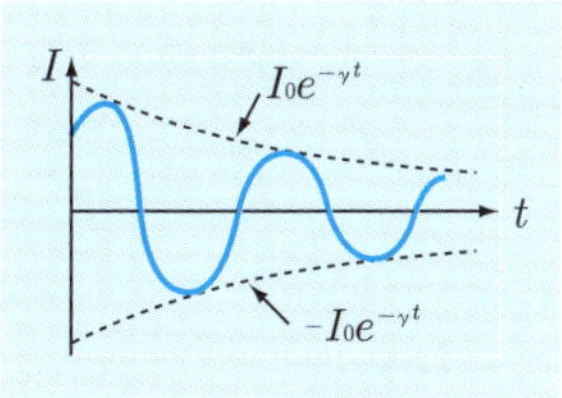

図 6.26　減衰振動

問　題

12.1 α を決めるべき 2 次方程式 (1) を解け．

12.2 理想的な場合として $R=0$ の回路，すなわち LC 回路では，I は角振動数 ω' の交流電流となり，回路中に単振動に似た電気振動が起こることを示せ．

12.3 LC 回路で $L=4\,\text{mH}, C=2\,\mu\text{F}$ のとき，電気振動の角振動数，周期を計算せよ．

例題 13　　**同調回路の原理**

ラジオやテレビで特定な放送局を選局するため**同調回路**が利用される．その原理を図 6.27 に示す．放送局が独自に発する角振動数 ω の電波が飛来すると，それは ω の交流電源としての機能をもち，回路 (I) に $I_1 = A\cos\omega t$ の交流電流が流れる．回路 (II) でコイルは自己インダクタンス L をもつが，同時に相互インダクタンス M により回路 (I) のコイルと結合している．回路 (II) 中のコンデンサーは電気容量が変えられる可変コンデンサーである．この回路に関する次の問に答えよ．

(a)　回路 (II) 中を流れる電流は $I = I_0 \cos(\omega t - \phi)$ という形に書けることを示し，I_0, $\tan\phi$ を求めよ．

(b)　回路 (II) 中のコンデンサーの電気容量 C を変化させたとき

$$C = \frac{1}{\omega^2 L}$$

の条件が満たされると I_0 は最大になり，飛来した電波が捕捉できることを示せ．

解答　(a)　相互誘導のため，回路 (II) のコイル中の磁束は $\Phi = LI + MI_1$ と表される．回路 (II) に対する回路方程式を導くため，C に蓄えられる電荷を $\pm Q$ とし，仮に起電力 V の電池が挿入されているとして，模式的に図 6.28 のような回路を考える．コイルを貫通する磁束 Φ が一定なら回路中の電位差を考え $Q/C + RI = V$ が導かれる．Φ が時間変化すると (6.3) と同様，これは $-d\Phi/dt$ という逆起電力をもたらし，回路方程式は $Q/C + RI = V - d\Phi/dt$ と書ける．実際は $V = 0$ なので，Φ の式を代入しいまの問題の回路方程式は

$$L\frac{dI}{dt} + M\frac{dI_1}{dt} + \frac{Q}{C} + RI = 0$$

となる．上式は

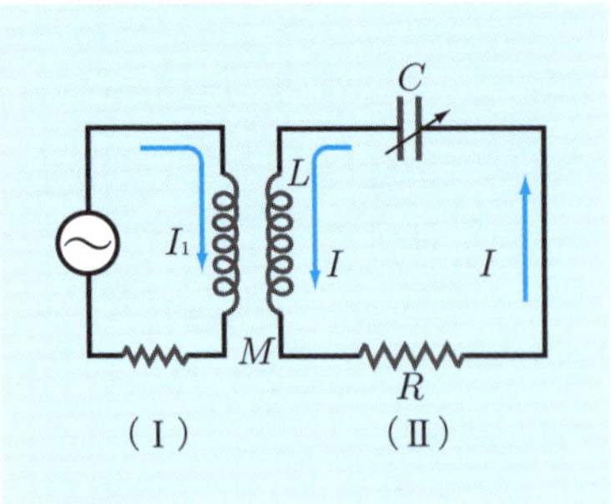

図 6.27　同調回路の原理

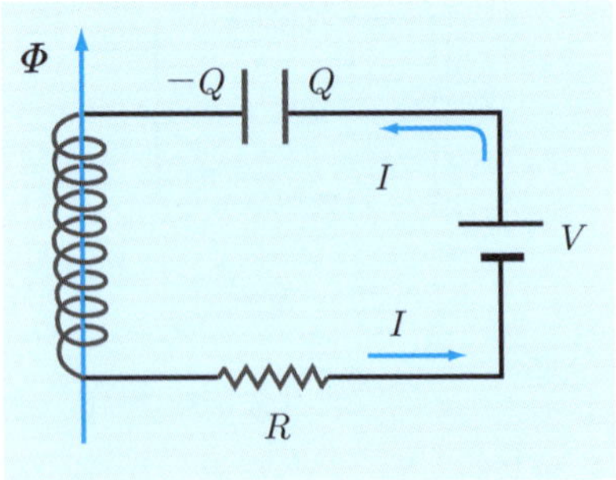

図 6.28　回路方程式の導出

$$L\frac{dI}{dt} + RI + \frac{Q}{C} = -M\frac{dI_1}{dt} \tag{1}$$

と変形され，結果的に上式右辺が回路 (Ⅱ) に対する交流電源を表す．

複素数表示を導入し $I_1 = Ae^{i\omega t}$, $I = \hat{I}e^{i\omega t}$ とすれば，交流回路を扱う方法がそのまま適用でき，(1) から

$$\left(i\omega L + R + \frac{1}{i\omega C}\right)\hat{I} = -i\omega MA \tag{2}$$

となる．(2) を用いると

$$\hat{I} = \frac{-i\omega MA}{R + i[\omega L - (1/\omega C)]} = \frac{\omega MA}{(1/\omega C) - \omega L + iR} \tag{3}$$

である．(3) の最右辺の分母を $Ze^{i\phi}$ と書けば，電流 I は

$$I = \omega MA\,\mathrm{Re}\,\frac{e^{i\omega t}}{Ze^{i\phi}} = \frac{\omega MA}{Z}\cos(\omega t - \phi)$$

と表される．I_0 は

$$I_0 = \frac{\omega MA}{Z} \tag{4}$$

で与えられるが，(3) により Z, $\tan\phi$ は次のように求まる．

$$Z = \sqrt{R^2 + \left(\frac{1}{\omega C} - \omega L\right)^2}, \quad \tan\phi = \frac{\omega RC}{1 - \omega^2 LC} \tag{5}$$

(b)　(4), (5) から明らかなように，C を変えたとき $(1/\omega C) - \omega L = 0$ の条件が満たされると I_0 は最大となる．

問　題

13.1 ラジオの中波放送局が発する電波は 526.5 kHz〜1606.5 kHz という周波数帯をカバーしている．図 6.27 の L として問題 5.1 で論じたソレノイドを使うとし，この周波数帯の電波をとらえるために必要な可変コンデンサーの変域を求めよ．

13.2 図 6.29 で示す交流回路では C と R が並列に接続され，これに L が直列に接続されている．この回路の複素インピーダンスを求めよ．

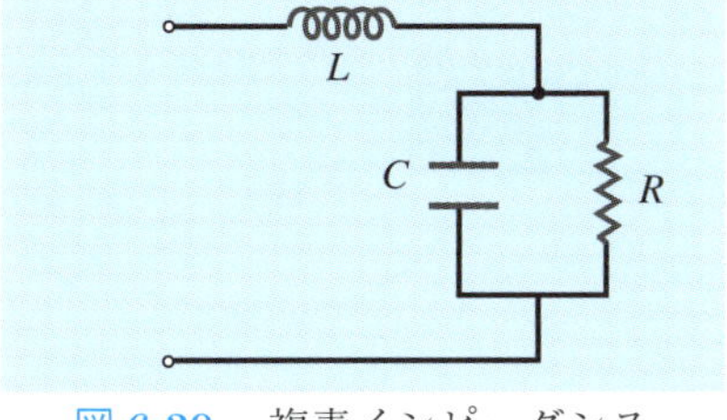

図 6.29　複素インピーダンス

6.5 磁気エネルギー

磁石や電磁石は周囲の鉄片を引き付けるから，磁場にはある種のエネルギーが蓄えられていると考えられる．このエネルギーを**磁気エネルギー**という．

• ソレノイドの磁気エネルギー •　自己インダクタンス L のソレノイドに電流 I が流れているとき，そのソレノイドに蓄えられる磁気エネルギー U_{m} は

$$U_{\mathrm{m}} = \frac{L}{2}I^2 \tag{6.23}$$

で与えられる (例題 14).

• 磁気エネルギー密度 •　電気エネルギーに対する (4.16) に対応し，単位体積当たりの磁気エネルギーすなわち**磁気エネルギー密度** u_{m} は

$$u_{\mathrm{m}} = \frac{\mu H^2}{2} = \frac{HB}{2} = \frac{\boldsymbol{H}\cdot\boldsymbol{B}}{2} \tag{6.24}$$

と表される．この結果の一般的な導出は 7 章で論じるが，具体例としてソレノイド中の磁気エネルギーについて問題 14.2 で扱う．

• エネルギー保存則 •　図 6.30 のように適当な体系 (斜線部) に起電力 V の電池が接続していて，電流 I が流れているものとする．微小時間 δt の間に電池のする仕事は $VI\delta t$ で与えられる．また，δt 中に磁気力のする仕事を δW_{m} とする．4.4 節での議論と同様，準静的過程の下では磁気力に逆らい人のする (外力のする) 仕事は $-\delta W_{\mathrm{m}}$ と書ける．電池のする仕事と外力のする仕事の和が一般的なエネルギー保存則により体系のエネルギー増加となる．その一部分は体系の発するジュール熱で，体系中の電気抵抗を R とすればこれは $RI^2\delta t$ と書ける．残りは磁気エネルギーの増加 δU_{m} となる．すなわち次の関係が成り立つ．

$$\delta U_{\mathrm{m}} + RI^2\delta t = VI\,\delta t - \delta W_{\mathrm{m}} \tag{6.25}$$

上式を利用し，体系に働く磁気力が求められる (例題 15).

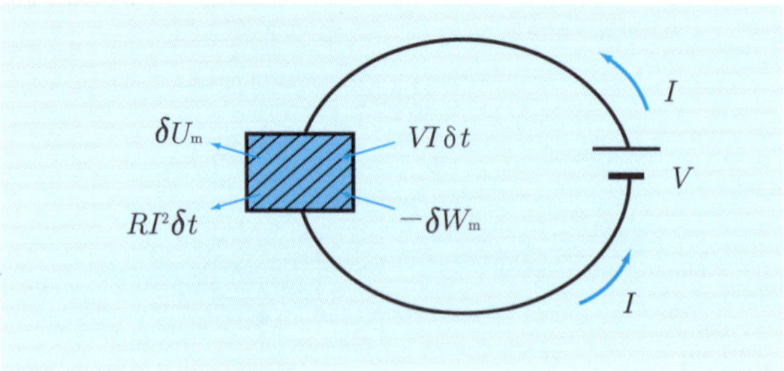

図 6.30　エネルギー保存則

例題 14 ソレノイドの磁気エネルギー

自己インダクタンス L のソレノイドに電流 I が流れているとき，そのソレノイドに蓄えられる磁気エネルギー U_{m} を求めよ．

解答 図 6.23 の LCR 回路を想定し，例題 11 の (1) の両辺に I を掛けると

$$LI\frac{dI}{dt} + RI^2 + \frac{QI}{C} = V(t)I$$

となる．$I = dQ/dt$ に注意し上式を変形すると次式が得られる．

$$\frac{L}{2}\frac{dI^2}{dt} + RI^2 + \frac{1}{2C}\frac{dQ^2}{dt} = V(t)I$$

時刻 0 で I, Q は 0 とし，t に $'$ をつけ上式を t' に関し 0 から t まで積分すれば

$$\frac{L}{2}I^2 + \int_0^t RI^2 dt' + \frac{Q^2}{2C} = \int_0^t V(t')Idt'$$

が導かれる．右辺は時刻 0 から t までに電源のした仕事，左辺第 2 項はその間に抵抗で発生したジュール熱，左辺第 3 項はコンデンサーに蓄えられる電気エネルギー U_{e} である．このため，左辺第 1 項が磁気エネルギー U_{m} を表す．

問 題

14.1 自己インダクタンス 3 mH のソレノイドに 5A の電流が流れているとき，ソレノイドの磁気エネルギーは何 J か．

14.2 例題 14 で得られた $U_{\mathrm{m}} = LI^2/2$ を場の量である $\boldsymbol{H}$ や $\boldsymbol{B}$ で記述するため次のような例を考察する．図 6.11 のような長さ l，断面積 S，巻数 N のソレノイドがあり，その内部には透磁率 μ の磁性体が挿入されているとする．例題 5 の結果を使い，磁気エネルギー密度が $u_{\mathrm{m}} = HB/2$ で与えられることを示せ．

14.3 磁気エネルギー密度が $u_{\mathrm{m}} = \boldsymbol{H}\cdot\boldsymbol{B}/2$ で与えられるとし，これを全空間で積分した

$$U_{\mathrm{m}} = \frac{1}{2}\int \boldsymbol{H}\cdot\boldsymbol{B}dV$$

を考える．磁場は磁荷から生じ，磁位により $\boldsymbol{H} = -\nabla V_{\mathrm{m}}$ と表されるとする．磁荷が有限な領域内に存在すると仮定し，$U_{\mathrm{m}} = 0$ であることを示せ．また，この結果は電流が流れているときには成立しないことを確認せよ．

14.4 半径 a の強磁性の球を想定し，球の内部で一様な自発磁化が生じているとする．4 章の例題 9 の誘電体の問題を磁性体に翻訳し，$\varepsilon_0 \to \mu_0$, $\boldsymbol{E} \to \boldsymbol{H}$, $\boldsymbol{D} \to \boldsymbol{B}$, $\boldsymbol{P} \to \boldsymbol{M}$ という変換を導入する．反磁場係数が 1/3 であること (4 章の例題 3) に注意し実際に $U_{\mathrm{m}} = 0$ であることを示せ．

例題 15　　**磁気力に対する一般的表式**

自己イダクタンス L，電気抵抗 R をもつ体系が起電力 V の電池につながれ，一定な外部磁場中にあるとし，この磁場による磁束を Φ_0 とする (全体の磁束 Φ は $\Phi = \Phi_0 + LI$ と書ける)．体系の位置を記述する変数を ξ とし，ξ を $\xi + \delta\xi$ にするため磁気力のする仕事を $F_\xi \delta\xi$ と記す．電流 I を一定に保つとし，F_ξ を求めるための一般的表式を導け．

解答　(6.25) で $\delta W_{\mathrm{m}} = F_\xi \delta\xi$ と書けるから，同式は

$$F_\xi \delta\xi + \delta U_{\mathrm{m}} + RI^2 \delta t = VI\delta t \tag{1}$$

と表される．一方，回路方程式は $V = RI + d(\Phi_0 + LI)/dt$ となるので δt の間の変化を考え，I が一定なことに注意すると $V\delta t = RI\delta t + \delta\Phi_0 + I\delta L$ が得られる．これに I を掛け (1) に代入すると次式のようになる．

$$F_\xi \delta\xi + \delta U_{\mathrm{m}} = I\delta\Phi_0 + I^2 \delta L \tag{2}$$

I が一定だと $\delta U_{\mathrm{m}} = I^2 \delta L/2$ で，(2) は $F_\xi \delta\xi = I\delta\Phi_0 + I^2\delta L/2$ と表される．すなわち，F_ξ は次のように書ける．

$$F_\xi = I\frac{\partial \Phi_0}{\partial \xi} + \frac{I^2}{2}\frac{\partial L}{\partial \xi} \tag{3}$$

問　題

15.1 図 6.7 のような長方形の回路 ADEB に一定電流 I が流れ，この回路はそれと垂直な一定磁場 (磁束密度 $\boldsymbol{B}$) 中におかれている．ただし，CDEF の電気抵抗は無視できるとする．また，DE $= l$ は一定であるが，導線 AB は DE と平行を保ったまま変位するとし，図のような変数 x をとる．回路の自己インダクタンス L が x の関数としてわかっているとして，導線 AB に働く磁気力 F_x を求めよ．

15.2 断面積 S，長さ l，巻数 N の十分長い円筒形のソレノイドがあり，これに電流 I が流れている．図 6.31 のように，円筒の中空部分にぴったり合う鉄心 (透磁率 μ) を距離 x まで挿入したとする．鉄心にはソレノイドの中に引き込まれるような力が働くが，その力を求めよ．

15.3 問題 5.1 で扱ったソレノイドに 2A の電流を流したとする．このとき，鉄心をソレノイドの中に引き込もうとする力は何 N か．鉄の比透磁率を 7×10^3 として計算せよ．

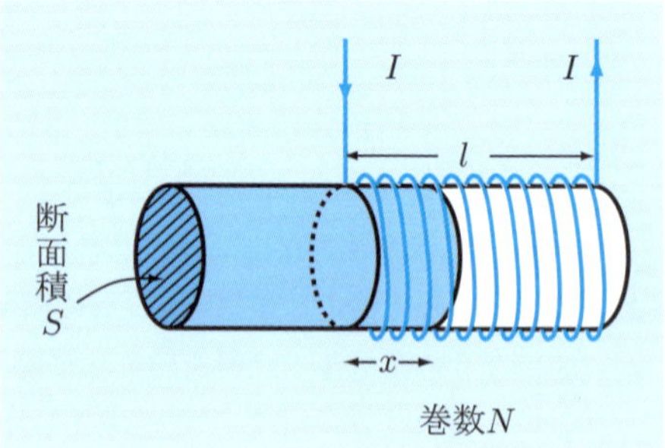

図 6.31　ソレノイドに挿入された鉄心

6.6 マクスウェル・アンペールの法則

閉曲線 C が囲む曲面 S の裏から表へ向かう法線方向の単位ベクトルを $\boldsymbol{n}$，電流密度を $\boldsymbol{j}$ と書き，$\boldsymbol{j}$ の法線方向の成分を $j_n(=\boldsymbol{j}\cdot\boldsymbol{n})$ とすると (図 6.32)

$$\oint_{\mathrm{C}} \boldsymbol{H}\cdot d\boldsymbol{s} = \int_{\mathrm{S}} j_n dS \tag{6.26}$$

のアンペールの法則が成り立つ (5 章の問題 14.3)．この法則は定常電流の場合に導かれたが，時間変化する電磁場では (6.26) の右辺を修正し

$$\oint_{\mathrm{C}} \boldsymbol{H}\cdot d\boldsymbol{s} = \int_{\mathrm{S}} \left(j_n + \frac{\partial D_n}{\partial t} \right) dS \tag{6.27}$$

としなければならない．これを**マクスウェル・アンペールの法則**という．この法則は，時間変化する電磁場の場合，本来の電流密度 $\boldsymbol{j}$ に $\partial \boldsymbol{D}/\partial t$ という一種の電流密度に相当する項を加える必要があることを意味し，$\partial \boldsymbol{D}/\partial t$ を**変位電流** (厳密には変位電流密度) という．変位電流の存在は適当な思考実験により理解できる (例題 16)．

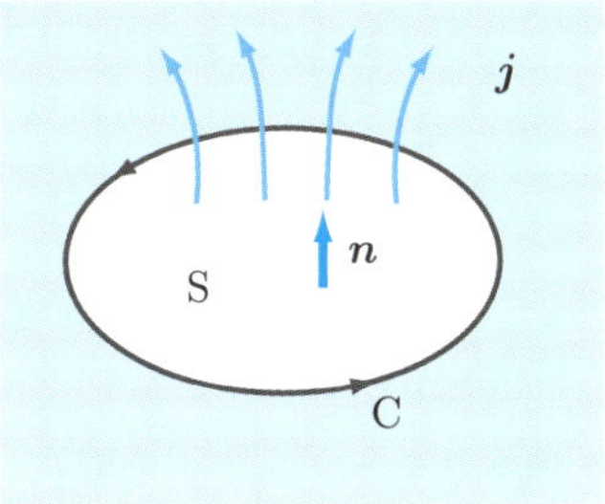

図 6.32　アンペールの法則

• 連続の方程式 •　変位電流は電荷の連続性と関連しているが，詳しい数学的な議論は 7 章で行うとし，準備段階の議論をしておく．電磁気学でとり扱う真電荷は元を正せば陽子，電子などの素粒子である．高エネルギー物理学ではこれら素粒子の生成，消滅を扱う場合があるが，通常の電磁気学ではこれらは不滅とし，電荷が突然消えたり，生まれたりしないとする．したがって，図 6.33 に示すように，体系中に適当な領域 V をとり，これを囲む曲面を S としたとき，微小時間 dt の間に S を通り V に流れ込む電荷量は領域中の電荷量の増加量に等しい．真電荷の電荷密度 ρ は，一般に場所 $\boldsymbol{r}$ と時間 t の関数であるがこれを $\rho(\boldsymbol{r},t)$ と書く．そうすると dt の間における V 中の電荷量の増加は

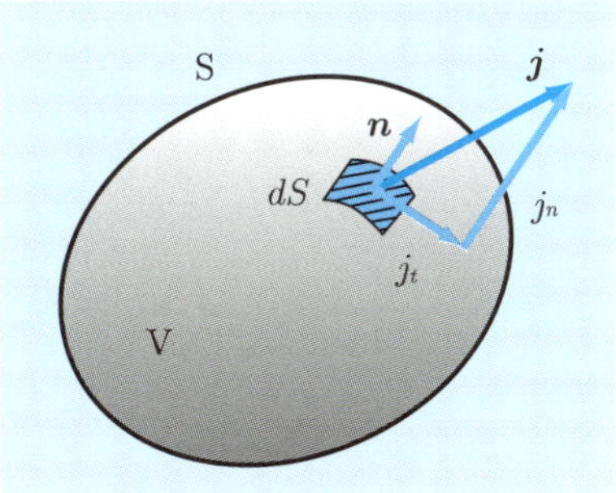

図 6.33　連続の方程式

$$\int_{\mathrm{V}} [\rho(\boldsymbol{r}, t+dt) - \rho(\boldsymbol{r}, t)]dV = dt \int_{\mathrm{V}} \frac{\partial \rho}{\partial t} dV \tag{6.28}$$

で与えられる．

一方，図 6.33 のように V の内部から外部へ向かう S への法線方向の単位ベクトルを $\boldsymbol{n}$ とし，微小面積 dS を通過する電流密度 $\boldsymbol{j}$ を考えて，これを j_t と j_n に分解する．j_t は内部に入る電荷量に寄与しない．一方，dt の間に dS を通って V 中に流入する電荷量は j_n の符号を逆転させ $-j_n dt dS$ と表される．このため V 中に流れ込む全部の電荷量は，上記の量を面積積分し，ガウスの定理を適用すると

$$-dt \int_{\mathrm{S}} j_n dS = -dt \int_{\mathrm{V}} \mathrm{div}\, \boldsymbol{j} dV \tag{6.29}$$

で与えられる．(6.28) と (6.29) は等しいから

$$\int_{\mathrm{V}} \left(\frac{\partial \rho}{\partial t} + \mathrm{div}\, \boldsymbol{j} \right) dV = 0 \tag{6.30}$$

が導かれる．V は任意なのでかっこ内の量は 0 に等しく

$$\frac{\partial \rho}{\partial t} + \mathrm{div}\, \boldsymbol{j} = 0 \tag{6.31}$$

となる．上の関係を**連続の方程式**という．$\boldsymbol{j}$ の時間的，空間的な挙動が与えられると，この関係から ρ が求まる．

• 電束 •　変位電流は実験により実証されたというより，例題 16 のような思考の結果導かれた概念である．しかし，7 章で説明するように，電磁波が存在するためには，変位電流の項が必要であるから，変位電流の存在は電磁波の発見により証明されたと考えてよい．一般に，次の

$$\Psi = \int_{\mathrm{S}} D_n dS \tag{6.32}$$

は (6.1) の磁束に対応する量で，この Ψ を**電束**という．(6.32) の時間微分を考えると，微分の定義により

$$\begin{aligned} \frac{d\Psi}{dt} &= \lim_{\Delta t \to 0} \int_{\mathrm{S}} \frac{D_n(x, y, z, t+\Delta t) - D_n(x, y, z, t)}{\Delta t} dS \\ &= \int_{\mathrm{S}} \frac{\partial D_n}{\partial t} dS \end{aligned} \tag{6.33}$$

が成り立つ．したがって，(6.27) を

$$\oint_{\mathrm{C}} \boldsymbol{H} \cdot d\boldsymbol{s} = \frac{d}{dt} \int_{\mathrm{S}} D_n dS + \int_{\mathrm{S}} j_n dS \tag{6.34}$$

という問題 2.1 で導いた方程式とよく似た形に書き直すことができる．

例題 16　　**変位電流に関する考え方**

図 6.34 のように帯電していないコンデンサーを電池に接続しスイッチを入れると，電池からコンデンサーへ電流 I が流れる．このような一種の思考実験で，C を縁とする S_1 という曲面では S_1 を貫通する電流は I となり，この I に対して (6.26) が成立する．しかし，C を縁としコンデンサーの極板間を通る曲面 S_2 では貫通する電流は 0 となり，(6.26) の右辺も 0 で矛盾した結果となる．この矛盾を解決するための方法を考えよ．

解答　コンデンサーの極板間には，導線内の電流と異なる電流が流れると仮定し，(6.26) の右辺にはこの電流の寄与を考慮すればよい．そのような電流を求めるため，平行板コンデンサーの極板間の電束密度の大きさ D は，極板にたまる電荷を $\pm Q$，極板の面積を S とすれば，$D = \sigma = Q/S$ と書けることに注意しよう．これを時間で微分すると，図 6.34 で $I = dQ/dt$ と書けるので $dD/dt = I/S$ が得られる．これからコンデンサーの極板間には dD/dt という大きさの電流密度の電流が流れていると解釈することができる．この電流が変位電流である．

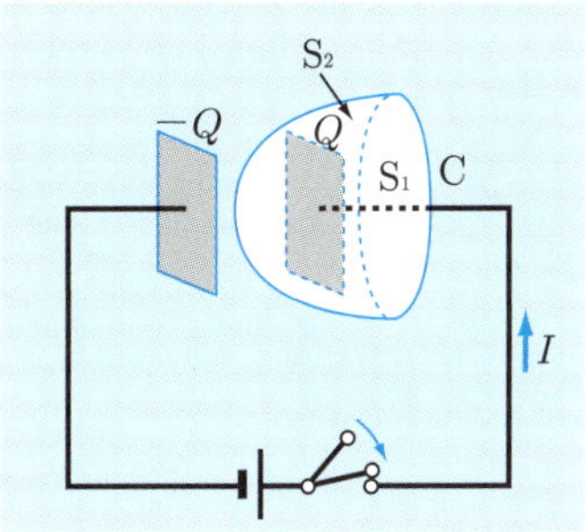

図 6.34　変位電流の意味

問　題

16.1 半径 a の円板を極板とする平行板コンデンサーがある (図 6.35)．極板 A, B の中心を結ぶ線を z 軸としたとき，z 軸に沿って電流 I が出入りしている．また，z 軸の原点 O を下の円板 A 上にとり円板間の距離を l とする．極板間の電束密度 $\boldsymbol{D}$ は z 軸に沿い，また極板間で一様であるとして，$0 < z < l$ の空間における磁場を求めよ．

16.2 図 6.35 の極板間に交流電源がつながれ，A は B より $V(t) = V_0 \cos \omega t$ だけ電位が高いとする．コンデンサーの極板間に生じる変位電流と磁場を求めよ．

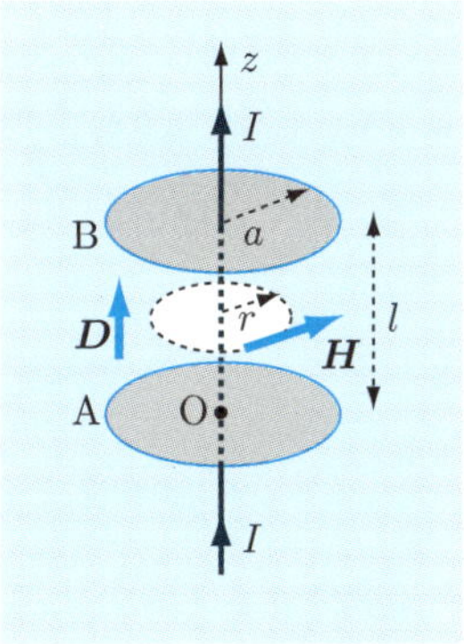

図 6.35　円板の極板

16.3 16.1, 16.2 両者の問題で，極板間の磁力線は z 軸を中心とする同心円であることを示せ．

7 電磁場の基礎方程式

7.1 積分形の諸法則とマクスウェルの方程式

• 積分形の諸法則 • 電磁場に対する積分形の基礎的な法則を以下に記す．

$$\int_{\mathrm{S}} D_n dS = (\mathrm{S}\text{の中にある真電荷の和}), \quad \int_{\mathrm{S}} B_n dS = 0 \tag{7.1}$$

$$\oint_{\mathrm{C}} \boldsymbol{E}\cdot d\boldsymbol{s} = -\frac{d}{dt}\int_{\mathrm{S}} B_n dS \tag{7.2}$$

$$\oint_{\mathrm{C}} \boldsymbol{H}\cdot d\boldsymbol{s} = \int_{\mathrm{S}} \left(j_n + \frac{\partial D_n}{\partial t} \right) dS \tag{7.3}$$

これらの方程式と

$$\boldsymbol{D} = \varepsilon \boldsymbol{E}, \quad \boldsymbol{B} = \mu \boldsymbol{H}, \quad \boldsymbol{j} = \sigma \boldsymbol{E} \tag{7.4}$$

とを組み合わせると，電磁的な現象を統一的に説明できると考えられている．

• マクスウェルの方程式 • (7.1) はガウスの定理を使うと

$$\mathrm{div}\,\boldsymbol{D} = \rho, \quad \mathrm{div}\,\boldsymbol{B} = 0$$

といういわば微分形に変換することができる．実用上，このような微分形の方が便利なので，(7.2)，(7.3) も同じような微分形に変形しよう．そのため

$$\oint_{\mathrm{C}} \boldsymbol{A}\cdot d\boldsymbol{s} = \int_{\mathrm{S}} (\mathrm{rot}\,\boldsymbol{A})_n dS \tag{7.5}$$

というストークスの定理を利用する．ここで rot $\boldsymbol{A}$ はベクトル $\boldsymbol{A}$ の回転で

$$\mathrm{rot}\,\boldsymbol{A} = \left(\frac{\partial A_z}{\partial y} - \frac{\partial A_y}{\partial z}, \frac{\partial A_x}{\partial z} - \frac{\partial A_z}{\partial x}, \frac{\partial A_y}{\partial x} - \frac{\partial A_x}{\partial y} \right) \tag{7.6}$$

と定義される．(7.2) とストークスの定理により

$$\int_{\mathrm{S}} (\mathrm{rot}\,\boldsymbol{E})_n dS = -\int_{\mathrm{S}} \left(\frac{\partial \boldsymbol{B}}{\partial t} \right)_n dS \tag{7.7}$$

が得られる．(7.7) で S は電磁場中の任意の曲面であるから，この式が常に成立するた

めには，被積分関数中の量が一致する必要があり

$$\mathrm{rot}\,\boldsymbol{E} = -\frac{\partial \boldsymbol{B}}{\partial t}$$

となる．同様に，(7.3) から

$$\mathrm{rot}\,\boldsymbol{H} = \boldsymbol{j} + \frac{\partial \boldsymbol{D}}{\partial t}$$

が導かれる．

以上のような手続きで導出された下記の微分形の方程式

$$\mathrm{div}\,\boldsymbol{D} = \rho, \quad \mathrm{div}\,\boldsymbol{B} = 0 \tag{7.8}$$

$$\mathrm{rot}\,\boldsymbol{E} + \frac{\partial \boldsymbol{B}}{\partial t} = 0, \quad \mathrm{rot}\,\boldsymbol{H} - \frac{\partial \boldsymbol{D}}{\partial t} = \boldsymbol{j} \tag{7.9}$$

を**マクスウェルの方程式**という．これらの関係は，積分形の法則と数学的に等価で，(7.4) とともに，電磁場の振る舞いを記述する基礎的な方程式である．

マクスウェルの偉業

ニュートンとマクスウェルは英国の生んだ物理学者の双璧である．ニュートンといえば林檎といった具合に一般の人々にその名は知れ渡っているが，マクスウェルはそれほど有名な存在とはいえない．これと似たマクセル（Maxell）電池というのがあるが，マクスウェル（Maxwell）には一字 w が付け加わっている．

マクスウェルは 1831 年生まれであるが，幼少より秀才の誉れ高く 14 歳で卵形曲線の作図法に関する幾何学の論文を発表した．マクスウェルは気体分子の運動，色彩論，熱力学第二法則の基礎付けなど顕著な業績を残している．しかし，本文で述べたような電磁場の基礎方程式を導いたのがもっとも高く評価される点であろう．マクスウェルは 1864 年，彼の導いた方程式に基づき真空中の電磁場が波動として伝わることを理論的に予言した．この波は電磁波と呼ばれ，それについては 7.4 節以降に学ぶ．ところで，マクスウェルの理論はすぐに一般に受け入れられたわけではない．しかし，電磁波の存在が 1888 年，ヘルツにより実験的に検証されマクスウェルの方程式が信頼されるにいたった．マクスウェル自身は 1879 年，電磁波の実験を知ることなくガンのため 48 歳の若さで死去した．ヘルツの実験を受け，イタリアのマルコーニは 19 世紀の終わり頃，無線通信の実用化に成功した．1905 年の日本海海戦では「敵艦見ゆ」といったバルチック艦隊の動向を報告する手段として無線通信が重要な役割を演じた．現在ではラジオ，テレビ，携帯電話，カーナビ，電子レンジなどの器具を通じ電磁波は私たちの周辺に満ちあふれている．

例題 1　連続の方程式とマクスウェルの方程式

連続の方程式とマクスウェルの方程式の関係を調べるため，以下の設問に答えよ．

(a)　任意のベクトル $\boldsymbol{A}, \boldsymbol{B}$ に対して $\mathrm{div}(\boldsymbol{A}+\boldsymbol{B}) = \mathrm{div}\,\boldsymbol{A} + \mathrm{div}\,\boldsymbol{B}$ の関係を導け．

(b)　任意のベクトル $\boldsymbol{C}$ に対して $\mathrm{div}\,(\mathrm{rot}\,\boldsymbol{C}) = 0$ が成り立つことを証明せよ．

(c)　(a)，(b) の結果を利用し，マクスウェルの方程式から連続の方程式を導け．

解答　(a)　div の定義を用いると，次のようになる．

$$\begin{aligned}\mathrm{div}\,(\boldsymbol{A}+\boldsymbol{B}) &= \frac{\partial(A_x+B_x)}{\partial x} + \frac{\partial(A_y+B_y)}{\partial y} + \frac{\partial(A_z+B_z)}{\partial z} \\ &= \frac{\partial A_x}{\partial x} + \frac{\partial A_y}{\partial y} + \frac{\partial A_z}{\partial z} + \frac{\partial B_x}{\partial x} + \frac{\partial B_y}{\partial y} + \frac{\partial B_z}{\partial z} \\ &= \mathrm{div}\,\boldsymbol{A} + \mathrm{div}\,\boldsymbol{B}\end{aligned}$$

(b)　div, rot の定義により与式の左辺は

$$\frac{\partial}{\partial x}\left(\frac{\partial C_z}{\partial y} - \frac{\partial C_y}{\partial z}\right) + \frac{\partial}{\partial y}\left(\frac{\partial C_x}{\partial z} - \frac{\partial C_z}{\partial x}\right) + \frac{\partial}{\partial z}\left(\frac{\partial C_y}{\partial x} - \frac{\partial C_x}{\partial y}\right)$$

と書ける．ここで偏微分の公式

$$\frac{\partial^2 C_z}{\partial x \partial y} = \frac{\partial^2 C_z}{\partial y \partial x}$$

などを利用すれば，与式が証明される．

(c)　(7.9) の右式の div をとると $-\mathrm{div}\,(\partial \boldsymbol{D}/\partial t) = \mathrm{div}\,\boldsymbol{j}$ となる．さらに

$$\mathrm{div}\frac{\partial \boldsymbol{D}}{\partial t} = \frac{\partial}{\partial x}\left(\frac{\partial D_x}{\partial t}\right) + \frac{\partial}{\partial y}\left(\frac{\partial D_y}{\partial t}\right) + \frac{\partial}{\partial z}\left(\frac{\partial D_z}{\partial t}\right) = \frac{\partial(\mathrm{div}\,\boldsymbol{D})}{\partial t}$$

を利用し，(7.8) の左式を使うと $-\partial\rho/\partial t = \mathrm{div}\,\boldsymbol{j}$ と表され，連続の方程式が導かれる．

問　題

1.1　静電場，静磁場の場合に，マクスウェルの方程式はどのように表されるか．また，この方程式と電位，磁位との関係について述べよ．

1.2　定常電流が流れている体系に対する以下の問に答えよ．

(a)　この場合のマクスウェルの方程式を導け．

(b)　電流が流れているとき磁位は存在しえないことを示せ．

1.3　静電場を考え，電場は電位により $\boldsymbol{E} = -\nabla V$ と表されるとする．体系の誘電率 ε は一定であるとし，真電荷の電荷密度を ρ と記す．V に対するポアソン方程式 $-\varepsilon\Delta V = \rho$ を導出せよ．

7.2 ベクトルポテンシャルと境界条件

磁束密度 $\boldsymbol{B}$ は $\operatorname{div}\boldsymbol{B}=0$ を満たすので，適当なベクトル $\boldsymbol{A}$ により $\boldsymbol{B}$ は

$$\boldsymbol{B}=\operatorname{rot}\boldsymbol{A} \tag{7.10}$$

と表されることが期待される．このようにして定義されるベクトル $\boldsymbol{A}$ を**ベクトルポテンシャル**という．静電場だと電場 $\boldsymbol{E}$ は電位 V により $\boldsymbol{E}=-\nabla V$ で与えられ，問題 1.1 で学んだように，この場合 $\operatorname{rot}\boldsymbol{E}=0$ となる．しかし，(7.9) の左式からわかるように，一般に $\partial\boldsymbol{B}/\partial t\neq 0$ だとこの条件は満たされない．電磁場が時間変化するときには，上述の $\boldsymbol{A}$ を用いて，$\boldsymbol{E}$ を

$$\boldsymbol{E}=-\nabla V-\frac{\partial\boldsymbol{A}}{\partial t} \tag{7.11}$$

とすればよい (例題 2)．電場 $\boldsymbol{E}$ を (7.11) のように表したとき V を**スカラーポテンシャル**ともいう．

• **ゲージ変換** •　電場 $\boldsymbol{E}$，磁束密度 $\boldsymbol{B}$ が与えられたとき，これらの $\boldsymbol{E},\boldsymbol{B}$ を記述するようなスカラーポテンシャル，ベクトルポテンシャルは一義的に決まらない．この性質を調べるため，$V,\boldsymbol{A}$ が $\boldsymbol{E},\boldsymbol{B}$ をもたらすとして

$$V'=V-\frac{\partial\chi}{\partial t},\quad \boldsymbol{A}'=\boldsymbol{A}+\nabla\chi \tag{7.12}$$

という $V',\boldsymbol{A}'$ を導入する．ただし，χ は時間 t，場所 $\boldsymbol{r}$ の任意関数で，(7.12) による $V,\boldsymbol{A}$ から $V',\boldsymbol{A}'$ への変換を**ゲージ変換**，また χ を**ゲージ**とか**ゲージ関数**という．このような変換により $\boldsymbol{E},\boldsymbol{B}$ が不変であることが示される (問題 2.2)．

• **ローレンツ条件** •　上述のように，ある電磁場を記述する $V,\boldsymbol{A}$ は一義的に決定されるわけではないから，両者の間に適当な関係が成り立つと考えてもよい．よく使われるのがローレンツ条件で，この条件では V と $\boldsymbol{A}$ との間に

$$\frac{1}{c^2}\frac{\partial V}{\partial t}+\operatorname{div}\boldsymbol{A}=0 \tag{7.13}$$

が成り立つと仮定する．ただし，$1/c^2=\varepsilon\mu$ で c は 7.4 節で述べるように誘電率 ε，透磁率 μ の物質中を伝わる電磁波の速さである．

もし，与えられた $V,\boldsymbol{A}$ が (7.13) を満たさないような場合には，(7.12) のゲージ変換を導入し，$V',\boldsymbol{A}'$ が (7.13) を満足するようゲージ χ を適当に選ぶことができる (問題 2.3)．このような変換を行った後で，$V',\boldsymbol{A}'$ などの $'$ をとれば，スカラーポテンシャル，ベクトルポテンシャルは (7.13) の条件を満足することになる．すなわち，$V,\boldsymbol{A}$ が (7.13) を満たすとして一般性を失わない．

• $\boldsymbol{V}, \boldsymbol{A}$ に対する方程式 •　ローレンツ条件を用いると，ε, μ が一定な場合，$V, \boldsymbol{A}$ に対する方程式として

$$\left(\Delta - \frac{1}{c^2}\frac{\partial^2}{\partial t^2}\right)V = -\frac{\rho}{\varepsilon}, \quad \left(\Delta - \frac{1}{c^2}\frac{\partial^2}{\partial t^2}\right)\boldsymbol{A} = -\mu \boldsymbol{j} \tag{7.14}$$

が導かれる (問題 2.5)．特に静電場の場合には，上式の左式で $\partial^2 V/\partial t^2 = 0$ とすれば，これは問題 1.3 で論じたポアソン方程式に帰着する．同様に，静磁場の場合，ベクトルポテンシャルの x 成分を考えると，それは $\Delta A_x = -\mu j_x$ というポアソン方程式と同じ方程式を満たすことがわかる．y, z 成分も同様である．

• 境界条件 •　すでに 4, 5 章で 2 種類の物質が境界面を境にして接しているときの静電場，静磁場に対する境界条件について論じた．D_n, B_n に対する条件は $\mathrm{div}\,\boldsymbol{D} = \rho$, $\mathrm{div}\,\boldsymbol{B} = 0$ から導かれたが，これらの方程式は電磁場が時間変化する場合でも成立するので，$D_{1n} = D_{2n}$ ($\sigma = 0$ の場合，4 章の例題 7)，$B_{1n} = B_{2n}$ の境界条件は一般的にそのまま成り立つ．一方，E_t, H_t に対する条件は電磁場が時間変化しないという前提で導かれたので，同じ問題を (7.2)，(7.3) の積分形の方程式に基づき再検討する．まず $\boldsymbol{E}$ の場合を考え，(7.2) の左辺の線積分として図 4.9 と同様，図 7.1 のように ABCDA と一周する経路をとる．この場合，$\boldsymbol{n}$ は長方形と垂直で紙面の表側から裏側へと向かう．$-\partial B_n/\partial t$ は長方形の内部でほぼ一定とみなし，また h は十分小さいとして，辺 AD，BC からの寄与は無視する．その結果，(7.3) から

$$E_{1t}l - E_{2t}l = -\frac{\partial B_n}{\partial t}lh$$

となるが，$h \to 0$ の極限で $E_{1t} = E_{2t}$ が成り立ち 4 章の例題 8 と同じ結論が得られる．同様に，(7.3) から 5 章問題 4.3 で述べた $H_{1t} = H_{2t}$ が導かれる．このようにして，静電場，静磁場における境界条件が一般的に正しいことがわかった．これらの条件は後で述べる電磁波の議論に適用される．

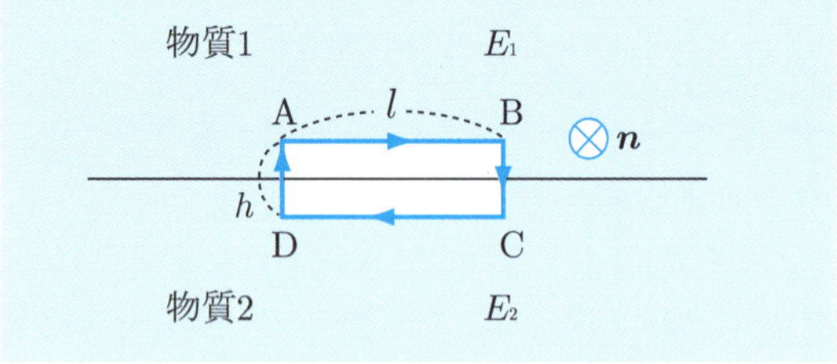

図 7.1　E_t に対する境界条件

例題 2 **電場とベクトルポテンシャル**

時間変化する電磁場の場合，電場 $\boldsymbol{E}$ は

$$\boldsymbol{E} = -\nabla V - \frac{\partial \boldsymbol{A}}{\partial t}$$

で与えられることを示せ．

解答 静電場では電位 V により $\boldsymbol{E} = -\nabla V$ と書ける．そこで電磁場が時間変化するようなときには，これを拡張し $\boldsymbol{E} = -\nabla V + \boldsymbol{X}$ とおこう．これを (7.9) の左式に代入し，$\mathrm{rot}(\nabla V) = 0$，$\boldsymbol{B} = \mathrm{rot}\,\boldsymbol{A}$ に注意すると

$$\mathrm{rot}\,\boldsymbol{X} + \mathrm{rot}\,\frac{\partial \boldsymbol{A}}{\partial t} = 0$$

が得られ，定数項を別にし，$\boldsymbol{X} = -\partial \boldsymbol{A}/\partial t$ となる．

問　題

2.1 次のベクトルポテンシャル $\boldsymbol{A}$

$$\boldsymbol{A} = (0, Bx, 0)$$

はどのような磁束密度を記述するか．ただし，B を定数とする．

2.2 スカラーポテンシャル V，ベクトルポテンシャル $\boldsymbol{A}$ により電場 $\boldsymbol{E}$，磁束密度 $\boldsymbol{B}$ が

$$\boldsymbol{E} = -\nabla V - \frac{\partial \boldsymbol{A}}{\partial t}, \quad \boldsymbol{B} = \mathrm{rot}\,\boldsymbol{A}$$

で与えられているとする．このとき χ を時間，空間の任意関数として

$$V' = V - \frac{\partial \chi}{\partial t}, \quad \boldsymbol{A}' = \boldsymbol{A} + \nabla \chi$$

という $'$ をつけた量を導入する．$V', \boldsymbol{A}'$ から導かれる電場，磁束密度を $\boldsymbol{E}', \boldsymbol{B}'$ とすると $\boldsymbol{E}' = \boldsymbol{E}$，$\boldsymbol{B}' = \boldsymbol{B}$ が成り立つことを示せ．

参考 このような不変性を**ゲージ不変性**という．

2.3 ゲージ変換を利用し，$V, \boldsymbol{A}$ が (7.13) のローレンツ条件を満たすと考えてよいことを確かめよ．

2.4 任意のベクトル $\boldsymbol{C}$ に対して

$$\mathrm{rot}\,(\mathrm{rot}\,\boldsymbol{C}) = \nabla(\mathrm{div}\,\boldsymbol{C}) - \Delta \boldsymbol{C}$$

が成り立つことを証明せよ．

2.5 ローレンツ条件が満たされると，$V, \boldsymbol{A}$ はそれぞれ (7.14) の解になっていることを示せ．

例題 3 磁気双極子の作るベクトルポテンシャル

磁気双極子の作る磁場は磁位で表されるが，ベクトルポテンシャルで記述することもできる．この問題を扱うため，原点にモーメント $\boldsymbol{m}$ をもつ磁気双極子がおかれているとする．位置ベクトル $\boldsymbol{r}$ におけるベクトルポテンシャルは

$$\boldsymbol{A} = \frac{1}{4\pi}\frac{\boldsymbol{m}\times\boldsymbol{r}}{r^3}$$

と書けることを示せ．

解答 ベクトルポテンシャルが上式で与えられているとし，例えば磁束密度の z 成分を求めると

$$\begin{aligned}
B_z &= \frac{\partial A_y}{\partial x} - \frac{\partial A_x}{\partial y} \\
&= \frac{1}{4\pi}\left[\frac{\partial}{\partial x}\left(\frac{m_z x - m_x z}{r^3}\right) - \frac{\partial}{\partial y}\left(\frac{m_y z - m_z y}{r^3}\right)\right] \\
&= \frac{1}{4\pi}\left(\frac{m_z}{r^3} + m_z x\frac{\partial}{\partial x}\frac{1}{r^3} - m_x z\frac{\partial}{\partial x}\frac{1}{r^3} - m_y z\frac{\partial}{\partial y}\frac{1}{r^3} + m_z y\frac{\partial}{\partial y}\frac{1}{r^3} + \frac{m_z}{r^3}\right) \\
&= \frac{1}{4\pi}\left(\frac{2m_z}{r^3} - \frac{3m_z x^2}{r^5} + \frac{3m_x xz}{r^5} + \frac{3m_y yz}{r^5} - \frac{3m_z y^2}{r^5}\right) \\
&= \frac{1}{4\pi}\left(\frac{2m_z}{r^3} - \frac{3m_z(x^2+y^2+z^2-z^2)}{r^5} + \frac{3m_x xz}{r^5} + \frac{3m_y yz}{r^5}\right) \\
&= \frac{1}{4\pi}\left(\frac{3m_x xz + 3m_y yz + 3m_z z^2}{r^5} - \frac{m_z}{r^3}\right)
\end{aligned}$$

と計算される．これは 5 章の例題 2 で導いた結果

$$\mu_0\boldsymbol{H} = \frac{1}{4\pi r^3}\left[\frac{3\boldsymbol{r}(\boldsymbol{m}\cdot\boldsymbol{r})}{r^2} - \boldsymbol{m}\right]$$

の z 成分をとったことに相当し，両者は一致する．他の成分も同様である．

問　題

3.1 $\boldsymbol{m} = (0, 0, m)$ のとき，$\boldsymbol{A}$ はどのように表されるか．

3.2 磁性体は磁気双極子の集合体である．場所 $\boldsymbol{r}$ での磁化を $\boldsymbol{M}(\boldsymbol{r})$ とするとき，磁性体の外部の場所 $\boldsymbol{R}$ におけるベクトルポテンシャルは

$$\boldsymbol{A}(\boldsymbol{R}) = \frac{1}{4\pi}\int_{\mathrm{V}}\frac{\boldsymbol{M}(\boldsymbol{r})\times(\boldsymbol{R}-\boldsymbol{r})}{|\boldsymbol{R}-\boldsymbol{r}|^3}dV$$

と表されることを示せ．ただし，積分は磁性体の領域 V にわたって実行される．

例題 4　　**ベクトルポテンシャルと定常電流**

真空中で定常電流 I の流れている導線がある．導線に沿い，電流の向きと一致する微小部分を表すベクトルを $\boldsymbol{ds}$ として，この部分 (場所 $\boldsymbol{r}$) が場所 $\boldsymbol{R}$ に作るベクトルポテンシャル $d\boldsymbol{A}$ を求めよ．

解答　(5.21) で $d\boldsymbol{B} = \mu_0 d\boldsymbol{H}$ とし，$\boldsymbol{ds}$，$\boldsymbol{R}$ を $\boldsymbol{ds} = (dx, dy, dz)$，$\boldsymbol{R} = (X, Y, Z)$ とする．(5.21) の例えば x 成分をとると

$$(d\boldsymbol{B})_x = \frac{\mu_0 I}{4\pi} \frac{dy(Z-z) - dz(Y-y)}{|\boldsymbol{R}-\boldsymbol{r}|^3} \tag{1}$$

と表される．次の等式

$$\frac{\partial}{\partial Z} \frac{1}{|\boldsymbol{R}-\boldsymbol{r}|} = -\frac{Z-z}{|\boldsymbol{R}-\boldsymbol{r}|^3}, \quad \frac{\partial}{\partial Y} \frac{1}{|\boldsymbol{R}-\boldsymbol{r}|} = -\frac{Y-y}{|\boldsymbol{R}-\boldsymbol{r}|^3}$$

に注意すると，(1) は

$$(d\boldsymbol{B})_x = \frac{\mu_0 I}{4\pi} \left(\frac{\partial}{\partial Y} \frac{dz}{|\boldsymbol{R}-\boldsymbol{r}|} - \frac{\partial}{\partial Z} \frac{dy}{|\boldsymbol{R}-\boldsymbol{r}|} \right) \tag{2}$$

と書ける．(2) の右辺は $(\mu_0 I/4\pi)\,\mathrm{rot}_R\,(\boldsymbol{ds}/|\boldsymbol{R}-\boldsymbol{r}|)$ の x 成分である．ここで，rot_R は変数 $\boldsymbol{R}$ に関する回転を意味する．y, z 成分も同じで結局 $\boldsymbol{ds}$ が作るベクトルポテンシャル $d\boldsymbol{A}$ は次のようになる．

$$d\boldsymbol{A} = \frac{\mu_0 I}{4\pi} \frac{\boldsymbol{ds}}{|\boldsymbol{R}-\boldsymbol{r}|} \tag{3}$$

問　題

4.1　向きの与えられた閉曲線 C を縁とする曲面を S とする．S の裏から表へと貫通する磁束 $\boldsymbol{\Phi}$ は，ベクトルポテンシャルにより次式のように書けることを示せ．

$$\Phi = \oint_{\mathrm{C}} \boldsymbol{A} \cdot d\boldsymbol{s}$$

4.2　電流が空間分布するような場合，場所 $\boldsymbol{R}$ でのベクトルポテンシャルは

$$\boldsymbol{A}(\boldsymbol{R}) = \frac{\mu_0}{4\pi} \int \frac{\boldsymbol{j}(\boldsymbol{r})}{|\boldsymbol{R}-\boldsymbol{r}|} dV$$

で与えられることを証明せよ．ただし，定常電流の場合を考える．

4.3　閉曲線 C_1 に電流 I_1，閉曲線 C_2 に電流 I_2 が流れているとする．$\mathrm{C}_1, \mathrm{C}_2$ をそれぞれ縁とする曲面を $\mathrm{S}_1, \mathrm{S}_2$ とし，曲面を貫通してそれぞれ裏から表へ向かうような磁束を Φ_1, Φ_2 とする．$\Phi_1 = M_{12} I_2$，$\Phi_2 = M_{21} I_1$ の関係により，相互インダクタス M_{12}, M_{21} を導入する．M_{12}, M_{21} に対する表式を求め，相反定理 $M_{12} = M_{21}$ が成立していることを確かめよ．

例題 5 **磁性体の磁化電流**

磁気双極子の作る磁場は電流によって記述することができるが，このような電流を**磁化電流**という．問題 3.2 の結果を利用し，磁化電流の一般論について述べよ．

解答 $\boldsymbol{R}$，$\boldsymbol{r}$ を座標で表し $\boldsymbol{R} = (X, Y, Z)$，$\boldsymbol{r} = (x, y, z)$ とする．次の関係 $(\partial/\partial x)(1/|\boldsymbol{R}-\boldsymbol{r}|) = (X-x)/|\boldsymbol{R}-\boldsymbol{r}|^3$，$(\partial/\partial y)(1/|\boldsymbol{R}-\boldsymbol{r}|) = (Y-y)/|\boldsymbol{R}-\boldsymbol{r}|^3$，$(\partial/\partial z)(1/|\boldsymbol{R}-\boldsymbol{r}|) = (Z-z)/|\boldsymbol{R}-\boldsymbol{r}|^3$
を利用すると，問題 3.2 により磁性体の生じるベクトルポテンシャルは

$$\boldsymbol{A}(\boldsymbol{R}) = \frac{1}{4\pi}\int_{\mathrm{V}} \left(\boldsymbol{M} \times \nabla \frac{1}{|\boldsymbol{R}-\boldsymbol{r}|}\right) dV \tag{1}$$

と書ける．ここで，等式

$$\boldsymbol{M} \times \nabla \frac{1}{|\boldsymbol{R}-\boldsymbol{r}|} = \frac{\mathrm{rot}\,\boldsymbol{M}}{|\boldsymbol{R}-\boldsymbol{r}|} - \mathrm{rot}\,\frac{\boldsymbol{M}}{|\boldsymbol{R}-\boldsymbol{r}|} \tag{2}$$

が成り立つことに注意する (問題 5.1)．(2) を (1) に代入すると

$$\boldsymbol{A}(\boldsymbol{R}) = \frac{1}{4\pi}\int_{\mathrm{V}} \frac{\mathrm{rot}\,\boldsymbol{M}}{|\boldsymbol{R}-\boldsymbol{r}|} dV - \frac{1}{4\pi}\int_{\mathrm{V}} \mathrm{rot}\,\frac{\boldsymbol{M}}{|\boldsymbol{R}-\boldsymbol{r}|} dV \tag{3}$$

が得られる．(3) の第 1 項と問題 4.2 の結果と比べると

$$\boldsymbol{j}(\boldsymbol{r}) = \frac{\mathrm{rot}\,\boldsymbol{M}}{\mu_0} \tag{4}$$

の磁化電流密度が生じていることがわかる．一方，(3) の第 2 項を調べるため任意のベクトル $\boldsymbol{C}$ に対する次の公式を利用する (問題 5.2)．

$$\int_{\mathrm{V}} \mathrm{rot}\,\boldsymbol{C} dV = \int_{\mathrm{S}} (\boldsymbol{n} \times \boldsymbol{C}) dS \tag{5}$$

ここで，S は領域 V を囲む曲面を表し，$\boldsymbol{n}$ は S の内部から外部へ向かう法線方向の単位ベクトルである．(5) を使うと (3) の第 2 項は表面電流に対応し，その面密度は

$$\boldsymbol{\sigma}(\boldsymbol{r}) = \frac{\boldsymbol{M} \times \boldsymbol{n}}{\mu_0} \tag{6}$$

で与えられる．(4),(6) は誘電体の (4.7) に対応する関係である．

問 題

5.1 (2) の関係を導け．

5.2 ガウスの定理を利用して (5) の等式を証明せよ．

5.3 (4) の右辺の次元は電流密度のそれと一致することを確かめよ．

5.4 半径 a の磁性体の内部で一様な磁化が生じているとする．この場合の磁化電流はどのように表されるか．

7.3　電磁場のエネルギー

これまで電気エネルギー，磁気エネルギーについてそれぞれ 4.4 節，6.5 節で扱ってきた．本節ではマクスウェルの方程式を用い電磁場に蓄えられるエネルギーを一般的に考察する．基本的な考え方は，図 6.30 に示した仕事，熱，エネルギーに関する収支関係を調べることである．体系中の物体が運動すると，電気力あるいは磁気力が力学的な仕事をするので話は複雑になる．そこで 1 つの前提として物体は静止していてこれらの力は仕事をしないとする．もし物体が運動すると，それに伴い誘電率や透磁率も時間変化する．そこで議論の出発点として，誘電率や透磁率などは場所によって変わってもよいが時間変化はないとする．

• $\boldsymbol{E}_0$が供給する電力 •　電場は電荷に力を及ぼすが，この力が単位時間当たりにする仕事が電力である．図 7.2 のように場所 $\boldsymbol{r}$ で微小体積 dV をとり，そこでの電荷密度，電場をそれぞれ $\rho, \boldsymbol{E}_0$，この微小部分の速度を $\boldsymbol{v}$ として電場 $\boldsymbol{E}_0$ が提供する電力を考える．微小部分には $\rho\boldsymbol{E}_0 dV$ の力が働き，単位時間の間に微小部分は $\boldsymbol{v}$ だけ移動するので，その間に力のする仕事は $\rho\boldsymbol{E}_0\cdot\boldsymbol{v}dV$ である．あるいは，1 章の問題 3.3 で学んだ

$$\boldsymbol{j} = \rho\boldsymbol{v}$$

の関係を利用すると，上の仕事は $\boldsymbol{E}_0\cdot\boldsymbol{j}dV$ と書ける．このため，空間中のある領域 V をとったとき電場 $\boldsymbol{E}_0$ が領域 V に供給する電力 P は $\boldsymbol{E}_0\cdot\boldsymbol{j}dV$ を V 内で体積積分し，次式のように表される．

$$P = \int_{\mathrm{V}} \boldsymbol{E}_0\cdot\boldsymbol{j}dV \qquad (7.15)$$

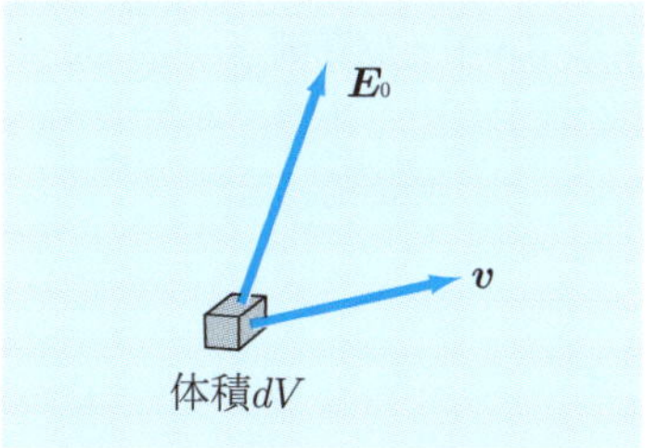

図 7.2　$\boldsymbol{E}_0$ が供給する電力

• 電池のする仕事 •　図 7.3 に示すように，領域 V(表面 S) の中に電池があり，これらのする仕事が各種のエネルギーや熱に変換されるとする．ただし，前記のように力学的な仕事はないと考える．微小時間 δt の間に電池のする仕事は $VI\delta t$ としてきたが，マクスウェルの方程式でエネルギーの議論をする際，この仕事を注目する電磁場内の物理量で表すことにする．そのため，起電力について考察する．静電場だと電場$\boldsymbol{E}$は

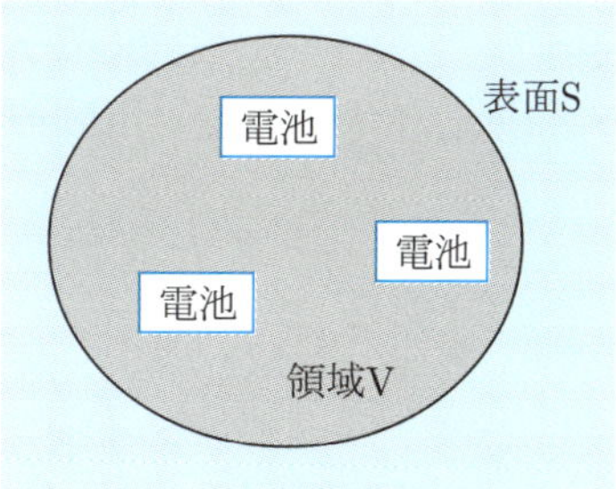

図 7.3　電磁場中の電池

電位 V により $\boldsymbol{E} = -\nabla V$ と表される．ここで，空間中の任意の曲線 C を一周する次の線積分

$$\oint_{\mathrm{C}} \boldsymbol{E} \cdot d\boldsymbol{s} \tag{7.16}$$

に注目する．$\boldsymbol{E} = -\nabla V$ の場合 $\mathrm{rot}\,\boldsymbol{E} = 0$ でストークスの定理により (7.16) も 0 となる．一方，(7.16) は C 内に生じる起電力であるから，静電場ではいつも起電力は 0 という結論に達する．また，

$$\mathrm{rot}\,\boldsymbol{E} + \partial \boldsymbol{B}/\partial t = 0$$

の関係を使っても，(7.16) は誘導起電力を与えるだけで，電池などの電源に由来する起電力は含まれていない．電池の起電力は化学的作用に基づき，これはマクスウェルの方程式には含まれていないことがわかる．このような電源の起電力による電場は別途に扱うべきで，以下この電場を $\boldsymbol{E}_0$ と書く．$\boldsymbol{E}_0$ 以外にマクスウェルの方程式に従う電場 $\boldsymbol{E}$ があり，全体の電場は両者を加えた $\boldsymbol{E}_0 + \boldsymbol{E}$ で与えられるとする．したがって，電流密度 $\boldsymbol{j}$ は

$$\boldsymbol{j} = \sigma(\boldsymbol{E}_0 + \boldsymbol{E}) \tag{7.17}$$

と表される．$\boldsymbol{E}_0$ は電池の内部だけに存在し，その外では $\boldsymbol{E}_0 = 0$ となり，電池の外部では $\boldsymbol{j} = \sigma \boldsymbol{E}$ という従来通りの式が成立する．

• エネルギー保存則 •　図 7.3 を再び考え，電磁場中に任意の領域 V をとり，その内部に何個かの電池が含まれているとする．前述のように ε, μ, σ などは場所 $\boldsymbol{r}$ の関数でもよいが，時間的には一定であると仮定する．(7.17) から

$$\boldsymbol{E}_0 = \frac{\boldsymbol{j}}{\sigma} - \boldsymbol{E} \tag{7.18}$$

と書けるが，この $\boldsymbol{E}_0$ を (7.15) に代入すると，電池が領域 V に供給する電力 P は

$$P = \int_{\mathrm{V}} \frac{j^2}{\sigma} dV - \int_{\mathrm{V}} \boldsymbol{E} \cdot \boldsymbol{j} dV \tag{7.19}$$

となる．上式右辺の第 1 項は単位時間中に領域 V 内で発生する全ジュール熱を表す (例題 6)．これは，電池の供給する電力の一部が熱に変換したことを意味する．マクスウェルの方程式を利用し (7.19) の第 2 項を考察すると (例題 7)，結局

$$P = \int_{\mathrm{V}} \frac{j^2}{\sigma} dV + \frac{dU_{\mathrm{e}}}{dt} + \frac{dU_{\mathrm{m}}}{dt} + \int_{\mathrm{V}} \mathrm{div}(\boldsymbol{E} \times \boldsymbol{H}) dV \tag{7.20}$$

となる．右辺第 2,3 項は電気エネルギー，磁気エネルギーの増加分で

$$\frac{dU_{\mathrm{e}}}{dt} = \int_{\mathrm{V}} \boldsymbol{E} \cdot \frac{\partial \boldsymbol{D}}{\partial t} dV, \quad \frac{dU_{\mathrm{m}}}{dt} = \int_{\mathrm{V}} \boldsymbol{H} \cdot \frac{\partial \boldsymbol{B}}{\partial t} dV \tag{7.21}$$

である．また，(7.20) 右辺の第 4 項は体系から外部へ出て行くエネルギーを表す．

例題 6　**微小部分が発生するジュール熱**

ある場所での微小体積 dV 内で単位時間当たりに発生するジュール熱は

$$\frac{j^2}{\sigma}dV$$

で与えられることを示せ.

解答　電流 I の流れる方向に長さ L，この方向と垂直に断面積 S をもつ直方体を考えよう (図 7.4)．直方体の電気抵抗 R は $R=\rho L/S$，単位時間当たりに発生するジュール熱は RI^2 と表される．電流密度 j が

$$j=\frac{I}{S}$$

であることに注意すると，ジュール熱は

$$RI^2=\rho\frac{Lj^2S^2}{S}=\frac{j^2}{\sigma}LS$$

となり，LS は直方体の体積 dV に等しいので与式が導かれる.

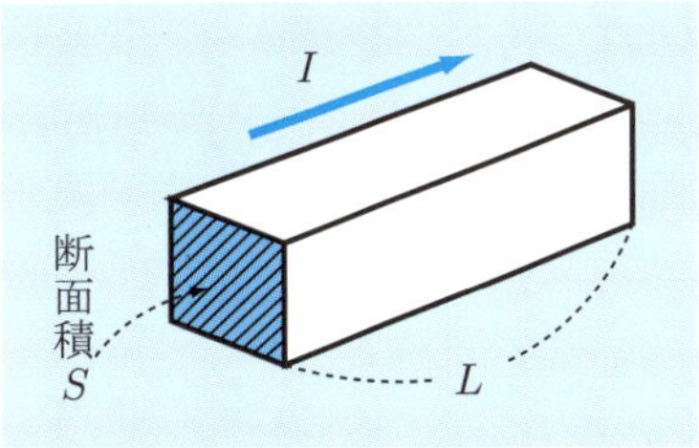

図 7.4　ジュール熱

問　題

6.1　電池の内部には電場だけでなく，一般に磁場も存在するはずである．実際には，電磁場のエネルギーを論じる際，磁場のする仕事を考える必要はないがその理由について述べよ.

6.2　本文中で電場は電池の起電力による $\boldsymbol{E}_0$ とマクスウェルの方程式に従う電場 $\boldsymbol{E}$ の和であるとした．その物理的な根拠を考えよ.

6.3　図 7.5 に示すように，電池の陰極から陽極に向けて x 軸をとり陰極の位置を座標原点 O に選ぶとする．電池の断面積を S，陽極，陰極間の距離を L とし，$\boldsymbol{E}_0$ は一定であると仮定して，以下の設問に答えよ.

(a)　電池内でマクスウェルの方程式に従う電場はどのように表されるか.

(b)　(7.15) に基づき電池のする仕事を考察し，具体的に $\boldsymbol{E}_0$ はどのように書けるかを論じよ．また，準静的過程との関連について考えよ.

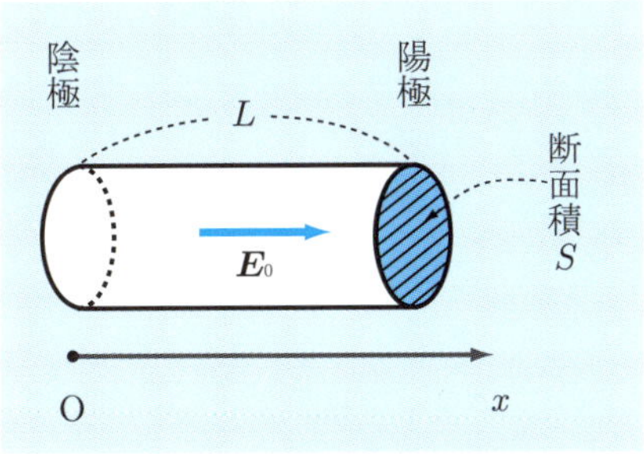

図 7.5　電池のする仕事

例題 7　電池の電力に対する表式

マクスウェルの方程式を利用し (7.19) の右辺第 2 項を変形して (7.20) を導け.

解答　$\boldsymbol{j}$ にマクスウェルの方程式 $\boldsymbol{j} = \mathrm{rot}\,\boldsymbol{H} - \partial \boldsymbol{D}/\partial t$ を代入すると

$$-\int_{\mathrm{V}} \boldsymbol{E}\cdot\boldsymbol{j}dV = -\int_{\mathrm{V}} \boldsymbol{E}\cdot\mathrm{rot}\,\boldsymbol{H}dV + \int_{\mathrm{V}} \boldsymbol{E}\cdot\frac{\partial \boldsymbol{D}}{\partial t}dV \tag{1}$$

が得られる. ε は時間に無関係としたから (1) の右辺第 2 項は

$$\begin{aligned}\int_{\mathrm{V}} \boldsymbol{E}\cdot\frac{\partial \boldsymbol{D}}{\partial t}dV &= \int_{\mathrm{V}} \varepsilon\boldsymbol{E}\cdot\frac{\partial \boldsymbol{E}}{\partial t}dV \\ &= \frac{d}{dt}\int_{\mathrm{V}} \frac{\varepsilon E^2}{2}dV = \frac{dU_{\mathrm{e}}}{dt}\end{aligned} \tag{2}$$

と書け, これは単位時間における電場のエネルギーの増加分を表す. 次に (1) の右辺第 1 項を調べるため

$$\mathrm{div}\,(\boldsymbol{E}\times\boldsymbol{H}) = \boldsymbol{H}\cdot\mathrm{rot}\,\boldsymbol{E} - \boldsymbol{E}\cdot\mathrm{rot}\,\boldsymbol{H} \tag{3}$$

の公式 (問題 7.1) を用いる. 上式により (1) で

$$-\int_{\mathrm{V}} \boldsymbol{E}\cdot\mathrm{rot}\,\boldsymbol{H}dV = -\int_{\mathrm{V}} \boldsymbol{H}\cdot\mathrm{rot}\,\boldsymbol{E}dV + \int_{\mathrm{V}} \mathrm{div}\,(\boldsymbol{E}\times\boldsymbol{H})dV \tag{4}$$

となる. マクスウェルの方程式

$$\mathrm{rot}\,\boldsymbol{E} = -\frac{\partial \boldsymbol{B}}{\partial t}$$

を用い, (2) と同様に考えると

$$-\int_{\mathrm{V}} \boldsymbol{H}\cdot\mathrm{rot}\,\boldsymbol{E}dV = \int_{\mathrm{V}} \boldsymbol{H}\cdot\frac{\partial \boldsymbol{B}}{\partial t}dV = \frac{dU_{\mathrm{m}}}{dt} \tag{5}$$

が得られ, 上式は単位時間における磁場のエネルギーの増加分であることがわかる. 以上の結果をまとめると

$$P = \int_{\mathrm{V}} \frac{j^2}{\sigma}dV + \frac{dU_{\mathrm{e}}}{dt} + \frac{dU_{\mathrm{m}}}{dt} + \int_{\mathrm{V}} \mathrm{div}\,(\boldsymbol{E}\times\boldsymbol{H})dV \tag{6}$$

と表され, 右辺第 1,2,3 項がそれぞれジュール熱, 電気エネルギー, 磁気エネルギーに対応する. すなわち, 電池の供給する電力がこのような形の物理量に変換される. 右辺第 4 項は異なった形をもつが, その解釈については例題 8 で学ぶ.

問 題

7.1 (3) の等式を証明せよ．

7.2 電池からのエネルギーの供給がないとき，エネルギーの収支を表す関係はどのように表されるか．また，得られた結果の物理的な意味について考えよ．

7.3 j, k は x, y, z を表すとし，電束密度の成分が

$$D_j = \sum_k \varepsilon_{jk} E_k$$

で与えられるとする．ただし，ε_{jk} は定数 (誘電率テンソル) で $\varepsilon_{jk} = \varepsilon_{kj}$ の相反定理が成り立つとする．このとき電気エネルギーはどう書けるか．また，磁気エネルギーの場合にはどのようになるか．

各種の電池

数多くの電気製品の内でもっとも簡単なものは懐中電灯であろう．この場合，電池が電気エネルギーの供給源として利用される．大変古い話で恐縮だが，太平洋戦争の最中，電池は貴重品で配給制度の下，各家庭が入手していた．空襲で停電した際，明かりをとるため懐中電灯は必需品とみなされていたのである．私の記憶では当時の電池の大きさはいまでいう単 1 で，これ以外の大きさのものはなかったと思う．周知のように現在では，使用目的に応じて単 1 から単 5 までの電池が利用されている．電池には基本的に使い捨ての 1 次電池と，充電すれば何回でも使用できる 2 次電池がある．身近なところでは電気シェーバーや自動車の電源はバッテリーすなわち 2 次電池を使っている．技術の発達により，電池の寿命は昔に比べると飛躍的に長くなった．戦後，1，2 年経ったとき UX-111B という特殊な真空管を使ってラジオを製作したことがある．この真空管は電池数個を電源として作動する「すぐれもの」であるが，残念ながら当時の電池ははなはだ短命で，1 日当たり，1，2 時間利用した結果，4，5 日するとダウンしてしまった．これに比較すると現在の電池が長寿命になったことには驚かざるをえない．

電池は近所のコンビニなどで入手できる便利な時代となったが，やや高価なアルカリ電池と比較的廉価のマンガン電池がある．前者は長持ちし，大電流を供給することができ，後者は小電流で，休み休み使うのに適しているといわれる．某テレビ局のクイズ番組で置き時計，懐中電灯，ガスコンロの自動点火装置にはマンガン電池，CD ラジカセにはアルカリ電池が適しているという話があった．単 1～単 5 の電池以外，扁平でコンパクトなタイプ (ボタン電池) もいろいろな目的に利用される．カメラ，腕時計，補聴器，万歩計，リモコン，電卓などその応用例の枚挙にいとまがない．

例題 8 ポインティングベクトル

次のベクトル $\boldsymbol{S}=\boldsymbol{E}\times\boldsymbol{H}$ をポインティングベクトルという．このベクトルはどのような物理的状況を記述するか．

解答 現在の問題では考慮中の電磁場に力学的エネルギーの出入りはないとしているので，電磁場のエネルギー変換には，電磁場のエネルギー，熱以外の形態のものは含まれない．このため例題 7 の (6) 右辺第 4 項は領域 V から外部へ単位時間当たりに流れ出るエネルギーを表す．このようなエネルギーを**放射エネルギー**という．ポインティングベクトルを使い，上記の項にガウスの定理を適用すると

$$\int_{\mathrm{V}} \mathrm{div}\,\boldsymbol{S}dV = \int_{\mathrm{S}} S_n dS$$

が得られる．もし，$\boldsymbol{S}$ のかわりに電流密度 $\boldsymbol{j}$ をとると，上式右辺は単位時間中に図 7.3 の表面 S を通り領域 V から外部へ流れ出る電荷量を表す．したがって，電荷をエネルギーで置き換えれば $\boldsymbol{S}$ は $\boldsymbol{j}$ と同様な意味をもつ．すなわち，エネルギーは $\boldsymbol{S}$ の向きに移動し，単位時間中に $\boldsymbol{S}$ と垂直な単位断面積を通過するエネルギーの量が S に等しい (図 7.6).

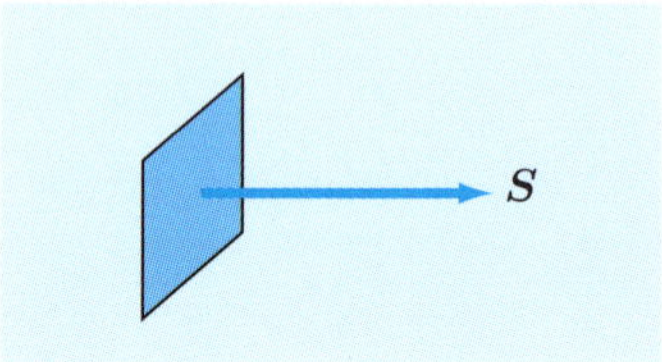

図 7.6 ポインティングベクトル

問 題

8.1 電磁場のエネルギー密度 u を

$$u = \frac{\varepsilon}{2}\boldsymbol{E}^2 + \frac{\mu}{2}\boldsymbol{H}^2$$

で定義する．次の関係が成り立つことを示せ．

$$\frac{\partial u}{\partial t} + \mathrm{div}\,\boldsymbol{S} = -\boldsymbol{j}\cdot\boldsymbol{E}$$

8.2 図 7.7 のように磁石の磁極の近くに q の点電荷がおかれている．点 P を考えると $\boldsymbol{S}$ は紙面の表から裏へ向かうベクトルでエネルギーの流れのあることがわかる．この流れとエネルギー保存則との間にはどのような関係があるか．

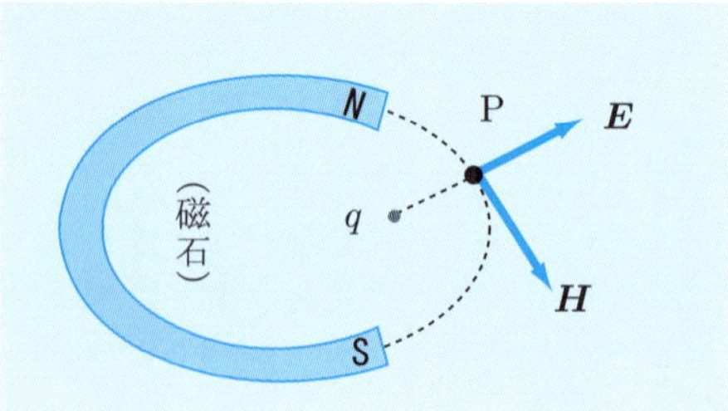

図 7.7 エネルギーの流れ

例題 9　　**磁気エネルギーとベクトルポテンシャル**

限られた範囲内で定常電流が流れているような体系の磁気エネルギー U_m はベクトルポテンシャル $\boldsymbol{A}$ と電流密度 $\boldsymbol{j}$ により

$$U_\mathrm{m} = \frac{1}{2}\int_\mathrm{V} \boldsymbol{A}\cdot\boldsymbol{j}dV$$

と表されることを示せ．ただし，V は電流部分を含む十分大きな領域であるとする．

解答　磁気エネルギー U_m は

$$U_\mathrm{m} = \frac{1}{2}\int_\mathrm{V} \boldsymbol{H}\cdot\boldsymbol{B}dV \qquad (1)$$

と書ける．(1) に $\boldsymbol{B} = \mathrm{rot}\,\boldsymbol{A}$ を代入し，問題 7.1 で論じた $\boldsymbol{H}\cdot\mathrm{rot}\,\boldsymbol{A} = \mathrm{div}\,(\boldsymbol{A}\times\boldsymbol{H}) + \boldsymbol{A}\cdot\mathrm{rot}\,\boldsymbol{H}$ の関係を利用すると

$$U_\mathrm{m} = \frac{1}{2}\int_\mathrm{V} \boldsymbol{A}\cdot\mathrm{rot}\,\boldsymbol{H}dV + \frac{1}{2}\int_\mathrm{V} \mathrm{div}(\boldsymbol{A}\times\boldsymbol{H})dV \qquad (2)$$

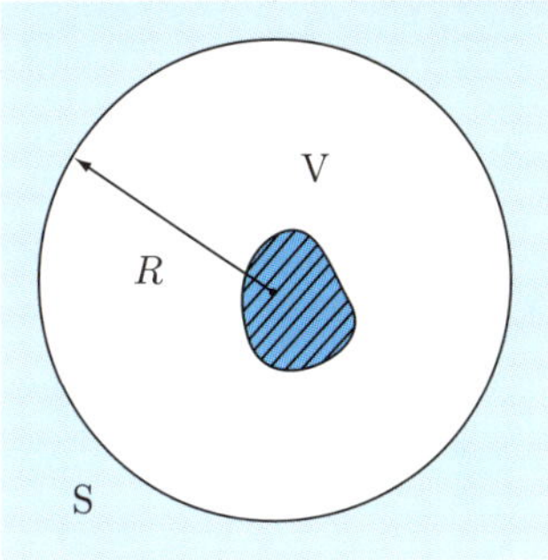

図 7.8　半径 R の球
(斜線部分は電流の流れている領域)

が得られる．上式の右辺第 2 項はガウスの定理により

$$\int_\mathrm{V} \mathrm{div}(\boldsymbol{A}\times\boldsymbol{H})dV = \int_\mathrm{S} (\boldsymbol{A}\times\boldsymbol{H})_n \qquad (3)$$

と変形される．電流部分を含む十分大きな半径 R の球をとると (図 7.8)，$R\to\infty$ の極限で (3) の積分は 0 となる (問題 9.1)．一方，定常電流では $\mathrm{rot}\,\boldsymbol{H} = \boldsymbol{j}$ が成り立つので (2) から与式が導かれる．

問　題

9.1　$R\to\infty$ の極限で (3) は 0 となることを証明せよ．

9.2　空間的に広がったリング状の回路に電流 I が流れている (図 7.9)．電流密度を $\boldsymbol{j}(\boldsymbol{r}) = I\boldsymbol{z}(\boldsymbol{r})$ と書いたとき，$\boldsymbol{z}(\boldsymbol{r})$ は I に依存しない $\boldsymbol{r}$ の関数となる．この性質を利用し，回路の自己インダクタンス L に対する表式を導け．また，電流が線状に分布すると L は発散してしまうが，空間分布すれば有限であること示せ．

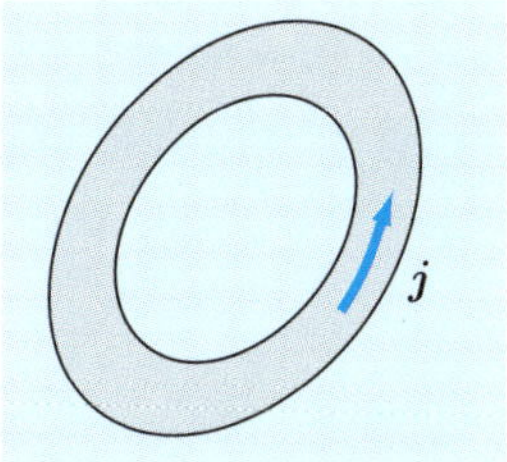

図 7.9　自己インダクタンス

7.4 電　磁　波

電場や磁場は波の形で空間を伝わっていくが，この波を**電磁波**という．ラジオ，テレビ，携帯電話，宇宙通信など電磁波は各方面で広く利用されている．光も一種の電磁波である．

• 波の基本式 •　波動は電磁波に限らず，音波，地震波，水面波など自然界でよく観測される現象である．波が 1 回振動すると波長 λ だけ進み，波は単位時間に振動数 f 回振動するので，波の進む速さ c は一般に

$$c = \lambda f \tag{7.22}$$

と表される．これを**波の基本式**という．真空中を伝わる電磁波の場合，正確には c の値は (2.4) で与えられる．普通は $c = 3.00 \times 10^8\,\mathrm{m/s}$ とすれば十分である．

• 電磁波の分類 •　電磁波はその波長に応じて分類されるが，$10^{-4}\,\mathrm{m}$ 以上の波長をもつ電磁波を**電波**という．電波の内，中波，短波はラジオ放送に，VHF，UHF はテレビの放映に使われている．また，$10^{-4}\,\mathrm{m}$～$1\,\mathrm{m}$ の範囲の波長をもつ電波を**マイクロ波**という．マイクロ波は各種の物理実験，レーダーなどに利用されるが，身近なところでは電子レンジに用いられる．電子レンジのマイクロ波の波長は約 12 cm ということが国際的に決まっている．可視光線の領域は，大体 $0.38\,\mu\mathrm{m}$ から $0.77\,\mu\mathrm{m}$ の範囲である ($1\,\mu\mathrm{m} = 10^{-6}\,\mathrm{m}$)．波長が 1 Å ($= 10^{-8}\,\mathrm{m}$) 程度の電磁波は X 線で，医療や結晶構造の解析などに利用されている．さらに波長の短い γ 線は原子核から放出される電磁波である．

• 波動方程式 •　電磁気学の立場で電磁波の問題を扱う出発点は (7.14) の関係である．すなわち，ε, μ が一定であるような一様な物質を考え，$\rho, \boldsymbol{j}$ はともに 0 であるとすれば，スカラーポテンシャルもベクトルポテンシャルも

$$\left(\Delta - \frac{1}{c^2}\frac{\partial^2}{\partial t^2}\right)\psi = 0 \tag{7.23}$$

という型の方程式を満たす．電場，磁場の各成分はスカラーポテンシャルやベクトルポテンシャルの時間微分，空間微分で記述されるので，これらも (7.23) と同型の方程式を満たす (問題 10.2)．(7.23) は速さが c で伝わるような波を表し，これを**波動方程式**という．特に (7.23) で ψ が t, z の関数である場合には

$$\frac{\partial^2 \psi}{\partial t^2} = c^2 \frac{\partial^2 \psi}{\partial z^2} \tag{7.24}$$

という方程式が得られる．偏微分を含むのでこれを**偏微分方程式**という．(7.24) は実際 z 方向に c の速さで伝わる波を表すことがわかる (問題 11.1)．

例題 10 — **z 方向に伝わる電磁波**

ε, μ は場所 $\boldsymbol{r}$，時間 t によらない定数とし，また $\rho, \boldsymbol{j}$ はともに 0 であると仮定する．マクスウェルの方程式を使い，z 方向に伝わる電磁波に対する方程式を導け．

解答 電磁場を記述する物理量として $\boldsymbol{E}, \boldsymbol{H}$ の組を選べば，(7.8), (7.9) のマクスウェルの方程式は次のように表される．

$$\operatorname{div} \boldsymbol{E} = 0, \quad \operatorname{div} \boldsymbol{H} = 0 \tag{1}$$

$$\operatorname{rot} \boldsymbol{E} + \mu \frac{\partial \boldsymbol{H}}{\partial t} = 0, \quad \operatorname{rot} \boldsymbol{H} - \varepsilon \frac{\partial \boldsymbol{E}}{\partial t} = 0 \tag{2}$$

z 方向に伝わる電磁波を考え，$\boldsymbol{E}$ や $\boldsymbol{H}$ は z と t だけに依存し，x, y には依存しないと仮定する．その結果，(1) は $\partial E_z/\partial z = 0$，　$\partial H_z/\partial z = 0$ となり，E_z, H_z は z にも依存しない．また，(2) の z 成分から $\partial H_z/\partial t = 0$，　$\partial E_z/\partial t = 0$ となるので，E_z, H_z は t にもよらず，よってこれらは定数となる．このような静電場や静磁場は別に処理すればよく，いまの電磁波の問題とは直接関係がないのでこれらを 0 とおく．こうして，$\boldsymbol{E}$，$\boldsymbol{H}$ の x 成分と y 成分だけを考慮すればよいことがわかる．電磁波の進む向きは z 方向であるが，$\boldsymbol{E}$ や $\boldsymbol{H}$ はそれと垂直になるのでこの種の波を**横波**という．$E_z = H_z = 0$ としたので，(2) の左式を考え x 成分，y 成分をとると

$$-\frac{\partial E_y}{\partial z} + \mu \frac{\partial H_x}{\partial t} = 0, \quad \frac{\partial E_x}{\partial z} + \mu \frac{\partial H_y}{\partial t} = 0 \tag{3}$$

が求まる．同様に，(2) の右式の x，y 成分から，次式が得られる．

$$-\frac{\partial H_y}{\partial z} - \varepsilon \frac{\partial E_x}{\partial t} = 0, \quad \frac{\partial H_x}{\partial z} - \varepsilon \frac{\partial E_y}{\partial t} = 0 \tag{4}$$

(3) の右式と (4) の左式は (E_x, H_y) の組に対する方程式，また，(3) の左式と (4) の右式は (E_y, H_x) の組に対する方程式を与える．このようにマクスウェルの方程式は 2 つの組に分かれる．例えば E_x に対する方程式を導くため，(3) の右式を z，(4) の左式を t で偏微分し，両式から $\partial^2 H_y/\partial z \partial t$ を消去すると

$$\varepsilon\mu \frac{\partial^2 E_x}{\partial t^2} = \frac{\partial^2 E_x}{\partial z^2} \tag{5}$$

となる．$1/c^2 = \varepsilon\mu$ であることに注意すれば (5) は (7.24) と同型であることがわかる．

問 題

10.1 例題 10 と同様な方法で H_y も (5) と同型の方程式の解であることを示せ．

10.2 スカラーポテンシャルとベクトルポテンシャルが (7.23) の波動方程式を満たすとき，電場，磁場の各成分も同じ方程式を満たすことを証明せよ．

例題 11 **1 次元の波動方程式**

次の偏微分方程式

$$\frac{\partial^2 \psi}{\partial t^2} = c^2 \frac{\partial^2 \psi}{\partial z^2}$$

を 1 次元の波動方程式という．この方程式の解は f, g を任意関数として次式のように書けることを示せ．

$$\psi = f\left(t - \frac{z}{c}\right) + g\left(t + \frac{z}{c}\right)$$

解答 t, z の代わりに

$$\xi = t - \frac{z}{c}, \quad \eta = t + \frac{z}{c}$$

で定義される変数 ξ, η を用いると，次の結果が導かれる．

$$\frac{\partial \psi}{\partial t} = \frac{\partial \psi}{\partial \xi}\frac{\partial \xi}{\partial t} + \frac{\partial \psi}{\partial \eta}\frac{\partial \eta}{\partial t} = \frac{\partial \psi}{\partial \xi} + \frac{\partial \psi}{\partial \eta}$$

$$\frac{\partial^2 \psi}{\partial t^2} = \frac{\partial}{\partial \xi}\left(\frac{\partial \psi}{\partial \xi} + \frac{\partial \psi}{\partial \eta}\right) + \frac{\partial}{\partial \eta}\left(\frac{\partial \psi}{\partial \xi} + \frac{\partial \psi}{\partial \eta}\right)$$

$$= \frac{\partial^2 \psi}{\partial \xi^2} + 2\frac{\partial^2 \psi}{\partial \xi \partial \eta} + \frac{\partial^2 \psi}{\partial \eta^2} \tag{1}$$

$$\frac{\partial \psi}{\partial z} = \frac{\partial \psi}{\partial \xi}\frac{\partial \xi}{\partial z} + \frac{\partial \psi}{\partial \eta}\frac{\partial \eta}{\partial z} = -\frac{1}{c}\frac{\partial \psi}{\partial \xi} + \frac{1}{c}\frac{\partial \psi}{\partial \eta}$$

$$\frac{\partial^2 \psi}{\partial z^2} = \frac{\partial}{\partial \xi}\left(-\frac{1}{c}\frac{\partial \psi}{\partial \xi} + \frac{1}{c}\frac{\partial \psi}{\partial \eta}\right)\left(-\frac{1}{c}\right) + \frac{\partial}{\partial \eta}\left(-\frac{1}{c}\frac{\partial \psi}{\partial \xi} + \frac{1}{c}\frac{\partial \psi}{\partial \eta}\right)\frac{1}{c}$$

$$= \frac{1}{c^2}\frac{\partial^2 \psi}{\partial \xi^2} - \frac{2}{c^2}\frac{\partial^2 \psi}{\partial \xi \partial \eta} + \frac{1}{c^2}\frac{\partial^2 \psi}{\partial \eta^2} \tag{2}$$

(1)，(2) を波動方程式に代入し $\partial^2\psi/\partial\xi\partial\eta = 0$ と書け，ξ で積分し $\partial\psi/\partial\eta = g'(\eta)$ となる．さらに，η で積分すると次式が得られる．

$$\psi = f(\xi) + g(\eta)$$

問題

11.1

$$\psi = f\left(t - \frac{z}{c}\right)$$

は z 軸の正の向きに進む波に対する方程式であることを確かめよ．

11.2 上の ψ で $t = 0$ における波形はどのように表されるか．

例題 12 　**直線偏波**

電場が x 方向だけに生じるような電磁波を x 方向の**直線偏波** (光の場合には**直線偏光**) という．直線偏波の例として，z 方向に伝わる電磁波を想定し E_x が

$$E_x = f\left(t - \frac{z}{c}\right) + g\left(t + \frac{z}{c}\right)$$

と表されるとする．この場合の H_y を求めよ．

解答 例題 10 の (4) の左式に上式を代入すると

$$\frac{\partial H_y}{\partial z} = -\varepsilon\left[f'\left(t - \frac{z}{c}\right) + g'\left(t + \frac{z}{c}\right)\right] \tag{1}$$

となる．ただし，$f'(x)$ は $f'(x) = df/dx$ を意味する．$g'(x)$ も同様である．(1) を z で積分すると

$$H_y = c\varepsilon\left[f\left(t - \frac{z}{c}\right) - g\left(t + \frac{z}{c}\right)\right] + H(t) \tag{2}$$

となる．ただし，$H(t)$ は t の任意関数である．実際，(2) を z で偏微分すれば (1) が導かれる．ここで，例題 10 の (3) の右式を利用すると

$$\begin{aligned} &-\frac{1}{c}f'\left(t - \frac{z}{c}\right) + \frac{1}{c}g'\left(t + \frac{z}{c}\right) \\ &\qquad + c\varepsilon\mu\left[f'\left(t - \frac{z}{c}\right) - g'\left(t + \frac{z}{c}\right)\right] + \mu H'(t) = 0 \end{aligned} \tag{3}$$

が得られる．c と ε, μ との間には $1/c^2 = \varepsilon\mu$ の関係が成り立つが，これを書き直すと $1/c = c\varepsilon\mu$ と表される．したがって，(3) から $H'(t) = 0$ となる．すなわち $H(t)$ は実は定数で静磁場を表し，電磁波とは無関係なのでこれを 0 とおく．こうして，H_y は

$$H_y = c\varepsilon\left[f\left(t - \frac{z}{c}\right) - g\left(t + \frac{z}{c}\right)\right] \tag{4}$$

と表される．

問　題

12.1 例題 12 で E_x と H_y 中の f と g を比べたとき f の符号は同じであるが，g の符号は逆になっている．その物理的な理由について考えよ．

12.2 E_y と H_x の組み合わせをとり

$$E_y = f\left(t - \frac{z}{c}\right) + g\left(t + \frac{z}{c}\right)$$

と表されるとする．この場合の H_x を求めよ．また，得られた結果の物理的な意味について論じよ．

例題 13　　**球面波**

原点 O を中心として球状に伝わっていく電磁波を想定し，3 次元空間における波動方程式 (7.23)

$$\left(\Delta - \frac{1}{c^2}\frac{\partial^2}{\partial t^2}\right)\psi = 0$$

において，ψ は r, t の関数と仮定する．ただし，r は原点からの距離を表し

$$r = \sqrt{x^2 + y^2 + z^2}$$

である．以上のような球面波に対して波動方程式を解け．

解答　最初に $\Delta\psi$ を変数 r で表すことにする．このため

$$\frac{\partial \psi}{\partial x} = \frac{\partial \psi}{\partial r}\frac{\partial r}{\partial x}$$

に注意する．r の定義式から

$$\frac{\partial r}{\partial x} = \frac{x}{\sqrt{x^2 + y^2 + z^2}} = \frac{x}{r}$$

と書け，したがって

$$\frac{\partial \psi}{\partial x} = \frac{\partial \psi}{\partial r}\frac{x}{r}$$

が得られる．上式をさらに x で偏微分すると

$$\frac{\partial^2 \psi}{\partial x^2} = \frac{\partial}{\partial x}\left(\frac{\partial \psi}{\partial r}\right)\frac{x}{r} + \frac{\partial \psi}{\partial r}\frac{1}{r} + \frac{\partial \psi}{\partial r}x\frac{\partial}{\partial x}\left(\frac{1}{r}\right)$$

と書け，$\partial r/\partial x = x/r$ を利用すると

$$\frac{\partial^2 \psi}{\partial x^2} = \frac{\partial^2 \psi}{\partial r^2}\frac{x^2}{r^2} + \frac{\partial \psi}{\partial r}\frac{1}{r} - \frac{\partial \psi}{\partial r}\frac{x^2}{r^3}$$

が導かれる．y, z に関する偏微分は上式で x をそれぞれ y, z で置き換えればよい．こうして

$$\frac{\partial^2 \psi}{\partial y^2} = \frac{\partial^2 \psi}{\partial r^2}\frac{y^2}{r^2} + \frac{\partial \psi}{\partial r}\frac{1}{r} - \frac{\partial \psi}{\partial r}\frac{y^2}{r^3}$$

$$\frac{\partial^2 \psi}{\partial z^2} = \frac{\partial^2 \psi}{\partial r^2}\frac{z^2}{r^2} + \frac{\partial \psi}{\partial r}\frac{1}{r} - \frac{\partial \psi}{\partial r}\frac{z^2}{r^3}$$

となり，以上の 3 つの式を加えて

$$\Delta\psi = \frac{\partial^2 \psi}{\partial r^2} + \frac{2}{r}\frac{\partial \psi}{\partial r} \tag{1}$$

が求まる．あるいは (1) の関係は

$$\Delta\psi = \frac{1}{r}\frac{\partial^2(r\psi)}{\partial r^2} \tag{2}$$

と表される (問題 13.1).

(2) を利用すると，波動方程式は

$$\frac{\partial^2\psi}{\partial t^2} = c^2\frac{1}{r}\frac{\partial^2(r\psi)}{\partial r^2}$$

となる．あるいは，上式を

$$\frac{\partial^2(r\psi)}{\partial t^2} = c^2\frac{\partial^2(r\psi)}{\partial r^2}$$

と書き直せばわかるように，$r\psi$ は 1 次元の波動方程式の解である．したがって，いまの問題の解は例題 11 で $z \to r$ とし，次のように表される．

$$\psi = \frac{1}{r}\left[f\left(t - \frac{r}{c}\right) + g\left(t + \frac{r}{c}\right)\right]$$

1 次元の場合と違い，$1/r$ という因子が現れるが，これは r が大きくなったとき電場，磁場の振幅が $1/r$ というように減衰することを意味する．

参考 図 7.10 に示すように，原点 O にあり z 方向を向く電気双極子モーメント $\boldsymbol{p}$ が角振動数 ω で振動しているとする．このような双極子から同じ角振動数をもつ電磁波が放射されるが，これを**双極放射**という．ラジオやテレビのアンテナから放射される電波はこのような双極放射で記述される．図のように O を中心とする半径 r の球を考え，この球面上の点 P をとると，そこでの $\boldsymbol{E}, \boldsymbol{H}$ は図のように表される．ポインティングベクトル $\boldsymbol{S}$ は図のように O から P を向き，放射エネルギーは O を中心として球状に周囲の空間に広がっていく．

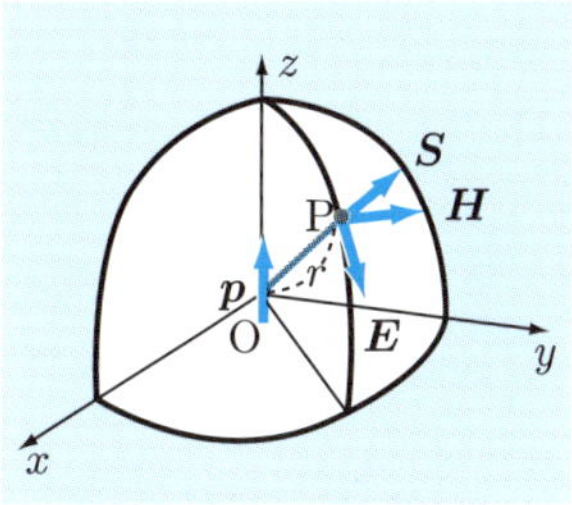

図 7.10 双極放射

問 題

13.1 次の等式が成り立つことを示せ．

$$\frac{\partial^2\psi}{\partial r^2} + \frac{2}{r}\frac{\partial\psi}{\partial r} = \frac{1}{r}\frac{\partial^2(r\psi)}{\partial r^2}$$

13.2 (2) を利用し，ラプラス方程式を解け．

13.3 真空中，物質中を伝わる電磁波の速さをそれぞれ c, c' とする．c は (2.4) で導入されたものと同じであることを示せ．また，$n = c/c'$ で定義される n をその物質の**絶対屈折率**という．n に対する表式を導出せよ．

13.4 光に対する水の絶対屈折率は 1.33 である．水中を伝わる光の速さは何 m/s となるか．

7.5 正　弦　波

普通の波は波形が正弦関数で与えられるが，これを**正弦波**という．z 軸の正の向きに進む x 方向の直線偏波を表す正弦波では，例題 12 の結果により，E_x, H_y は

$$E_x = E \sin \omega \left(t - \frac{z}{c}\right) \tag{7.25}$$

$$H_y = c\varepsilon E \sin \omega \left(t - \frac{z}{c}\right) \tag{7.26}$$

と表される．上式で ω は角振動数である．また ω/c という量が現れるが，これを

$$k = \frac{\omega}{c} \tag{7.27}$$

とおき，k を**波数**という．振動数を f とし，$\omega = 2\pi f$, $c = \lambda f$ の関係を利用すると k は

$$k = \frac{2\pi}{\lambda} \tag{7.28}$$

と書ける．$t = 0$ の瞬間を考え，(7.25), (7.26) で決まる電磁波の様子を図示すると図 7.11 のようになる．時間がたつにつれ，全体のパターンが矢印の向きに c の速さで進んでいく．この図からわかるように，電磁波の進む向きはポインティングベクトル $\boldsymbol{S} = \boldsymbol{E} \times \boldsymbol{H}$ の向きと一致する．

(7.27) を使うと (7.25), (7.26) は

$$E_x = E \sin (\omega t - kz) \tag{7.29}$$

$$H_y = c\varepsilon E \sin (\omega t - kz) \tag{7.30}$$

と表されることに注意しておこう．

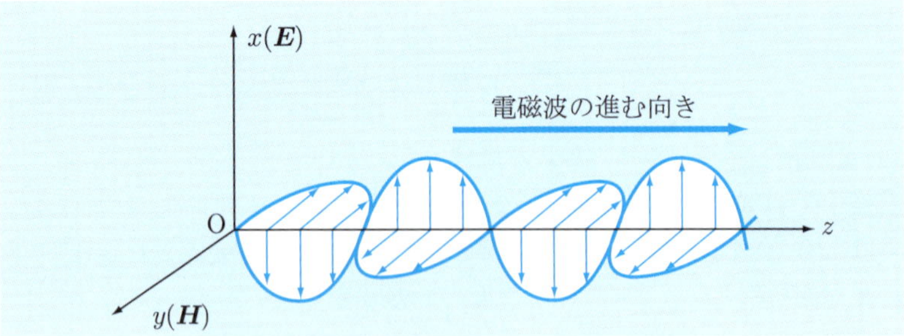

図 7.11　z 軸の正の向きに進む電磁波

例題 14 **電磁波の運ぶエネルギー**

ポインティングベクトル $\boldsymbol{S} = \boldsymbol{E} \times \boldsymbol{H}$ は電磁波の進行方向と一致するので，電磁波は進む方向にエネルギーを運ぶ．(7.29), (7.30) で記述される直線偏波の場合，$\boldsymbol{S}$ の大きさ S の 1 周期に関する平均値 $\langle S \rangle$ を求めよ．

解答 $\boldsymbol{E}$ と $\boldsymbol{H}$ とは垂直なので，S は $S = E_x H_y$ と書け (7.29), (7.30) により

$$S = c\varepsilon E^2 \sin^2(\omega t - kz)$$

が成り立つ．上式の右辺は時間変化するが，場所を決めて (z を一定として) 交流の電力と同様，周期 T にわたる時間平均をとる．1 章の例題 4 では図を利用してこの平均値を求めたが，ここでは積分を用いる．すなわち，$\alpha = -kz$ として

$$\frac{1}{T}\int_0^T \sin^2(\omega t + \alpha)dt = \frac{1}{T}\int_0^T \frac{1 - \cos 2(\omega t + \alpha)}{2}dt$$

の関係に注意する．$\sin 2(\omega T + \alpha) = \sin(4\pi + 2\alpha) = \sin 2\alpha$ という周期性を利用すると上の積分で cos を含む項は 0 となり，積分値は 1/2 と計算される．したがって，時間平均を $\langle S \rangle$ で表すと

$$\langle S \rangle = \frac{c\varepsilon E^2}{2}$$

となり，上の $\langle S \rangle$ が電磁波の進行方向と垂直な単位面積を単位時間中に通過するエネルギーを与える．

問 題

14.1 上式の $\langle S \rangle$ は

$$\langle S \rangle = \frac{E^2}{2c\mu}$$

と表されることを示せ．

14.2 電場の振幅が $E = 3\,\mathrm{V/m}$ のとき，真空中における $\langle S \rangle$ を求めよ．また，この場合の磁場の振幅 H は何 A/m か．

14.3 太陽から地球に放射エネルギーが送られてくる．太陽を原点とし地球の方向に z 軸をとり，太陽からの放射は例題 14 で扱った直線偏波とみなし，これは単一の振動数をもつ電磁波であると仮定する．太陽からの放射エネルギーは，太陽光線と垂直な地表の $1\,\mathrm{cm}^2$ 当たり毎分 1.95 cal である．これを**太陽定数**という．以上のような前提の下で次の設問に答えよ．

(a) 太陽からの放射エネルギーに対する $\langle S \rangle$ はいくらか．

(b) 地表における電場の振幅を求めよ．

(c) 地表における磁場の振幅はいくらか．

7.6　電磁波の反射と屈折 (垂直入射)

物質 1 中を伝わる電磁波が物質 2 との境界面に達すると，電磁波の一部は反射され物質 1 に戻っていくが，一部は屈折され物質 2 中に伝わっていく．ここでは垂直入射を扱い，直線偏波を考慮して，(7.25)，(7.26) を

$$E_x = E \sin \omega \left(t - \frac{z}{c}\right) \tag{7.31}$$

$$H_y = H \sin \omega \left(t - \frac{z}{c}\right) \tag{7.32}$$

と表す．振幅 E，H の間には次の関係が成り立つ．

$$\frac{E}{H} = \frac{1}{c\varepsilon} = \sqrt{\frac{\mu}{\varepsilon}} \tag{7.33}$$

• 垂直入射 •　図 7.12 に示すように

$z < 0$ は物質 1 (誘電率 ε_1，透磁率 μ_1)
$z > 0$ は物質 2 (誘電率 ε_2，透磁率 μ_2)

とし，$z = 0$ の平面が両者の境界面であるとする．物質 1 中の入射波は z 軸の正向き (いまの図では右向き) に進むが，その一部は境界面で反射され，z 軸の負向きに進む

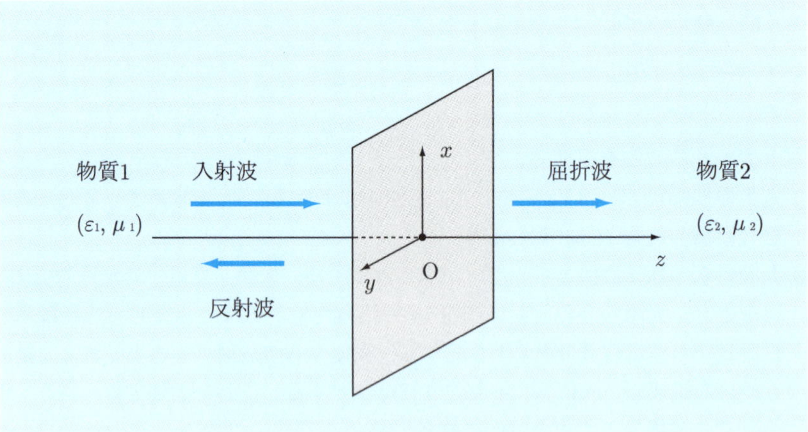

図 7.12　垂直入射

波となる．例題 12 の (4) からわかるように，z 軸の負の向きに進む電磁波の場合，H_y の符号は E_x と逆符号になる．また，反射波の振幅には $'$ をつけることにすれば，物質 1 中の電磁波は

$$E_{1x} = E_1 \sin\omega\left(t - \frac{z}{c_1}\right) + E_1{}' \sin\omega\left(t + \frac{z}{c_1}\right) \tag{7.34}$$

$$H_{1y} = H_1 \sin\omega\left(t - \frac{z}{c_1}\right) - H_1{}' \sin\omega\left(t + \frac{z}{c_1}\right) \tag{7.35}$$

$$\left.\begin{aligned} c_1 &= \frac{1}{\sqrt{\varepsilon_1\mu_1}} \\ \frac{E_1}{H_1} &= \frac{E_1{}'}{H_1{}'} = \sqrt{\frac{\mu_1}{\varepsilon_1}} \end{aligned}\right. \tag{7.36}$$

と表される．物質 1 中で 1 回振動が起こると物質 2 中でも 1 回振動が起こり，このような考察から角振動数 ω は両者で共通であることがわかる．また，物質 2 中では z 軸の負向きに進む波はなく，正向きに進む波だけが存在するので，物質 2 中の屈折波は次のように書ける．

$$\left.\begin{aligned} E_{2x} &= E_2 \sin\omega\left(t - \frac{z}{c_2}\right) \\ H_{2y} &= H_2 \sin\omega\left(t - \frac{z}{c_2}\right) \end{aligned}\right. \tag{7.37}$$

$$\left.\begin{aligned} c_2 &= \frac{1}{\sqrt{\varepsilon_2\mu_2}} \\ \frac{E_2}{H_2} &= \sqrt{\frac{\mu_2}{\varepsilon_2}} \end{aligned}\right. \tag{7.38}$$

例題 15 **振幅の間の関係**

7.2 節で学んだように，境界面での境界条件として E_t, H_t は連続であることが要求される．この条件から，(7.34), (7.35), (7.37) に現れる振幅の間に成り立つ関係を導け．

解答 いまの問題で，x, y 方向はちょうど境界面の接線方向であるから，$z=0$ で

$$E_{1x} = E_{2x}$$

$$H_{1y} = H_{2y}$$

が成立せねばならない．これまでの方程式で $z=0$ とおくと $\sin \omega t$ は共通になるので (7.34), (7.35), (7.37) から振幅間の関係として次の方程式が得られる．

$$E_1 + E_1{}' = E_2$$

$$H_1 - H_1{}' = H_2$$

問　題

15.1 例題 15 において $E_1{}'/E_1$ は入射波と反射波の振幅の比でこれを**反射係数**という．反射係数を $\varepsilon_1, \varepsilon_2, \mu_1, \mu_2$ の関数として求めよ．

15.2 電磁波の運ぶエネルギーは振幅の 2 乗に比例する．入射波と反射波のエネルギー比を**反射率**というが，反射率 R を上の問題と同様 $\varepsilon_1, \varepsilon_2, \mu_1, \mu_2$ の関数として計算せよ．

15.3 通常の物質では $\mu_1 = \mu_2 = \mu_0$ としてよい．この場合には，物質 1，2 の屈折率を使い

$$R = \frac{(n_1 - n_2)^2}{(n_1 + n_2)^2}$$

と書けることを示せ．

15.4 ダイヤモンドが宝石として珍重される理由の 1 つは，屈折率の大きなダイヤモンドは光をよく反射してきらきら輝くためである．光を空気中からダイヤモンド (絶対屈折率 2.4)，ガラス (絶対屈折率 1.5) に垂直入射させたとき，前者の反射率は後者の何倍となるか．ただし，空気の絶対屈折率は 1 とする．

15.5 E_2/E_1 を**透過係数**という．透過係数を求め，これは常に正であることを証明せよ．

7.7　電磁波の反射と屈折 (斜めの入射)

物質 1 (ε_1, μ_1) と物質 2 (ε_2, μ_2) の境界面が平面で，この平面の法線と角 θ をなす斜めの方向から電磁波がこの平面に入射するとしよう (図 7.13)．垂直入射の場合と同様，入射波の一部は反射され，法線と角 θ' をなす方向に反射される．その際，**入射角** θ と **反射角** θ' は等しく

$$\theta = \theta' \tag{7.39}$$

の関係が成り立つ．これを**反射の法則**という．また，入射波の一部は屈折波として，物質 2 中を法線との角 φ の方向に進んでいく．この φ を**屈折角**という．このような反射，屈折の際，入射方向，反射方向，屈折方向，法線のすべては同一平面上にあるという法則が成立する．この平面を**入射面**という．空間の対称性を利用すると上記の法則は次のように理解される．

入射方向と法線方向から作られる平面を考えると，物理的な状況はこの平面に対し対称である．反射方向，屈折方向が面内になく平面と有限な角をなすとすれば，この対称性が破れることになる．したがって，上述の法則が成り立つ．

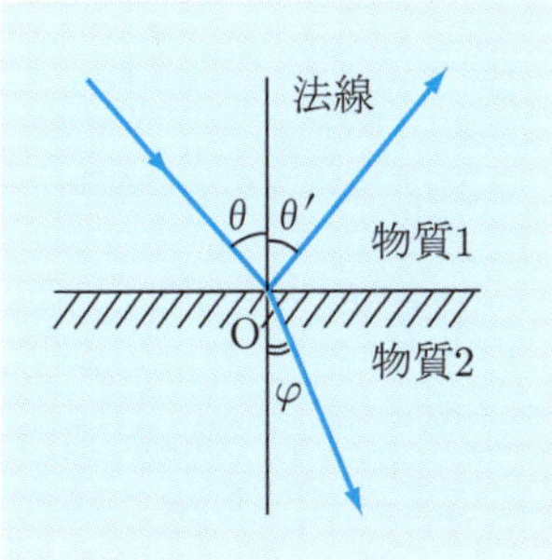

図 7.13　電磁波の反射と屈折

• 屈折の法則 •　物質 1, 2 中の電磁波の速さを c_1, c_2 とすれば，入射角 θ，屈折角 φ に対して

$$\frac{\sin\theta}{\sin\varphi} = n \tag{7.40}$$

$$n = \frac{c_1}{c_2} = \frac{n_2}{n_1} \tag{7.41}$$

が成り立つ．(7.40) の関係を**屈折の法則**，また n を物質 1 に対する物質 2 の**屈折率**という．なお，n_1, n_2 は物質 1，2 の絶対屈折率である．

例題 16 **屈折の法則**

電磁波の電場はすべて入射面内にあるとし，点 O における入射波，反射波，屈折波の電場をそれぞれ $\boldsymbol{E}_1 \sin \omega t$，$\boldsymbol{E}_1{}' \sin \omega t$，$\boldsymbol{E}_2 \sin \omega t$ とする (図 7.14)．反射の法則が成り立つとして，屈折の法則を導出せよ．

解答 電場の接線方向の成分が連続という条件から

$$(E_1 - E_1{}')\cos\theta = E_2 \cos\varphi \tag{1}$$

が得られる．また，境界面において電束密度の法線方向は連続という条件から

$$\varepsilon_1(E_1 + E_1{}')\sin\theta = \varepsilon_2 E_2 \sin\varphi \tag{2}$$

となる．一方，電磁波の進行方向を考慮すると，入射波，反射波，屈折波の磁場，$\boldsymbol{H}_1$，$\boldsymbol{H}_1{}'$，$\boldsymbol{H}_2$ はすべて入射面に垂直で図 7.14 の場合，これらは紙面の裏から表への向きをもつ．磁場の接線方向に対する条件は

$$H_1 + H_1{}' = H_2 \tag{3}$$

と表される．本来なら，磁束密度の法線方向に対する条件も必要だが，境界面で磁束密度は法線と垂直でこの成分はすべて0となり，条件は自動的に満たされている．従来の議論と同様，これらの振幅に対して次の関係が成立する．

$$\frac{E_1}{H_1} = \frac{E_1{}'}{H_1{}'} = \sqrt{\frac{\mu_1}{\varepsilon_1}}, \quad \frac{E_2}{H_2} = \sqrt{\frac{\mu_2}{\varepsilon_2}} \tag{4}$$

(4) を用いて H を E で表し，それを (3) に代入すると

$$\sqrt{\frac{\varepsilon_1}{\mu_1}}(E_1 + E_1{}') = \sqrt{\frac{\varepsilon_2}{\mu_2}}E_2 \tag{5}$$

である．これと (2) とを組み合わせると

$$\frac{\sin\theta}{\sin\varphi} = \frac{\varepsilon_2 E_2}{\varepsilon_1(E_1 + E_1{}')} = \frac{\varepsilon_2}{\varepsilon_1}\sqrt{\frac{\varepsilon_1\mu_2}{\varepsilon_2\mu_1}} = \sqrt{\frac{\varepsilon_2\mu_2}{\varepsilon_1\mu_1}}$$

となる．あるいは，問題 13.3 で導いた $n = \sqrt{\varepsilon\mu/\varepsilon_0\mu_0}$ の関係を利用すると，上式は $\sin\theta/\sin\varphi = n_2/n_1$ と書け，屈折の法則が得られる．

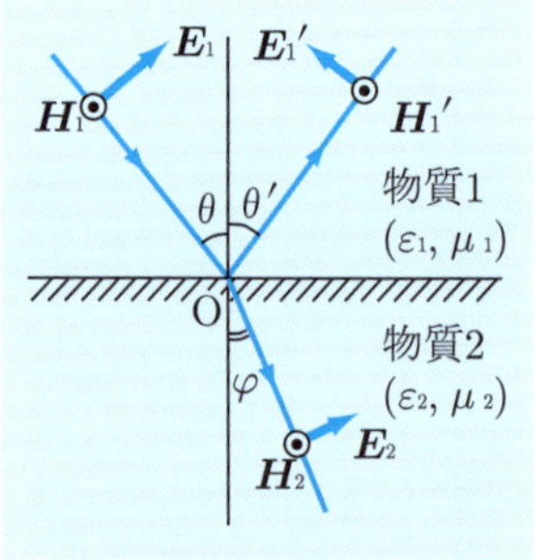

図 7.14 斜めの入射
(⊙は紙面に垂直で紙面の裏から表向きの矢印を示す)

問 題

16.1 光の場合，空気に対する水の屈折率は 1.33 である．空気中から水中へ入射角 30° で光が入射するときの屈折角を求めよ．

16.2 光の屈折のため，水中の魚を上から見ると少し浮き上がっているように感じる．一般に，光がある点 P から他の点 Q へ進むとき，逆の道筋を通って点 Q から点 P へ進むことができ，これを光の**逆進性**という．この性質を利用し，深さ H にある水中の魚を真上から見たとき，見かけ上の深さは $h = H/n$ であることを示せ．

例題 17 **反射係数**

垂直入射の場合と同様，E_1'/E_1 を反射係数という．例題 16 で扱った体系に対する反射係数を求めよ．

解答 例題 16 の (1) から E_2 を解き，(5) に代入する．その結果

$$\sqrt{\frac{\varepsilon_1}{\mu_1}}\cos\varphi\,(E_1+E_1{}')=\sqrt{\frac{\varepsilon_2}{\mu_2}}\cos\theta\,(E_1-E_1{}')$$

が得られる．あるいは，上式を整理すると

$$E_1{}'\left[\sqrt{\frac{\varepsilon_1}{\mu_1}}\cos\varphi+\sqrt{\frac{\varepsilon_2}{\mu_2}}\cos\theta\right]=E_1\left[\sqrt{\frac{\varepsilon_2}{\mu_2}}\cos\theta-\sqrt{\frac{\varepsilon_1}{\mu_1}}\cos\varphi\right]$$

となり，これから反射係数は次のように求まる．

$$\frac{E_1{}'}{E_1}=\frac{\sqrt{\varepsilon_2/\mu_2}\cos\theta-\sqrt{\varepsilon_1/\mu_1}\cos\varphi}{\sqrt{\varepsilon_1/\mu_1}\cos\varphi+\sqrt{\varepsilon_2/\mu_2}\cos\theta}$$

問　題

17.1 上式で $\mu_1=\mu_2=\mu_0$ の場合には

$$\frac{E_1{}'}{E_1}=\frac{c_1\cos\theta-c_2\cos\varphi}{c_1\cos\theta+c_2\cos\varphi}$$

と書けること示せ．

17.2 屈折の法則 (7.40)，(7.41) を利用すると

$$\frac{c_1}{\sin\theta}=\frac{c_2}{\sin\varphi}$$

が導かれる．この関係を利用し

$$\frac{E_1{}'}{E_1}=\frac{\tan(\theta-\varphi)}{\tan(\theta+\varphi)}$$

が成り立つことを証明せよ．

17.3 $\theta+\varphi=\pi/2$ が満たされると $\tan(\theta+\varphi)$ は∞で反射係数は 0 となる．この条件を満たす入射角 θ_{B} を**ブルースター角**という．$\tan\theta_{\mathrm{B}}=n$ となることを示せ．

17.4 屈折率 2.4 のダイヤモンドのブルースター角を求めよ．

17.5 電磁波が境界面に斜めに入射するとき，磁場はすべて入射面内にあると仮定し，以下の設問に答えよ．

(a)　屈折の法則はどのように表されるか．

(b)　反射係数を求めよ．

(c)　$\mu_1=\mu_2=\mu_0$ と仮定し，問題 17.2 で導いた表式に相当する関係を求めよ．

付録　ベクトル解析と δ 関数

本書で利用するベクトル解析の基本的概念について，証明などの詳細には立ち入らず結果だけを紹介する．一方，ディラックの δ 関数については多少詳しく述べるつもりである．

A.1　ベクトル解析

• スカラー積 •　ベクトル $\boldsymbol{A}$ を成分で表し

$$\boldsymbol{A} = (A_x, A_y, A_z) \tag{1}$$

と書く．2 つのベクトル $\boldsymbol{A} = (A_x, A_y, A_z)$, $\boldsymbol{B} = (B_x, B_y, B_z)$ があるとき

$$\boldsymbol{A}\cdot\boldsymbol{B} = A_xB_x + A_yB_y + A_zB_z \tag{2}$$

を $\boldsymbol{A}$ と $\boldsymbol{B}$ との**スカラー積**または**内積**という．A, B をそれぞれ $\boldsymbol{A},\boldsymbol{B}$ の大きさ，$\boldsymbol{A}$ と $\boldsymbol{B}$ とのなす角を θ とすると，スカラー積は次のように表される．

$$\boldsymbol{A}\cdot\boldsymbol{B} = AB\cos\theta \tag{3}$$

• ベクトル積 •　2 つのベクトル $\boldsymbol{A}, \boldsymbol{B}$ があるとき，そのベクトル積 $\boldsymbol{C}$ を

$$\boldsymbol{C} = \boldsymbol{A}\times\boldsymbol{B} \tag{4}$$

と書き，$\boldsymbol{C}$ の x, y, z 成分は

$$C_x = A_yB_z - A_zB_y, \quad C_y = A_zB_x - A_xB_z, \quad C_z = A_xB_y - A_yB_x \tag{5}$$

で与えられると定義する．(5) は (x, y, z) を順次ずらしていき (y, z, x)，(z, x, y) とすれば覚えやすいであろう．x, y, z 軸に沿う単位ベクトルを $\boldsymbol{i}, \boldsymbol{j}, \boldsymbol{k}$ とすれば行列式を使い形式的に (5) を次のように表すことができる．

$$\boldsymbol{A}\times\boldsymbol{B} = \begin{vmatrix} \boldsymbol{i} & \boldsymbol{j} & \boldsymbol{k} \\ A_x & A_y & A_z \\ B_x & B_y & B_z \end{vmatrix} \tag{6}$$

ベクトル $\boldsymbol{C}$ は $\boldsymbol{A}$ と $\boldsymbol{B}$ との両方に垂直で $\boldsymbol{A}$ から $\boldsymbol{B}$ へと右ネジを π より小さな角度で回すときネジの進む向きをもつ．また，$\boldsymbol{C}$ の大きさ C は次のように表される．

$$C = AB\sin\theta \tag{7}$$

• ガウスの定理 •　空間の各点である種のベクトルが決まるとき，この空間を**ベクトル場**という．電磁場は一種のベクトル場である．ベクトル $\boldsymbol{A}$ が空間座標 x, y, z の関数のとき

$$\mathrm{div}\,\boldsymbol{A} = \frac{\partial A_x}{\partial x} + \frac{\partial A_y}{\partial y} + \frac{\partial A_z}{\partial z} \tag{8}$$

で定義される $\mathrm{div}\,\boldsymbol{A}$ を $\boldsymbol{A}$ の**発散**という．空間中の領域を V，これを囲む曲面を S，V の中から外へ向かうような法線方向の単位ベクトルを $\boldsymbol{n}$ とする．また，$\boldsymbol{n}$ の x, y, z 成分をとり

$\boldsymbol{n} = (n_x, n_y, n_z)$ と書く．このとき，V 中の体積積分と S 上の面積積分に対し，次のガウスの定理が成り立つ．

$$\int_V \mathrm{div}\, \boldsymbol{A} dV = \int_S (A_x n_x + A_y n_y + A_z n_z) dS \tag{9}$$

あるいは $\boldsymbol{A}$ の $\boldsymbol{n}$ 方向の成分を A_n とすれば（$A_n = \boldsymbol{A}\cdot\boldsymbol{n}$），(9) は次のようになる．

$$\int_V \mathrm{div}\, \boldsymbol{A} dV = \int_S A_n dS \tag{10}$$

• ストークスの定理 •　ベクトル $\boldsymbol{A}$ に対し，その x, y, z 成分が

$$B_x = \frac{\partial A_z}{\partial y} - \frac{\partial A_y}{\partial z}, \quad B_y = \frac{\partial A_x}{\partial z} - \frac{\partial A_z}{\partial x}, \quad B_z = \frac{\partial A_y}{\partial x} - \frac{\partial A_x}{\partial y} \tag{11}$$

で与えられるようなベクトル $\boldsymbol{B}$ を導入し

$$\boldsymbol{B} = \mathrm{rot}\, \boldsymbol{A} \tag{12}$$

と書く．また，このように定義される $\boldsymbol{B}$ を $\boldsymbol{A}$ の**回転**という．

適当な閉曲線 C があり，これに矢印をつけて，閉曲線を進む向きが与えられているとする．この向きは閉曲線の向きである．また，C 上で矢印に沿った微小変位を表すベクトルを $d\boldsymbol{s}$ とする．C を縁とするような任意の曲面 S を考え，閉曲線の向きに右ネジを回すときそのネジが進むような向きをもち，また S への法線方向の単位ベクトルを $\boldsymbol{n}$ とする．このとき

$$\oint_C \boldsymbol{A}\cdot d\boldsymbol{s} = \int_S (\mathrm{rot}\, \boldsymbol{A})_n dS \tag{13}$$

という公式が成り立つ．これをストークスの定理という．ガウスの定理は

体積積分 ⇄ 面積積分

の変換を与えるが，ストークスの定理は

線積分 ⇄ 面積積分

の変換に関するものである．

A.2 δ 関 数

• フーリエ級数 •　δ 関数を導入するには種々の方法があるが，本書では 3 章の例題 3 と関連し，フーリエ級数を出発点としよう．いま，x の関数 $f(x)$ が

$$-\frac{L}{2} \le x \le \frac{L}{2} \tag{14}$$

という範囲で与えられているとし，$f(x)$ は

$$f\left(-\frac{L}{2}\right) = f\left(\frac{L}{2}\right) \tag{15}$$

の条件を満たすものとする．元来の $f(x)$ の定義域は (14) で記述されるが，$f(x)$ をこの外部に

$$f(x+L) = f(x) \tag{16}$$

を満足するよう拡張したとする．(16) は $f(x)$ が周期 L をもつ周期関数であることを意味す

る．あるいは (16) を**周期的境界条件**という場合もある．(15) の関係は $x = -L/2$ とおいたことに相当する．

ここで

$$u_l(x) = e^{2\pi i l x/L} \quad (l = 0, \pm 1, \pm 2, \cdots) \tag{17}$$

という関数を導入しよう．6 章の問題 8.1 で論じたオイラーの公式

$$e^{i\theta} = \cos\theta + i\sin\theta \tag{18}$$

を使い $\cos(2\pi l) = 1$，$\sin(2\pi l) = 0$ に注意すると

$$\begin{aligned} u_l(x+L) &= e^{2\pi i l(x+L)/L} = e^{2\pi i l} e^{2\pi i l x/L} \\ &= u_l(x) \end{aligned}$$

が成り立つ．すなわち，$u_l(x)$ は周期 L をもつ周期関数である．この $u_l(x)$ を用い，$f(x)$ を

$$f(x) = \frac{1}{L}\sum_{l=-\infty}^{\infty} a_l e^{2\pi i l x/L} \tag{19}$$

と展開した級数を**フーリエ級数**，また展開の係数 a_l を**フーリエ係数**という．

• フーリエ係数 •　係数 a_l を求めるため，(19) の両辺に $e^{-2\pi i m x/L}$ を掛け，x に関して $-L/2$ から $L/2$ まで積分する．その結果

$$\int_{-L/2}^{L/2} f(x) e^{-2\pi i m x/L} dx = \frac{1}{L}\sum a_l \int_{-L/2}^{L/2} e^{2\pi i(l-m)x/L} dx \tag{20}$$

が得られる．右辺の積分は $l \neq m$ であれば

$$\begin{aligned} \int_{-L/2}^{L/2} e^{2\pi i(l-m)x/L} dx &= \frac{1}{2\pi i(l-m)/L}\left[e^{2\pi i(l-m)x/L}\right]_{-L/2}^{L/2} \\ &= \frac{1}{2\pi i(l-m)/L}(e^{\pi i(l-m)} - e^{-\pi i(l-m)}) \end{aligned}$$

と計算される．$e^{\pi i(l-m)}$ も $e^{-\pi i(l-m)}$ も $(-1)^{l-m}$ に等しいから，上式は 0 となる．一方，$l = m$ の場合，上の積分は L に等しい．したがって

$$\int_{-L/2}^{L/2} e^{2\pi i(l-m)x/L} dx = L\delta(l,m) \tag{21}$$

が得られる．ただし，$\delta(l,m)$ は**クロネッカーの $\boldsymbol{\delta}$** で，$l = m$ のとき $\delta(l,m) = 1$，$l \neq m$ のとき $\delta(l,m) = 0$ を意味する．(21) を利用すると，(20) から

$$a_m = \int_{-L/2}^{L/2} f(x) e^{-2\pi i m x/L} dx \tag{22}$$

となる．(22) で m を l とおき，混乱を避けるために積分変数を x' と書いて，(22) を (19) に代入すると次式が導かれる．

$$f(x) = \sum_{l=-\infty}^{\infty} \frac{1}{L}\int_{-L/2}^{L/2} f(x') e^{2\pi i l(x-x')/L} dx' \tag{23}$$

• 1次元の δ 関数 •　これまでの式で

$$\frac{2\pi l}{L} = k \tag{24}$$

と k を定義し，変数 l の代わりに k を使うことにしよう．そうすると

$$f(x) = \frac{1}{L}\sum_k a_k e^{ikx} \tag{25}$$

$$a_k = \int_{-L/2}^{L/2} f(x')e^{-ikx'}dx' \tag{26}$$

$$f(x) = \sum_k \frac{1}{L}\int_{-L/2}^{L/2} f(x')e^{ik(x-x')}dx' \tag{27}$$

と表される．ここで $L \to \infty$ の極限を考える．L が有限なら (24) で定義される k は飛び飛びの値をとるが，$L \to \infty$ の極限では，この k は連続変数とみなすことができる．また，この極限で (23) の l に関する和は k に関する積分となる．すなわち

$$\sum_l \to \int dl = \frac{L}{2\pi}\int dk \tag{28}$$

というように和は積分で書き換えられる．こうして (27) は

$$f(x) = \frac{1}{2\pi}\int_{-\infty}^{\infty} dk \int_{-\infty}^{\infty} dx' f(x')e^{ik(x-x')} \tag{29}$$

と表される．上式右辺の積分を**フーリエ積分**という．あるいは

$$\frac{1}{2\pi}\int_{-\infty}^{\infty} e^{ik(x-x')}dk = \delta(x-x') \tag{30}$$

とすれば

$$f(x) = \int_{-\infty}^{\infty} f(x')\delta(x-x')dx' \tag{31}$$

と書ける．$f(x)$ は任意の関数であるから，上式は $\delta(x-x')$ が 1 次元的な δ 関数であることを意味する．

• 3 次元の δ 関数 •　以上の議論を 3 次元空間に拡張しよう．このため各辺が x, y, z 軸に平行であるような 1 辺の長さが L の立方体を考え，(14) に対応して

$$-\frac{L}{2} \le x, y, z \le \frac{L}{2} \tag{32}$$

という領域を考察する．位置ベクトル $\boldsymbol{r}$ の関数 $f(\boldsymbol{r})$ を 3 次元のフーリエ級数に展開し，(25) に対応して

$$f(\boldsymbol{r}) = \frac{1}{V}\sum_{\boldsymbol{k}} a(\boldsymbol{k})\exp(i\boldsymbol{k}\cdot\boldsymbol{r}) \tag{33}$$

とする．ただし，$f(\boldsymbol{r})$ は周期的境界条件を満たすとし，また V は立方体の体積である ($V = L^3$)．ここで $\boldsymbol{k}$ は 3 次元のベクトルで，(24) に対応し

$$\boldsymbol{k} = \frac{2\pi}{L}(l, m, n), \quad (l, m, n = 0, \pm 1, \pm 2, \cdots) \tag{34}$$

で与えられる．(21) に対応し

$$\int \exp\left[i(\boldsymbol{k}-\boldsymbol{k}')\cdot\boldsymbol{r}\right]dV = V\delta(\boldsymbol{k},\boldsymbol{k}') \tag{35}$$

が成り立つ．ここで，左辺の積分は立方体の内部にわたる．また $\delta(\boldsymbol{k},\boldsymbol{k}')$ は 3 次元のクロネッカーの δ で，ベクトルとして $\boldsymbol{k}$ と $\boldsymbol{k}'$ が一致すれば 1，その以外は 0 を表す．(35) を利用すると (33) から

$$a(\boldsymbol{k}) = \int f(\boldsymbol{r})\exp\left(-i\boldsymbol{k}\cdot\boldsymbol{r}\right)dV \tag{36}$$

が得られる．(36) を (33) に代入すると

$$f(\boldsymbol{r}) = \frac{1}{V}\int f(\boldsymbol{r}')\sum_{\boldsymbol{k}}\exp\left[i\boldsymbol{k}\cdot(\boldsymbol{r}-\boldsymbol{r}')\right]dV' \tag{37}$$

となる．上式は

$$f(\boldsymbol{r}) = \int f(\boldsymbol{r}')\delta(\boldsymbol{r}-\boldsymbol{r}')dV' \tag{38}$$

$$\delta(\boldsymbol{r}-\boldsymbol{r}') = \frac{1}{V}\sum_{\boldsymbol{k}}\exp\left[i\boldsymbol{k}\cdot(\boldsymbol{r}-\boldsymbol{r}')\right] \tag{39}$$

と書け，$\delta(\boldsymbol{r}-\boldsymbol{r}')$ が 3 次元的な δ 関数の機能をもつことがわかる．

• クーロンポテンシャルと δ 関数 •　クーロンポテンシャルと δ 関数との関係を調べるため，(36) で

$$f(\boldsymbol{r}) = \frac{1}{r}, \quad r = |\boldsymbol{r}| \tag{40}$$

とおく．この $f(\boldsymbol{r})$ に対応する $a(\boldsymbol{k})$ は (36) により

$$a(\boldsymbol{k}) = \int \frac{\exp\left(-i\boldsymbol{k}\cdot\boldsymbol{r}\right)}{r}dV \tag{41}$$

となる．上式の体積積分は，1 辺の長さ L の立方体の内部にわたるが，$L\to\infty$ の極限をとり全空間にわたるものとする．$\boldsymbol{k}$ の向きに z 軸をとり極座標を導入すると

$$a(\boldsymbol{k}) = \int \frac{\exp\left(-ikr\cos\theta\right)}{r}r^2\sin\theta d\varphi d\theta dr \tag{42}$$

と表される．ここで φ に関する積分は 2π をもたらす．また θ の積分を実行するため，$\cos\theta = x$ と変数変換を行う．$-\sin\theta d\theta = dx$ であるが，θ の変域 $0\to\pi$ は $1\to -1$ に変換される．こうして次式が得られる．

$$a(\boldsymbol{k}) = 2\pi\int_0^\infty rdr\int_{-1}^1 \exp\left(-ikrx\right)dx \tag{43}$$

　上式で x の積分は

$$\begin{aligned}\int_{-1}^{1}\exp(-ikrx)dx &= \frac{1}{-ikr}\exp(-ikrx)\Big|_{-1}^{1}\\ &= \frac{\exp(-ikr)-\exp(ikr)}{-ikr}\\ &= \frac{2\sin kr}{kr}\end{aligned}\tag{44}$$

と計算される．こうして

$$a(\boldsymbol{k}) = \frac{4\pi}{k}\int_0^{\infty}\sin kr dr\tag{45}$$

となる．上の積分は不定であるが，この困難を避けるため，収斂因子 $e^{-\delta r}$ を導入し最後に $\delta\to 0$ の極限をとろう．すなわち

$$a(\boldsymbol{k}) = \frac{4\pi}{k}\lim_{\delta\to 0}\int_0^{\infty}e^{-\delta r}\sin kr dr\tag{46}$$

とする．上式中の r に関する積分は

$$\begin{aligned}\mathrm{Im}\int_0^{\infty}e^{-\delta r+ikr}dr &= \mathrm{Im}\frac{1}{\delta-ik}\\ &= \mathrm{Im}\frac{\delta+ik}{\delta^2+k^2}\end{aligned}$$

と計算される．したがって，(46) により $a(\boldsymbol{k})$ は

$$a(\boldsymbol{k}) = \frac{4\pi}{k^2}\tag{47}$$

と求まる．

以上の結果から

$$\frac{1}{|\boldsymbol{r}|} = \frac{4\pi}{V}\sum_{\boldsymbol{k}}\frac{\exp(i\boldsymbol{k}\cdot\boldsymbol{r})}{k^2}\tag{48}$$

が得られる．あるいは $\boldsymbol{r}\to\boldsymbol{r}-\boldsymbol{r}_k$ とすれば

$$\frac{1}{|\boldsymbol{r}-\boldsymbol{r}_k|} = \frac{4\pi}{V}\sum_{\boldsymbol{k}}\frac{\exp[i\boldsymbol{k}\cdot(\boldsymbol{r}-\boldsymbol{r}_k)]}{k^2}\tag{49}$$

となる．上式は，基本的にクーロンポテンシャルをフーリエ級数で展開したものである．この式のラプラシアンをとり

$$\Delta\exp(i\boldsymbol{k}\cdot\boldsymbol{r}) = -k^2\exp(i\boldsymbol{k}\cdot\boldsymbol{r})\tag{50}$$

に注意すると

$$\Delta\frac{1}{|\boldsymbol{r}-\boldsymbol{r}_k|} = -\frac{4\pi}{V}\sum_{\boldsymbol{k}}\exp[i\boldsymbol{k}\cdot(\boldsymbol{r}-\boldsymbol{r}_k)]\tag{51}$$

が導かれる．(39) を利用すると

$$\Delta\frac{1}{|\boldsymbol{r}-\boldsymbol{r}_k|} = -4\pi\delta(\boldsymbol{r}-\boldsymbol{r}_k)\tag{52}$$

となり，3 章の例題 3 で論じた関係が得られる．

問題解答

1章の解答

問題 1.1　(1.1) の数値を利用すると

$$N = -\frac{2 \times 10}{1.602 \times 10^{-19}} = -1.25 \times 10^{20}$$

となり，-1.25×10^{20} 個の電子が通過することになる．$-$ 符号は電流と逆向きに電子が通過したことを表す．したがって，電流とは逆向きに 1.25×10^{20} 個の電子が通過する．

問題 1.2　水素原子は電気的に中性で，正電荷と負電荷の電流への寄与が打ち消し合う．このため水素原子は電流のキャリヤーにはなりえない．

問題 1.3　銀は 1 価金属であるから自由電子の数密度は銀原子の数密度に等しい．題意により，1 モルの銀は $(108/10.5)\,\mathrm{cm}^3 = 10.3\,\mathrm{cm}^3$ の体積を占め，この中に 6.02×10^{23} 個の銀原子が存在する．したがって，n は

$$n = \frac{6.02 \times 10^{23}}{10.3}\mathrm{cm}^{-3} = 5.84 \times 10^{28}\mathrm{m}^{-3}$$

と計算される．また，(b) で得た結果により

$$v = \frac{I}{qnS}$$

と表されるので，v は

$$\begin{aligned} v &= \frac{100}{1.60 \times 10^{-19} \times 5.84 \times 10^{28} \times 10^{-6}}\ \mathrm{m/s} \\ &= 1.07 \times 10^{-2}\,\mathrm{m/s} \end{aligned}$$

となる．

問題 2.1　$5 \times 3\,\mathrm{V} = 15\mathrm{V}$

問題 3.1　$j = \dfrac{4}{2 \times 10^{-6}}\mathrm{A/m}^2 = 2 \times 10^6\mathrm{A/m}^2$

問題 3.2　電荷は正の電気量 q をもつとすれば，図 1.7 に示すように電場は陽極から陰極へと向かうので電荷 q に働く力は上向きとなる．しかし，電池内では電流は陰極から陽極へ向かって流れるので，その向きは上の力と逆向きである．すなわち，電池は電場による力に逆らい電荷を陰極から陽極へと移動させねばならない．ちょうど人間が魚を釣り上げるとき重力に逆らい，人間は仕事をする必要があるのと似ている．陽極，陰極をともに平面とし，両者間の距離を l とする．電位差を V とすれば，電場の大きさは

$$E = \frac{V}{l}$$

と書け，電荷 q を陰極から陽極へと移動させるのに必要な仕事は

$$W = qEl = qV$$

と表される．単位時間に直すと単位時間当たりの電気量が電流であるから，電池のする仕事は単位時間当たりに VI となる．

問題 3.3 ある点における電荷の速度ベクトルを $\boldsymbol{v}$ とし，$\boldsymbol{v}$ と垂直な単位面積を考える．単位時間の間に電荷は $\boldsymbol{v}$ だけ運動するので，図 1.2 のような $\boldsymbol{v}$ の方向に伸びた直方体をとると，この中にある電荷は単位時間中に単位面積の断面を通過する．一方，上の直方体の体積は v であるから，その中の電気量は ρv と書ける．したがって，向き，方向を考慮し

$$\boldsymbol{j} = \rho \boldsymbol{v}$$

と表される．

問題 4.1 問題中の積分値は $\langle Q \rangle T$ に等しい．単位時間当たりに起こる振動数 f は

$$f = \frac{1}{T}$$

と書けるので，$\langle Q \rangle T$ に f を掛け

$$P = \frac{V_0 I_0}{2}$$

が導かれる．

問題 5.1 $\omega = 2\pi/T$ と書け，$f = 1/T$ であるから $\omega = 2\pi f$ となる．

問題 5.2 $\omega = 2\pi \times 50\,\mathrm{s}^{-1} = 314\,\mathrm{s}^{-1}$

問題 5.3 1 時間 $= 3600\,\mathrm{s}$ であるから，発生するジュール熱は

$$500 \times 3600\,\mathrm{J} = 1.8 \times 10^6\,\mathrm{J}$$

である．

問題 6.1 ループ Ⅲ にキルヒホッフの第 2 法則を適用すると

$$R_1 I_1 + R_3 I_3 = V_1 - V_2$$

となる．数値を代入すると左辺は $6 \times 2 - 6 \times 1 = 6$，右辺は $30 - 24 = 6$ が得られ，例題 6 の結果が正しいことがわかる．

問題 6.2 直列接続の場合，A, B を起電力 V の電池に接続したとし，流れる電流を I とすれば

$$(R_1 + R_2 + \cdots + R_n)I = V$$

となる．したがって，合成抵抗 R は次式で与えられる．

$$R = R_1 + R_2 + \cdots + R_n$$

一方，並列接続の場合，A, B を起電力 V の電池に接続したとし，R_i を通る電流を I_i とすれば

$$I_i = \frac{V}{R_i}$$

と書ける．電池を流れる電流 I は

$$I = \frac{V}{R}$$

$$I = I_1 + I_2 + \cdots + I_n = \frac{V}{R_1} + \frac{V}{R_2} + \cdots + \frac{V}{R_n}$$

と表されるので，合成抵抗 R に対して次式が成り立つ．

$$\frac{1}{R} = \frac{1}{R_1} + \frac{1}{R_2} + \cdots + \frac{1}{R_n}$$

問題 7.1 3 行 3 列の行列式は一般に次のように表される．

$$\begin{vmatrix} a_1 & b_1 & c_1 \\ a_2 & b_2 & c_2 \\ a_3 & b_3 & c_3 \end{vmatrix}$$
$$= a_1b_2c_3 + a_2b_3c_1 + a_3b_1c_2 - a_1b_3c_2 - a_2b_1c_3 - a_3b_2c_1$$

この公式を使えば Δ は直ちに計算できる．また，Δ' は

$$\begin{aligned} \Delta' &= R_2(R_1 + R_3)V - R_1(R_2 + R_4)V \\ &= (R_2R_3 - R_1R_4)V \end{aligned}$$

となる．

2 章の解答

問題 1.1 クーロン力の大きさは両電荷の電気量の大きさの積に比例し，距離の 2 乗に反比例する．したがって，クーロン力の大きさは (ab/c^2) 倍となる．

問題 1.2 (1.1) により陽子 1 個がもつ電荷 (電気素量) e は $e = 1.602 \times 10^{-19}$ C で与えられる．電子は $-e$ の電荷をもつので，陽子と電子との間には引力が働き，その大きさ F は次のように計算される．

$$F = 9.0 \times 10^9 \times \frac{1.60^2 \times 10^{-38}}{5.3^2 \times 10^{-22}}\,\mathrm{N} = 8.2 \times 10^{-8}\,\mathrm{N}$$

問題 1.3 クーロン力の大きさは次のようになる．

$$F = 9.0 \times 10^9 \times \frac{4 \times 10^{-6} \times 6 \times 10^{-6}}{0.3^2}\,\mathrm{N} = 2.4\,\mathrm{N}$$

質量 m の物体に働く重力は $F = mg$ と書けるので，求める質量は次のように計算される．

$$m = \frac{2.4}{9.81}\,\mathrm{kg} = 0.245\,\mathrm{kg}$$

問題 2.1 例題 2 で $x = y = z = 0$ とおき

$$E_x = E_y = 0, \quad E_z = -q/2\pi\varepsilon_0 a^2$$

が得られる．原点 O では $\boldsymbol{E}$ は z 軸に沿って生じ点 Q_+ にある電荷が $E_z = -q/4\pi\varepsilon_0 a^2$，点 Q_- にある電荷も同じ $E_z = -q/4\pi\varepsilon_0 a^2$ の電場をもたらすので，両者の和をとり上記の結果が導かれる．

問題 2.2 $E_x = E_y = 0$ で E_z は (2.5) を利用し

$$E_z = -\frac{q}{2\pi\varepsilon_0 a^2} = -9.00 \times 10^9 \times \frac{2 \times 3 \times 10^{-6}}{0.02^2}\,\frac{\mathrm{V}}{\mathrm{m}} = -1.35 \times 10^8\,\frac{\mathrm{V}}{\mathrm{m}}$$

と計算される．

問題 2.3 A,B にある点電荷のために生じる電場をそれぞれ $E_\mathrm{A}, E_\mathrm{B}$ とすれば，E_A は右向き，E_B は左向きとなる．よって，x 軸の正の向きを正にとれば

$$E_\mathrm{A} = 9.00 \times 10^9 \times \frac{2 \times 10^{-6}}{0.1^2}\,\frac{\mathrm{V}}{\mathrm{m}} = 1.80 \times 10^6\,\frac{\mathrm{V}}{\mathrm{m}}$$
$$E_\mathrm{B} = -9.00 \times 10^9 \times \frac{3 \times 10^{-6}}{0.2^2}\,\frac{\mathrm{V}}{\mathrm{m}} = -0.675 \times 10^6\,\frac{\mathrm{V}}{\mathrm{m}}$$

と計算される．以上の 2 つを加え

$$E = E_\mathrm{A} + E_\mathrm{B} = 1.125 \times 10^6\,\frac{\mathrm{V}}{\mathrm{m}}$$

となるので，原点ではこれだけの大きさの電場が右向きに生じる．

問題 3.1 直線が無限に長い場合には，$\theta_0 = \pi/2$ となり

$$E_x = \frac{\sigma}{2\pi\varepsilon_0 a}$$

が得られる．

問題 3.2　題意から $\sigma = q/2b$ となり，これから次式が導かれる．

$$E_x = \frac{q}{4\pi\varepsilon_0 a\sqrt{a^2+b^2}}$$

問題 3.3　(a)　x, y の点と z 軸に対し対称な $-x, -y$ の点を考えると，$d\boldsymbol{E}$ の x, y 成分への両者の点からの寄与は互いに打ち消し合う．

(b)　(a) により P における電場は z 方向を向く．円上の微小な長さ ds をとると，この部分が P に作る電場 $d\boldsymbol{E}$ の z 成分は

$$\frac{\sigma ds}{4\pi\varepsilon_0}\frac{z}{(a^2+z^2)^{3/2}}$$

と表される．s に関する積分の結果，円周の長さ $2\pi a$ が現れ

$$E_z = \frac{\sigma az}{2\varepsilon_0(a^2+z^2)^{3/2}}$$

が得られる．

(c)　$2\pi a\sigma = q$ の関係に注意すると，E_z は次のようになる．

$$E_z = \frac{q}{4\pi\varepsilon_0}\frac{z}{(a^2+z^2)^{3/2}}$$

問題 4.1　$\pi a^2\sigma = Q$ を使うと次の結果が得られる．

$$E_z = \frac{Q}{2\pi\varepsilon_0 a^2}\left[\frac{z}{|z|} - \frac{z}{\sqrt{a^2+z^2}}\right]$$

問題 4.2　電荷が xy 面全体に分布する場合には $a \to \infty$ の極限をとればよい．例題 4 の結果から

$$E_z = \frac{\sigma}{2\varepsilon_0}\frac{z}{|z|}$$

となる．これからわかるように $z > 0$ では $E_z = \sigma/2\varepsilon_0$，$z < 0$ では $E_z = -\sigma/2\varepsilon_0$ と表される．$\sigma > 0$ とし xy 面が水平面とすれば，電場は水平面の上側では鉛直上向き，下側では鉛直下向きとなる．

問題 5.1　ある点を中心とする任意の半径 r の球を考え，球面上の微小面積 dS' をとる．立体角の定義式により

$$dS' = r^2 d\Omega$$

である．これを球の全表面にわたって積分すれば，r は一定であるから

$$\int dS' = r^2\int d\Omega$$

となる．上式の左辺は球の表面積で $4\pi r^2$ に等しく，したがって全空間を見込む立体角は 4π であることがわかる．

問題 5.2　右図のように q が V の外部にある場合，$q > 0$ とすれば，dS_1 のところでは $E_n dS_1 > 0$ となる．しかし，dS_2 のところでは E_n が負になるので $E_n dS_2 < 0$ である．後者は

$$E_n dS = q d\Omega/4\pi\varepsilon_0$$

の関係の符号を逆転したことに相当し，両者の絶対値はともに $qd\Omega/4\pi\varepsilon_0$ に等しい．したがっ

て，上の 2 つは互いに打ち消し合う．S 全体に関する積分はこのような 2 組にわけられるため，結局

$$\varepsilon_0 \int_S E_n dS = 0$$

が成立する．以上，$q > 0$ の場合を考えてきたが，$q < 0$ の場合でも E_n の符号を逆転させれば同じ結論が得られる．

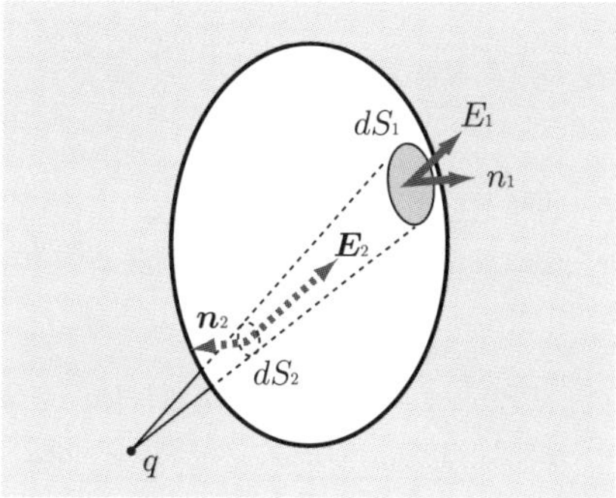

問題 5.3　点電荷 $q_1, q_2, \cdots$ が作る電場を $\boldsymbol{E}_1, \boldsymbol{E}_2, \cdots$ とすれば，全体の電場 $\boldsymbol{E}$ は $\boldsymbol{E} = \boldsymbol{E}_1 + \boldsymbol{E}_2 + \cdots$ と書ける．点電荷の内，V の外部にあるものは問題 5.2 により積分に寄与しない．このため全体の $\boldsymbol{E}$ に関し

$$\varepsilon_0 \int_S E_n dS = \text{V 中に含まれる点電荷の和}$$

となり，(2.10) が導かれる．

問題 6.1　球の体積は $4\pi a^3/3$ であるから $(4\pi a^3/3)\rho = Q$ が成り立つ．これから ρ は

$$\rho = \frac{3Q}{4\pi a^3}$$

と求まる．

問題 6.2　球対称性により，例題 6 と同様，帯電した球と同心球面上ではすべて電場の大きさは一定で，その方向は球面と垂直になる．また Q が正なら電場は外向き（負なら内向き）である．半径 r の球面に対してガウスの法則を適用すると，$r > a$ の場合

$$4\pi r^2 \varepsilon_0 E(r) = Q \qquad \therefore \quad E(r) = \frac{Q}{4\pi\varepsilon_0 r^2}$$

が成り立つ．これは，球の中心に点電荷 Q があるときの電場と一致する．

一方，$r < a$ の場合，V 中の電荷量は $(4\pi r^3/3)\rho$ と書けるので，ガウスの法則により

$$4\pi r^2 \varepsilon_0 E(r) = \frac{4\pi}{3} r^3 \rho$$

となる．問題 6.1 の ρ に対する結果を代入すると

$$E(r) = \frac{Qr}{4\pi\varepsilon_0 a^3}$$

が得られる．

3 章の解答

問題 1.1　電場 $\boldsymbol{E}$ は $\boldsymbol{E}=\boldsymbol{E}_1+\boldsymbol{E}_2+\cdots$ と書けるから

$$\boldsymbol{E}=-\nabla V_1-\nabla V_2-\cdots=-\nabla(V_1+V_2+\cdots)$$

となる．したがって $V=V_1+V_2+\cdots$ とおけば $\boldsymbol{E}=-\nabla V$ が得られる．すなわち，各電位の和が全体の電位となる．

問題 1.2　点 $\boldsymbol{r}_k$ にある q_k の点電荷は $\boldsymbol{r}$ において

$$\frac{1}{4\pi\varepsilon_0}\frac{q_k}{|\boldsymbol{r}-\boldsymbol{r}_k|}$$

の電位をもたらす．よって，問題 1.1 により全体の電位はこれらの和となり，(3.4) が導かれる．

問題 1.3　円上で点 Q の近傍にある微小な長さ $\varDelta s$ の部分が点 P に作る電位は

$$\frac{1}{4\pi\varepsilon_0}\frac{\sigma\varDelta s}{(a^2+z^2)^{1/2}}$$

で与えられる．これは，Q の位置によらないから，円輪全体からの寄与は

$$V(z)=\int_0^{2\pi a}\frac{1}{4\pi\varepsilon_0}\frac{\sigma ds}{(a^2+z^2)^{1/2}}=\frac{\sigma a}{2\varepsilon_0(a^2+z^2)^{1/2}}$$

と計算される．

問題 1.4　電場の z 成分は

$$E_z=-\frac{\partial V(z)}{\partial z}=\frac{\sigma az}{2\varepsilon_0(a^2+z^2)^{3/2}}$$

と計算され，$E_x=E_y=0$ となる．これらの結果は 2 章の問題 3.3 で導いたものと一致する．

問題 1.5　領域 V 内の点 $\boldsymbol{r}'$ 近傍の微小体積 dV' 中に含まれる電荷は $\rho(\boldsymbol{r}')dV'$ と書ける．(3.3) によりこの電荷が点 $\boldsymbol{r}$ に作る電位は

$$\frac{\rho(\boldsymbol{r}')dV'}{4\pi\varepsilon_0|\boldsymbol{r}-\boldsymbol{r}'|}$$

で与えられる．したがって，これを V にわたって積分し，$V(\boldsymbol{r})$ は

$$V(\boldsymbol{r})=\frac{1}{4\pi\varepsilon_0}\int_{\mathrm{V}}\frac{\rho(\boldsymbol{r}')}{|\boldsymbol{r}-\boldsymbol{r}'|}dV'$$

と表される．

問題 2.1　与えられた $V(\boldsymbol{r})$ から

$$E_x=E_y=0, \qquad E_z=-\frac{\partial V}{\partial z}=E$$

が得られる．

問題 2.2　$V(\boldsymbol{r})$ は

$$\frac{\partial^2 V}{\partial x^2}=0, \qquad \frac{\partial^2 V}{\partial y^2}=0, \qquad \frac{\partial^2 V}{\partial z^2}=0$$

を満たし，したがって $\Delta V=0$ となる．

問題 2.3　ψ がラプラス方程式の解で

$$\frac{\partial^2 \psi}{\partial x^2}+\frac{\partial^2 \psi}{\partial y^2}+\frac{\partial^2 \psi}{\partial z^2}=0$$

が成り立つとすれば，これを z で偏微分し

$$\frac{\partial^2}{\partial x^2}\left(\frac{\partial \psi}{\partial z}\right)+\frac{\partial^2}{\partial y^2}\left(\frac{\partial \psi}{\partial z}\right)+\frac{\partial^2}{\partial z^2}\left(\frac{\partial \psi}{\partial z}\right)=0$$

となる．したがって，$\partial\psi/\partial z$ もラプラス方程式の解であることがわかる．

問題 3.1　$\delta(\boldsymbol{r}-\boldsymbol{r}_k)$ をある領域 V 内で $\boldsymbol{r}$ に関し体積積分したとき，$\boldsymbol{r}_k$ が V 中にあれば積分結果は 1，そうでないときには 0 となる．したがって，与式を V 中で体積積分すると，V 中の q を総計した全電荷量 Q となる．すなわち

$$\int_{\mathrm{V}} \rho(\boldsymbol{r})dV=Q$$

が得られる．これは $\rho(\boldsymbol{r})$ が電荷密度であることを示す．

問題 3.2　(3.4) のラプラシアンをとると

$$\Delta V=\frac{1}{4\pi\varepsilon_0}\sum_{k=1}^{N} q_k \Delta \frac{1}{|\boldsymbol{r}-\boldsymbol{r}_k|}=-\frac{1}{\varepsilon_0}\sum_{k=1}^{N} q_k \delta(\boldsymbol{r}-\boldsymbol{r}_k)$$

となり，問題 3.1 を利用すると

$$\varepsilon_0 \Delta V=-\rho(\boldsymbol{r})$$

のポアソン方程式が導かれる．

問題 4.1　電子の電荷は $e=-1.60\times10^{-19}$ C と表される．このため，電子の得るエネルギーは 1.60×10^{-19} J と書ける．すなわち，$1\,\mathrm{eV}=1.60\times10^{-19}$ J である．

問題 4.2　q の点電荷が距離 r の場所に作る電位 V は $V=q/4\pi\varepsilon_0 r$ で与えられる．(3.7) により $U=q'V$ と表されるので

$$U=\frac{qq'}{4\pi\varepsilon_0 r}$$

となる．

問題 4.3　$z>0$ とすれば 2 章の例題 4 により，E_z は

$$E_z=\frac{\sigma}{2\varepsilon_0}\left[1-\frac{z}{\sqrt{a^2+z^2}}\right]$$

と表される．求める仕事を W とすれば，次式のように計算される．

$$W=q\int_0^{z_0} E_z dz=\frac{q\sigma}{2\varepsilon_0}\left[z-\sqrt{a^2+z^2}\right]_0^{z_0}=\frac{q\sigma}{2\varepsilon_0}\left[z_0+a-\sqrt{a^2+{z_0}^2}\right]$$

問題 5.1　$E_x=E_y=0$ であるから，(3.1) により $\partial V/\partial x=\partial V/\partial y=0$ となり，V は x,y に依存しないことがわかる．すなわち，V は z だけの関数である．E_z に対する関係から

$$\frac{dV(z)}{dz}=-E$$

が得られ，この解は $V(z)=-Ez+V$（V：任意定数）と表される．したがって，等電位面

3

は $z=$ 一定 という平面となる．

問題 5.2 (a) 点 P における電位 $V(\mathrm{P})$ は

$$V(\mathrm{P}) = \frac{q}{4\pi\varepsilon_0 r} + \frac{q'}{4\pi\varepsilon_0 r'}$$

と表される．

(b) (a) の結果を利用すると，等電位面は

$$\frac{q}{r} + \frac{q'}{r'} = \text{一定}$$

という条件から決められる．

3

問題 6.1 導体では，表面および内部のいたるところで電位が等しいから，導体表面の電位を求めればよい．一般に

$$\int_{\mathrm{A}}^{\mathrm{B}} \boldsymbol{E}\cdot d\boldsymbol{s} = V(\mathrm{A}) - V(\mathrm{B})$$

が成り立つが，B を無限遠に選べば $V(\mathrm{B})=0$ となる．一方，2 章の例題 6 で $Q=4\pi a^2\sigma$ とおけば，球の中心から距離 r の球外の点での電場は

$$E(r) = \frac{\sigma a^2}{\varepsilon_0 r^2}$$

と書ける．球の表面上の点と中心を結ぶ延長線上に沿っての移動を考え，求める電位は次のように計算される．

$$V = \int_a^\infty E(r)dr = \frac{\sigma a^2}{\varepsilon_0}\int_a^\infty \frac{dr}{r^2} = \frac{\sigma a}{\varepsilon_0}$$

問題 6.2 図のように z 軸上で原点 O からの距離 r をもつ点 P での電位 V を考える．球上の点を Q とし，この点を表すのに極座標を使う．

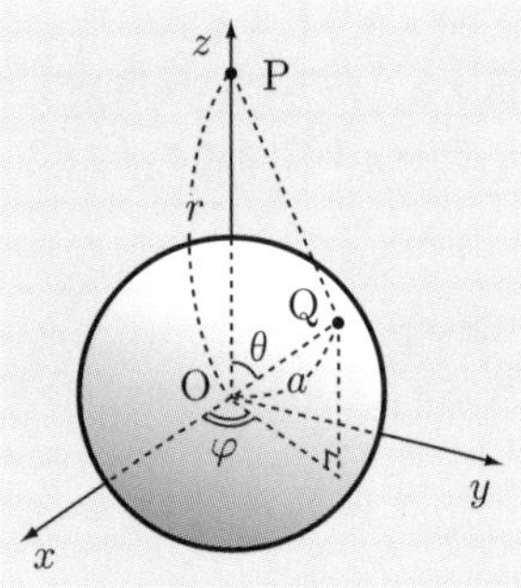

$$\overline{\mathrm{PQ}} = (r^2 + a^2 - 2ar\cos\theta)^{1/2}$$

$$dS = a^2 \sin\theta d\varphi d\theta$$

を利用すると V は

$$V = \frac{\sigma}{4\pi\varepsilon_0}\int \frac{a^2 \sin\theta d\varphi d\theta}{(r^2 + a^2 - 2ar\cos\theta)^{1/2}}$$

と書けるが，$\cos\theta = x$ と変数変換を行うと

$$\begin{aligned} V &= \frac{\sigma a^2}{2\varepsilon_0}\int_{-1}^{1}\frac{dx}{(r^2+a^2-2arx)^{1/2}} \\ &= \frac{\sigma a^2}{2\varepsilon_0}\left(-\frac{1}{ar}\right)(r^2+a^2-2arx)^{1/2}\Big|_{-1}^{1} \\ &= \frac{\sigma a^2}{2\varepsilon_0}\frac{1}{ar}\left[(r^2+a^2+2ar)^{1/2} - (r^2+a^2-2ar)^{1/2}\right] \end{aligned}$$

となる．

$$r^2 + a^2 - 2ar = (r-a)^2$$

を使い $r \geq a$ に注意すると

$$V = \frac{\sigma a^2}{\varepsilon_0 r}$$

が得られ，$r = a$ とおけば問題 6.1 と同じ結果が導かれる．また，$r \leq a$ とすれば $V = \sigma a/\varepsilon_0$ の一定値となる．

問題 6.3　(a)　z 軸の回りの対称性に注意すれば，電場は図 3.8 で xy 面と水平な面内で z 軸を中心として放射状に生じる．電場の状況は図 2.14 と同じである．電場は ρ 方向の成分だけをもち，これは ρ だけに依存するのでそれを $E(\rho)$ と書く．図 2.14 と同じように，高さ h，半径 ρ の円筒を考えガウスの法則を適用すると

$$2\pi\rho h\varepsilon_0 E(\rho) = 2\pi a h\sigma$$

となる．これから $E(\rho)$ は

$$E(\rho) = \frac{\sigma a}{\varepsilon_0 \rho}$$

と表される．$E(\rho) = -dV/d\rho$ と書けるから

$$V(\rho) = -\frac{\sigma a}{\varepsilon_0}\ln\rho + \text{定数}$$

が得られる．$\rho = a$ で $V = 0$ とすれば次式のようになる．

$$V(\rho) = -\frac{\sigma a}{\varepsilon_0}\ln\frac{\rho}{a}$$

(b)　図 3.8 で点 P の座標を x, y, z とすれば

$$x = \rho\cos\varphi, \quad y = \rho\sin\varphi$$

である．軸対称性により電位は ρ だけの関数 $V(\rho)$ で記述され $\rho = \sqrt{x^2+y^2}$ であるから

$$\frac{\partial V}{\partial x} = \frac{dV}{d\rho}\frac{\partial\rho}{\partial x} = \frac{dV}{d\rho}\frac{x}{\rho}$$
$$\frac{\partial^2 V}{\partial x^2} = \frac{d^2V}{d\rho^2}\frac{x^2}{\rho^2} + \frac{dV}{d\rho}\frac{1}{\rho} - \frac{dV}{d\rho}\frac{x^2}{\rho^3}$$

と計算される．$\partial^2 V/\partial y^2$ を求めるには上式で x を y で置き換えればよい．また，いまの場合 $\partial^2 V/\partial z^2 = 0$ である．こうして

$$\Delta V = \frac{d^2V}{d\rho^2} + \frac{1}{\rho}\frac{dV}{d\rho}$$

となる．したがって，ラプラス方程式は $V' = dV/d\rho$ とおき，次式で与えられる．

$$V'' + \frac{V'}{\rho} = 0$$

上式は $V''/V' = -1/\rho$ と書けるからこれを ρ に関し積分し

$$\ln V' = -\ln\rho + A \quad (A\text{：任意定数})$$

が得られる．あるいは $C = e^A$ とおけば $V' = C/\rho$ である．これは $\rho \to 0$ で発散し物理的に無意味であるから，$\rho > a$ のときに正しい解である．これを ρ で積分し

$$V = C\ln\rho + V_0 \quad (V_0\text{：任意定数})$$

となる．題意の境界条件から V_0 を決めれば

$$V(\rho) = C \ln \frac{\rho}{a}$$

となる．C は面密度が σ に等しいという条件から決まる．$\rho > a$ で

$$E(\rho) = -\frac{dV}{d\rho} = -\frac{C}{\rho}$$

と書け，$\rho = a$ とすれば

$$\varepsilon_0 E(a) = \sigma$$

が成り立つので，$C = -\sigma a/\varepsilon_0$ が得られる．こうして

$$V(\rho) = -\frac{\sigma a}{\varepsilon_0} \ln \frac{\rho}{a}$$

が求まり，(a) と同じ結果となる．ちなみに $\rho < a$ では物理的に正しいラプラス方程式の解は $V' = 0$ すなわち $V =$ 定数でいまの境界条件では $V = 0$ となる．

3

問題 7.1　導体内部で電場は 0 であり，また，$\boldsymbol{E}_1$ と $\boldsymbol{E}_2$ の和が表面外部近傍の電場 $\boldsymbol{E}$ を与える．したがって

$$\boldsymbol{E}_1' + \boldsymbol{E}_2' = 0, \quad \boldsymbol{E}_1 + \boldsymbol{E}_2 = \boldsymbol{E}$$

が成り立つ．これから

$$\boldsymbol{E}_1 = -\boldsymbol{E}_1' = \boldsymbol{E}_2' = \boldsymbol{E}_2$$

となり，$\boldsymbol{E}_1 = \boldsymbol{E}_2 = \boldsymbol{E}/2$ が得られる．

問題 7.2　(a)　問題 6.1 により $V = \sigma a/\varepsilon_0$ が成り立つので，これから σ を解き

$$\sigma = \frac{\varepsilon_0 V}{a}$$

となる．

(b)　f_{e} は次のように求まる．

$$f_{\mathrm{e}} = \frac{\sigma^2}{2\varepsilon_0} = \frac{\varepsilon_0 V^2}{2a^2}$$

(c)　球の表面上で f_{e} は一定であるから，F を求めるには f_{e} に球の表面積 $4\pi a^2$ を掛ければよい．すなわち，F は

$$F = 2\pi\varepsilon_0 V^2$$

と表される．

問題 7.3　上の F に対する式に数値を代入し，F は次のように計算される．

$$\begin{aligned} F &= 2\pi \times 8.854 \times 10^{-12} \times 10^4\,\mathrm{N} \\ &= 5.56 \times 10^{-7}\,\mathrm{N} \end{aligned}$$

問題 8.1　国際単位系における ε_0 の数値 $\varepsilon_0 = 8.85 \times 10^{-12}$ を使い

$$\begin{aligned} C &= \frac{8.85 \times 10^{-12} \times 0.5}{0.2 \times 10^{-3}}\,\mathrm{F} \\ &= 2.21 \times 10^{-8}\,\mathrm{F} \end{aligned}$$

と計算される．この値はまた $2.21 \times 10^{-2}\,\mu\mathrm{F}$ あるいは $2.21 \times 10^4\,\mathrm{pF}$ に等しい．蓄えられる電荷 Q は，次のように表される．

$$
\begin{aligned}
Q &= 2.21 \times 10^{-8} \times 6\,\mathrm{C} \\
&= 1.33 \times 10^{-7}\,\mathrm{C}
\end{aligned}
$$

問題 8.2 電気容量が $C_1, C_2, \cdots, C_n$ のコンデンサーの一方の極板を接続してこれを 1 つの極板とし，他方の極板をつないで他方の極板とするような連結法が並列接続である．導線でつながれた n 個の極板は全体で 1 つの導体とみなせるので，電位はすべて同じである．したがって，図 3.10(a) のように起電力 V の電池に連結したとすれば，その電位差 V はすべてのコンデンサーに対して共通となる．この電位差のため電気容量 C_i のコンデンサーの左の極板には Q_i，右側の極板には $-Q_i$ の電気がたまり $(Q_i > 0)$，その際

$$Q_i = C_i V$$

の関係が成り立つ．全体を 1 つのコンデンサーとみなせば，左の極板には $Q = Q_1 + Q_2 + \cdots + Q_n$，右の極板には $-Q$ の電荷が蓄えられるから，全体の電気容量 C は次のように表される．

$$
\begin{aligned}
C &= \frac{Q}{V} = \frac{Q_1 + Q_2 + \cdots + Q_n}{V} \\
&= C_1 + C_2 + \cdots + C_n
\end{aligned}
$$

直列接続の場合には，図 3.10(b) のように電池の陽極から流れ出す正電荷を Q，陰極から流れ出す負電荷を $-Q$ とすれば，個々のコンデンサーに蓄えられる電荷は図示したようになる．それぞれのコンデンサーの極板間の電位差の和が電池の起電力 V に等しいから

$$V = V_1 + V_2 + \cdots + V_n$$

が成り立つ．ここで，それぞれのコンデンサーについて

$$V_i = \frac{Q}{C_i}$$

と書け，また全体の電気容量を C とすれば $V = Q/C$ である．したがって，次のようになる．

$$
\begin{aligned}
\frac{1}{C} &= \frac{V}{Q} = \frac{V_1 + V_2 + \cdots + V_n}{Q} \\
&= \frac{1}{C_1} + \frac{1}{C_2} + \cdots + \frac{1}{C_n}
\end{aligned}
$$

問題 9.1 $F_\mathrm{e} = \varepsilon_0 S V^2 / 2l^2$ に与えられた数値を代入すると，F_e は

$$
\begin{aligned}
F_\mathrm{e} &= \frac{8.85 \times 10^{-12} \times 0.5 \times 6^2}{2 \times (0.2 \times 10^{-3})^2}\,\mathrm{N} \\
&= 1.99 \times 10^{-3}\,\mathrm{N}
\end{aligned}
$$

と計算される．これを重力加速度 $9.81\,\mathrm{m/s^2}$ で割ると求める質量は $2.03 \times 10^{-4}\,\mathrm{kg}$ となる．

問題 9.2 $f_\mathrm{e} = \sigma^2 / 2\varepsilon_0$ の関係に $\sigma = Q/S$ を代入し，F_e を求めるため S を掛ければ，F_e は次のようになる．

$$F_\mathrm{e} = \frac{S}{2\varepsilon_0} \left(\frac{Q}{S} \right)^2 = \frac{Q^2}{2\varepsilon_0 S}$$

問題 9.3 (a) 半径 r の球面にガウスの法則を適用し

$$4\pi\varepsilon_0 r^2 E(r) = Q$$

が得られる．これから

$$E(r) = \frac{Q}{4\pi\varepsilon_0 r^2}$$

となる．電位差 V は

$$V = \frac{Q}{4\pi\varepsilon_0}\int_a^b \frac{dr}{r^2} = \frac{Q}{4\pi\varepsilon_0}\left[-\frac{1}{r}\right]_a^b = \frac{Q}{4\pi\varepsilon_0}\left(\frac{1}{a} - \frac{1}{b}\right)$$

と計算され，これから電気容量は $Q = CV$ の関係により次のように求まる．

$$C = \frac{4\pi\varepsilon_0 ab}{b - a}$$

(b)　$\mathrm{S_a}$ のすぐ外側での電場は $Q/4\pi\varepsilon_0 a^2$ と書けるので，f_a は

$$f_a = \frac{\varepsilon_0}{2}E^2 = \frac{\varepsilon_0}{2}\frac{Q^2}{(4\pi\varepsilon_0 a^2)^2} = \frac{Q^2}{32\pi^2\varepsilon_0 a^4}$$

と表される．また，F_a は上式に球の表面積 $4\pi a^2$ を掛けて次のように求まる．

$$F_a = \frac{Q^2}{8\pi\varepsilon_0 a^2}$$

(c)　(b) の結果で $a \to b$ とおけばよい．したがって

$$f_b = \frac{Q^2}{32\pi^2\varepsilon_0 b^4}, \quad F_b = \frac{Q^2}{8\pi\varepsilon_0 b^2}$$

となる．平行板コンデンサーと違い F_a と F_b は互いに作用反作用の関係にあるような力ではない．このため $F_a \neq F_b$ となる．

問題 10.1　導体表面に発生する全体の誘導電荷は

$$-\frac{qd}{2\pi}\int_{-\infty}^{\infty}\frac{dxdy}{(x^2 + y^2 + d^2)^{3/2}}$$

と表される．xy 面上で，原点 O を中心とする半径 r と $r + dr$ の円に挟まれた部分（下図の斜線部分）の面積は $2\pi r dr$ と書けるので，上式は

$$-qd\int_0^{\infty}\frac{rdr}{(r^2 + d^2)^{3/2}} = qd(r^2 + d^2)^{-1/2}\Big|_0^{\infty} = -q$$

と計算される．

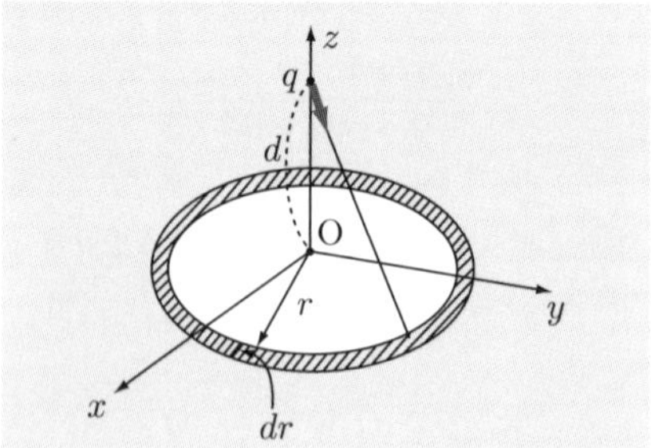

問題 10.2　点電荷と鏡像電荷と間の距離は $2d$ であるから，点電荷に働くクーロン力は

$$F = -\frac{q^2}{4\pi\varepsilon_0(2d)^2} = -\frac{q^2}{16\pi\varepsilon_0 d^2}$$

となる．負の符号は点電荷に引力が働くことを示す．

問題 10.3　誘導電荷が点電荷 q に及ぼすクーロン力は，軸対称性により z 成分だけをもつ．左図の斜線部分の電荷は $2\pi r\sigma dr$ と書けるから，上述の z 成分は

$$\frac{q}{4\pi\varepsilon_0}\frac{2\pi r\sigma d}{(r^2+d^2)^{3/2}}dr$$

と表される．したがって，$r^2 = x^2 + y^2$ に注意し例題 10 で導いた σ を上式に代入して，r に関して 0 から ∞ まで積分すると，求める力の z 成分 F は

$$\begin{aligned} F &= -\frac{q^2 d^2}{4\pi\varepsilon_0}\int_0^\infty \frac{r}{(r^2+d^2)^3}dr = \frac{q^2 d^2}{4\pi\varepsilon_0}\left[\frac{1}{4(r^2+d^2)^2}\right]_0^\infty \\ &= -\frac{q^2}{16\pi\varepsilon_0 d^2} \end{aligned}$$

と計算され，問題 10.2 の結果と一致する．

3

4 章の解答

4

問題 1.1　球面上で法線方向の単位ベクトル $\boldsymbol{n}$ は

$$\boldsymbol{n} = \left(\frac{x}{a}, \frac{y}{a}, \frac{z}{a}\right)$$

と表される．一般に

$$\frac{\partial V}{\partial r} = \frac{\partial V}{\partial x}\frac{\partial x}{\partial r} + \frac{\partial V}{\partial y}\frac{\partial y}{\partial r} + \frac{\partial V}{\partial z}\frac{\partial z}{\partial r} = \frac{\partial V}{\partial x}\frac{x}{r} + \frac{\partial V}{\partial y}\frac{y}{r} + \frac{\partial V}{\partial z}\frac{z}{r}$$

と書ける．したがって，球面上で次式が成り立つ．

$$\begin{aligned} -\frac{\partial V}{\partial r} &= E_x n_x + E_y n_y + E_z n_z \\ &= \boldsymbol{E}\cdot\boldsymbol{n} = E_n \end{aligned}$$

問題 1.2　例題 1 と問題 1.1 の結果を利用すると E_n は

$$E_n = E\cos\theta + 2E\cos\theta = 3E\cos\theta$$

と計算される．したがって，誘導電荷の面密度 σ は

$$\sigma = \varepsilon_0 E_n = 3\varepsilon_0 E\cos\theta$$

と表される．

問題 1.3　上記の σ を球の表面全体にわたって積分すると，極座標を使い

$$\int_0^\pi \cos\theta\sin\theta d\theta$$

という積分が現れる．この積分値は 0 となり，いまの解は導体球の電荷が 0 の場合を表していることがわかる．

問題 1.4　例題 1 の V に電荷 Q をもつ導体球の電位を加えれば，ラプラス方程式，境界条件を満たす解が得られる．したがって，求める電位は次のように表される．

$$V = \frac{1}{4\pi\varepsilon_0}\frac{Q}{r} - Er\cos\theta + \frac{a^3\cos\theta}{r^2}E$$

問題 2.1　(4.3) で $\boldsymbol{r}\to\boldsymbol{r}-\boldsymbol{r}'$ という変換を行えばよい．すなわち，$V(\boldsymbol{r})$ は

$$V(\boldsymbol{r}) = \frac{\boldsymbol{p}\cdot(\boldsymbol{r}-\boldsymbol{r}')}{4\pi\varepsilon_0|\boldsymbol{r}-\boldsymbol{r}'|^3}$$

と表される．

問題 2.2　点電荷 $-q$ の位置ベクトルを $\boldsymbol{r}$，点電荷 q の位置ベクトルを $\boldsymbol{r}+\boldsymbol{l}$ とすれば，電気双極子の位置エネルギー U は

$$U = q[V(\boldsymbol{r}+\boldsymbol{l}) - V(\boldsymbol{r})]$$

で与えられる．テイラー展開を適用し $\boldsymbol{l}$ の高次の項を省略すると

$$U = q\left(\frac{\partial V}{\partial x}l_x + \frac{\partial V}{\partial y}l_y + \frac{\partial V}{\partial z}l_z\right)$$

が得られる．$\boldsymbol{E} = -\nabla V$ に注意すれば

$$U = -q\nabla V\cdot\boldsymbol{l} = -\boldsymbol{p}\cdot\boldsymbol{E}$$

となる．

問題 2.3 例題 2 の結果で $\boldsymbol{p} \to \boldsymbol{p}_1$ とおき，これと $-\boldsymbol{p}_2$ とのスカラー積をとれば与式が導かれる．

問題 2.4 $\boldsymbol{p}$ と $\boldsymbol{r}$ とは垂直だから例題 2 により $\boldsymbol{E} = -\boldsymbol{p}/4\pi\varepsilon_0 r^3$ となる．したがって，電場の大きさ E は $E = p/4\pi\varepsilon_0 r^3$ と書ける．これに数値を代入し，E は

$$\begin{aligned} E &= \frac{3.4 \times 10^{-30}}{4\pi \times 8.85 \times 10^{-12} \times (5 \times 10^{-9})^3} \frac{\mathrm{V}}{\mathrm{m}} \\ &= 2.45 \times 10^5 \frac{\mathrm{V}}{\mathrm{m}} \end{aligned}$$

と計算される．

問題 3.1 ガウスの定理は

$$\int_{\mathrm{S}} A_n dS = \int_{\mathrm{V}} \mathrm{div}\, \boldsymbol{A} dV$$

で与えられる．$\boldsymbol{A} = \boldsymbol{P}(\boldsymbol{r})/|\boldsymbol{R} - \boldsymbol{r}|$ と選び，例題 3 中で導いた

$$\mathrm{div} \frac{\boldsymbol{P}(\boldsymbol{r})}{|\boldsymbol{R} - \boldsymbol{r}|} = \frac{\boldsymbol{P} \cdot (\boldsymbol{R} - \boldsymbol{r})}{|\boldsymbol{R} - \boldsymbol{r}|^3} + \frac{\mathrm{div}\, \boldsymbol{P}}{|\boldsymbol{R} - \boldsymbol{r}|}$$

にガウスの定理を適用し，少々整理すれば $V(\boldsymbol{R})$ の式が得られる．

問題 3.2

$$\begin{aligned} &\int_{\mathrm{S}} \sigma' dS + \int_{\mathrm{V}} \rho dV \\ &= \int_{\mathrm{S}} P_n dS - \int_{\mathrm{V}} \mathrm{div} \boldsymbol{P} dV \end{aligned}$$

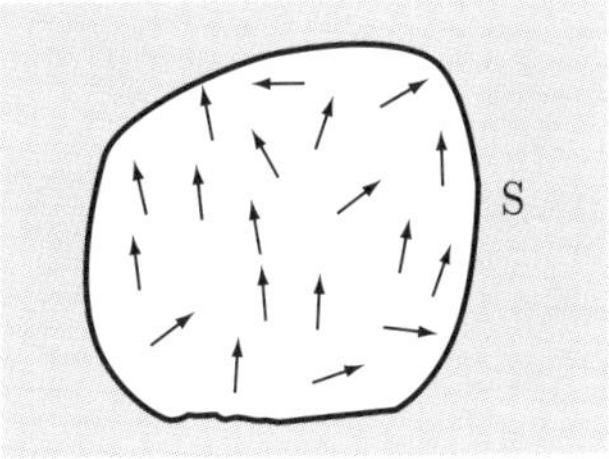

と書けるが，ガウスの定理により上式は 0 となる．右図のように曲面 S は電気双極子を切ることはない．1 つの電気双極子の電荷は ± で打ち消し合うから S 内の全電荷量は 0 である．この電荷は見かけ上，S に生じる分極電荷と V 内の分極電荷として記述されるので両者の和は 0 となる．

問題 4.1 電気容量は 8 倍となるので，240 μF である．

問題 4.2 極板 A,B に真電荷 $Q, -Q$ が蓄えられているとする．コンデンサーの外側には電場がなく，電気力線は極板と垂直に生じる．電気力線は極板と垂直であるから，誘電率 ε_1 の誘電体中の電場を E_1 とすれば，極板 A を挟む円筒にガウスの法則を適用し

$$\varepsilon_1 E_1 = \frac{Q}{S}$$

が得られる．同様に，誘電率 ε_2 の誘電体中の電場を E_2 とすれば，極板 B を挟む円筒を考え

$$\varepsilon_2 E_2 = \frac{Q}{S}$$

となる．上の両式から AB 間の電圧 V は

$$\begin{aligned} V &= E_1 x + E_2(l - x) = \frac{Q}{S}\left(\frac{x}{\varepsilon_1} + \frac{l - x}{\varepsilon_2}\right) \\ &= \frac{Q}{S} \frac{\varepsilon_1(l - x) + \varepsilon_2 x}{\varepsilon_1 \varepsilon_2} \end{aligned}$$

と計算される．したがって，電気容量 C は次のように求まる．

$$C = \frac{Q}{V} = \frac{\varepsilon_1 \varepsilon_2 S}{\varepsilon_1(l-x) + \varepsilon_2 x}$$

$x=0$ とおけば $C = \varepsilon_2 S/l$，$x = l$ とおけば $C = \varepsilon_1 S/l$ となり，(4.9) と同じ結果が導かれる．

問題 5.1　ガウスの法則 (4.12) は

$$\int_{\mathrm{S}} D_n dS = \int_{\mathrm{V}} \rho dV$$

と書ける．一方，ガウスの定理を利用し左辺を変形すると

$$\int_{\mathrm{V}} \mathrm{div}\, \boldsymbol{D} dV = \int_{\mathrm{V}} \rho dV$$

が成り立つ．積分範囲 V は任意の領域としてよいから $\mathrm{div}\, \boldsymbol{D} = \rho$ が得られる．

問題 5.2　電位 V により電場 $\boldsymbol{E}$ は

$$\boldsymbol{E} = -\nabla V$$

と表されるが，この x, y, z 成分は

$$E_x = -\frac{\partial V}{\partial x}, \quad E_y = -\frac{\partial V}{\partial y}, \quad E_z = -\frac{\partial V}{\partial z}$$

と書ける．ε が一定だと $\mathrm{div}\, \boldsymbol{D} = \rho$ から

$$\varepsilon\, \mathrm{div}\, \boldsymbol{E} = \rho$$

が得られ，これに上式を代入しポアソン方程式として，次式が導かれる．

$$-\varepsilon \left(\frac{\partial^2 V}{\partial x^2} + \frac{\partial^2 V}{\partial y^2} + \frac{\partial^2 V}{\partial z^2} \right) = -\varepsilon \Delta V = \rho$$

問題 6.1　A と B とを導線でつなぐと両者の間で電荷が移動する．移動後の電荷を Q_{A}'，Q_{B}' とすれば，電荷の総量は保存されるので

$$Q_{\mathrm{A}}' + Q_{\mathrm{B}}' = Q_{\mathrm{A}} + Q_{\mathrm{B}}$$

が成り立つ．また，A と B とは同電位となるが，移動後の電位は例題 6(b) 中の 2 式の Q を Q' で置き換えたもので与えられる．よって $V_{\mathrm{A}}' = V_{\mathrm{B}}'$ の条件から

$$Q_{\mathrm{A}}' = -q$$

となる．すなわち，

$$Q_{\mathrm{A}}' = -q, \quad Q_{\mathrm{B}}' = Q_{\mathrm{A}} + Q_{\mathrm{B}} + q$$

が得られる．

問題 6.2　$Q_{\mathrm{A}} = Q_{\mathrm{B}} = 0$ だと原点に q の点電荷が存在するだけであるから，原点を除き $D(r)$ は

$$D(r) = \frac{q}{4\pi r^2}$$

で与えられる．$E(r)$ を求めるには，この $D(r)$ を真空中では ε_0，誘電体中では ε で割ればよい．

問題 7.1　物質 1,2 中で

$$\boldsymbol{D}_1 = \varepsilon_1 \boldsymbol{E}_1, \quad \boldsymbol{D}_2 = \varepsilon_2 \boldsymbol{E}_2$$

が成り立つ．$\sigma = 0$ の場合，これらの法線方向の成分を考慮し $\varepsilon_1 E_{1n} = \varepsilon_2 E_{2n}$ が得られる．

問題 7.2 大理石の比誘電率は 8 であるから，1/8 倍となる．

問題 8.1 $E_{1t} = E_{2t}$ の関係から

$$\frac{D_{1t}}{\varepsilon_1} = \frac{D_{2t}}{\varepsilon_2}$$

となり，一般に $\boldsymbol{D}$ の接線成分は境界面で不連続となる．

問題 8.2 D_n，E_t が連続という条件から

$$\varepsilon_1 E_1 \cos\theta_1 = \varepsilon_2 E_2 \cos\theta_2, \quad E_1 \sin\theta_1 = E_2 \sin\theta_2$$

となり，右式を左式で割れば次の関係が得られる．

$$\frac{\tan\theta_2}{\tan\theta_1} = \frac{\varepsilon_2}{\varepsilon_1}$$

問題 8.3 図 4.9 の AB 間で $E_{1t}l = V(\mathrm{A}) - V(\mathrm{B})$ が成り立つ．同様に CD 間で $E_{2t}l = V(\mathrm{D}) - V(\mathrm{C})$ となる．電位が連続であれば

$$V(\mathrm{A}) = V(\mathrm{D}), \quad V(\mathrm{B}) = V(\mathrm{C})$$

の等式が成立し，上の 2 式の右辺は同じとなる．したがって，$E_{1t} = E_{2t}$ が導かれる．

4

問題 9.1 (7) から $N = 1/3$ と表される．

問題 9.2 $\boldsymbol{D} = \varepsilon_0 \boldsymbol{E} + \boldsymbol{P}$ の関係で球内では

$$\boldsymbol{P} = -\frac{\varepsilon_0 \boldsymbol{E}}{N}$$

と書け，これを $\boldsymbol{D}$ の式に代入すれば与式が得られる．

問題 9.3 (10a)～(10c) により次のように計算される．

$$\begin{aligned}
E^2 &= {E_x}^2 + {E_y}^2 + {E_z}^2 \\
&= \left(\frac{Pa^3}{\varepsilon_0}\right)^2 \left(\frac{z^2x^2}{r^{10}} + \frac{z^2y^2}{r^{10}} + \frac{1}{9r^6} - \frac{2z^2}{3r^8} + \frac{z^4}{r^{10}}\right) \\
&= \left(\frac{Pa^3}{\varepsilon_0}\right)^2 \left(\frac{z^2}{r^8} + \frac{1}{9r^6} - \frac{2z^2}{3r^8}\right) = \left(\frac{Pa^3}{\varepsilon_0}\right)^2 \left(\frac{1}{9r^6} + \frac{z^2}{3r^8}\right) \\
&= \frac{(Pa^3)^2}{9{\varepsilon_0}^2 r^6}(1 + 3\cos^2\theta)
\end{aligned}$$

問題 10.1 $E = V/x$ であるから

$$U_\mathrm{e} = \frac{\varepsilon SEV}{2}$$

となる．また，εE は極板上の面密度 σ である．したがって，$U_\mathrm{e} = QV/2$ と書ける．この関係に $Q = CV$，$V = Q/C$ を代入すると

$$U_\mathrm{e} = \frac{CV^2}{2} = \frac{Q^2}{2C}$$

が導かれる．

問題 10.2 回路を流れる電流を I，コンデンサー C に蓄えられる電荷を $\pm Q$ とすれば，回路中の電位差を考え

$$\frac{Q}{C} + RI = V$$

という回路方程式が成り立つ．微小時間 δt を考え

$$I\delta t = \delta Q$$

の関係に注意すれば，上式に $I\delta t$ を掛け

$$\frac{Q\delta Q}{C} + RI^2\delta t = V\delta Q$$

が得られる．右辺は δt の間に電池のする仕事，$RI^2\delta t$ はその間に発生するジュール熱である．したがって，エネルギー保存則により $Q\delta Q/C$ はその間の電気エネルギーの増加分 δU_{e} を表す．すなわち

$$\delta U_{\mathrm{e}} = \frac{Q\delta Q}{C}$$

となり $Q=0$ で $U_{\mathrm{e}}=0$ という条件で積分すれば，次式が導かれる．

$$U_{\mathrm{e}} = \frac{Q^2}{2C}$$

4

問題 11.1　電気容量 C を使うと $Q=CV$ と書ける．例題 4 により

$$C = \frac{\varepsilon S}{x}$$

が成り立つから

$$Q = \frac{\varepsilon SV}{x}$$

となる．上式を (3) に代入すると (5) が得られ，(3) と (5) は等価であることがわかる．

問題 11.2　(5) で $\varepsilon \to \varepsilon_0$，$x \to l$ とおき，力の大きさを考えれば 3 章の例題 9 の結果が導かれる．

問題 12.1　与式から

$$\delta Q = -\frac{\varepsilon SV}{x^2}\delta x$$

と計算され，これを

$$\delta W = V\delta Q$$

に代入すれば (4) が直ちに導かれる．

問題 12.2　$\delta x > 0$ では $\delta Q < 0$ となる．電池が仕事をする場合には $\delta W > 0$ で，そのとき電池は放電状態にある．このため電池は有限な寿命をもつのである．いまの場合，$\delta Q < 0$ でいわば電池は充電状態にある．

5章の解答

問題 1.1 $F = \dfrac{1}{4\pi\mu_0} = \dfrac{10^7}{(4\pi)^2}\,\mathrm{N} = 6.33 \times 10^4\,\mathrm{N}$

問題 1.2 μ_0 は $[\mathrm{N}]/[\mathrm{A}]^2$ の次元をもつので，(5.1) の両辺の次元を考えると

$$[\mathrm{N}] = \frac{[\mathrm{A}]^2[q_\mathrm{m}]^2}{[\mathrm{N}][\mathrm{m}]^2} \qquad \therefore \quad [q_\mathrm{m}]^2 = \frac{[\mathrm{N}]^2[\mathrm{m}]^2}{[\mathrm{A}]^2}$$

が得られる．これから $\mathrm{N}\cdot\mathrm{m} = \mathrm{J}$ に注意すると

$$[q_\mathrm{m}] = \frac{[\mathrm{J}]}{[\mathrm{A}]}$$

となる．すなわち，磁荷の単位 Wb は J/A に等しいことがわかる．

問題 1.3 電位に対する (3.3) で $q \to q_\mathrm{m}$，$\varepsilon_0 \to \mu_0$ の変換を行えば与式が導かれる．

問題 1.4

$$\int_\mathrm{A}^\mathrm{B} \boldsymbol{H}\cdot d\boldsymbol{s} = \int_\mathrm{A}^\mathrm{B} (-\nabla V_\mathrm{m})\cdot d\boldsymbol{s} = -\int_\mathrm{A}^\mathrm{B} dV_\mathrm{m} = V_\mathrm{m}(\mathrm{A}) - V_\mathrm{m}(\mathrm{B})$$

問題 1.5 電場に対するガウスの法則 (2.10) で $\varepsilon_0 \to \mu_0$ の変換を実行し，電荷を磁荷で置き換えれば磁場に対するガウスの法則となる．

問題 1.6 3章の電位に対する議論で $\varepsilon_0 \to \mu_0$，$q \to q_\mathrm{m}$ の変換を行えば，磁位を扱うこととなる．したがって，磁荷密度 $\rho_\mathrm{m}(\boldsymbol{r})$ を $\rho_\mathrm{m}(\boldsymbol{r}) = \sum q_{\mathrm{m}k}\delta(\boldsymbol{r} - \boldsymbol{r}_k)$ と定義すれば磁位に対するポアソン方程式は，3章の例題3に対応し

$$\mu_0 \Delta V_\mathrm{m}(\boldsymbol{r}) = -\rho_\mathrm{m}(\boldsymbol{r})$$

と書ける．磁荷のないところで磁位はラプラス方程式の解となる．

問題 2.1 点磁荷 $-q_\mathrm{m}$ の位置ベクトルを $\boldsymbol{r}$，点磁荷 q_m の位置ベクトルを $\boldsymbol{r} + \boldsymbol{l}$ とすれば，磁気双極子の位置エネルギー U は

$$U = q_\mathrm{m}[V_\mathrm{m}(\boldsymbol{r} + \boldsymbol{l}) - V_\mathrm{m}(\boldsymbol{r})]$$

と書ける．$\boldsymbol{l}$ が十分小さいと $U = q_\mathrm{m}\nabla V_\mathrm{m}\cdot\boldsymbol{l}$ となり，$\boldsymbol{H} = -\nabla V_\mathrm{m}$ に注意すれば

$$U = -q_\mathrm{m}\boldsymbol{H}\cdot\boldsymbol{l} = -\boldsymbol{m}\cdot\boldsymbol{H}$$

が得られる．

問題 2.2 (a) この棒磁石の体積は $\pi a^2 l$ と書ける．M は単位体積当たりのモーメントであるから，棒磁石全体の磁気モーメントは M を $\pi a^2 l$ 倍すれば求まる．したがって，$m = \pi a^2 l M$ が得られる．

(b) 表面磁荷の面密度は M に等しい．よって，

$$q_\mathrm{m} = \pi a^2 M$$

となる．または，(a) で求めた m を l で割っても同じ結果が導かれる．

(c) $\pm q_{\mathrm{m}}$ の磁荷からの寄与を考慮し，点 P における磁場 H は次のように計算される．

$$H = \frac{a^2 M}{4\mu_0}\left(\frac{1}{s^2} - \frac{1}{(l+s)^2}\right)$$

問題 2.3 $H = \dfrac{(5\times10^{-3})^2\times1.5}{4\times4\pi\times10^{-7}}\left(\dfrac{1}{0.05^2} - \dfrac{1}{0.15^2}\right)\dfrac{\mathrm{A}}{\mathrm{m}} = 2.7\times10^3\,\dfrac{\mathrm{A}}{\mathrm{m}}$

問題 2.4 $m_{\mathrm{B}} = \dfrac{1.60\times10^{-19}\times6.63\times10^{-34}}{4\pi\times9.11\times10^{-31}}\dfrac{\mathrm{C\cdot J\cdot s}}{\mathrm{kg}} = 9.27\times10^{-24}\,\mathrm{A\cdot m^2}$

と計算される．ただし，$\mathrm{J} = \mathrm{kg\cdot m^2\cdot s^{-2}}$ に注意し $\mathrm{C\cdot J\cdot s/kg} = \mathrm{C\cdot m^2\cdot s^{-1}} = \mathrm{A\cdot m^2}$ の関係を利用した．また，m は

$$\begin{aligned} m &= \mu_0 m_{\mathrm{B}} = 4\pi\times10^{-7}\times9.27\times10^{-24}\,(\mathrm{N/A^2})\,(\mathrm{A\cdot m^2}) \\ &= 1.16\times10^{-29}\,\mathrm{Wb\cdot m} \end{aligned}$$

となる．ここで $\mathrm{N/A} = \mathrm{Wb/m}$ を用いた．

問題 3.1 (a) $r = a$，$\theta = 0$ では $x = y = 0$，$z = a$ である．4 章の例題 9 で $\varepsilon_0 \to \mu_0$，$P \to M$ と変換すれば (10a)〜(10c) により $H_x = H_y = 0$，$H_z = 2M/3\mu_0$ が得られる．

(b) (a) の結果から次のようになる．

$$\begin{aligned} M &= \frac{3\mu_0}{2}H_z = \frac{3}{2}\times4\pi\times10^{-7}\times53\,\frac{\mathrm{Wb}}{\mathrm{m^2}} \\ &= 1.0\times10^{-4}\,\frac{\mathrm{Wb}}{\mathrm{m^2}} \end{aligned}$$

(c) 地球の体積は $4\pi a^3/3$ であるから，m は次のように計算される．

$$\begin{aligned} m &= \frac{4\pi}{3}a^3 M = \frac{4\pi}{3}(6.38\times10^6)^3\times1.0\times10^{-4}\,\mathrm{Wb\cdot m} \\ &= 1.1\times10^{17}\,\mathrm{Wb\cdot m} \end{aligned}$$

問題 3.2 外部磁場を 0 にしたとき強磁性体のもつ磁化が自発磁化である．外部磁場が 0 でも，内部では反磁場が生じるので，ヒステリシス曲線の横軸は反磁場を表すことになる．反磁場と M との関係は

$$H = -NM/\mu_0$$

で表され，一方，両者の関係はヒステリシス曲線で記述される．したがって，下図のように両者の関係を表す直線と曲線の交点として自発磁化が決まる．

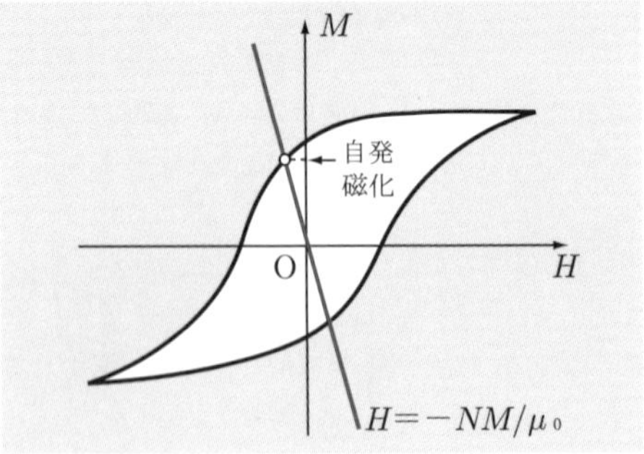

問題 4.1　反磁性体では $B=\mu_0 H - M$ と書け，M は次のように計算される．

$$M = \mu_0 H - B = \left(\frac{\mu_0}{\mu} - 1\right) B_0$$

問題 4.2　4章の問題 5.1 と同じ議論を使うと，磁場では真磁荷がないので $\mathrm{div}\,\boldsymbol{B}=0$ が得られる．

問題 4.3　4章の例題7で磁場の場合には真磁荷が存在しないので常に

$$B_{1n} = B_{2n}$$

が成り立つ．また，4章の例題8の議論を繰り返すと，磁場が磁位から導かれる場合 $H_{1t}=H_{2t}$ となる．

問題 4.4　B_n の連続性から $B_1 \cos\theta_1 = B_2 \cos\theta_2$ となる．また，H_t の連続性から $B_1 \sin\theta_1/\mu_1 = B_2 \sin\theta_2/\mu_2$ が得られる．これらの関係から

$$\mu_1 \tan\theta_2 = \mu_2 \tan\theta_1$$

が求まる．

問題 5.1　$N = 50\times 10^{-4}\times 2\times 0.03^2\,\mathrm{N\cdot m} = 9\times 10^{-6}\,\mathrm{N\cdot m}$

問題 5.2　(5.17) に $I=5$，$B=20\times 10^{-4}$，$\sin\theta = 1/2$，$ds=10^{-2}$ を代入し次のように計算される．

$$F = 5\times 20\times 10^{-4}\times 0.5\times 10^{-2}\,\mathrm{N} = 5\times 10^{-5}\,\mathrm{N}$$

問題 6.1　円の中心を座標原点にとり，円運動の半径を a とすれば $q>0$ では

$$x = -a\cos(\omega_{\mathrm{c}} t + \alpha), \quad y = a\sin(\omega_{\mathrm{c}} t + \alpha)$$

となって円運動は負の向き（時計回り）である．$q<0$ では逆に正の向き（反時計回り）となる．

問題 6.2　電子の場合

$$|q| = 1.60\times 10^{-19}\,\mathrm{C}, \quad m = 9.11\times 10^{-31}\,\mathrm{kg}$$

を使うと (4) から

$$\omega_{\mathrm{c}} = \frac{1.60\times 10^{-19}\times 10^{-1}}{9.11\times 10^{-31}}\,\mathrm{s}^{-1} = 1.76\times 10^{10}\mathrm{s}^{-1}$$

と計算される．$\omega = 2\pi f$ の関係により振動数を求めると $f = 2.80\times 10^9\,\mathrm{Hz}$ となる．光速は $3\times 10^8\,\mathrm{m/s}$ であるから電磁波の波長は

$$\frac{3\times 10^8}{2.80\times 10^9}\,\mathrm{m} = 0.11\,\mathrm{m}$$

となる．電子レンジで使われるマイクロ波の波長は 12 cm 程度で，いまの波長はほぼこれに等しい．

問題 7.1　(a)　ビオ・サバールの法則により座標 z にある長さ dz の微小部分が P に作る $d\boldsymbol{H}$ は y 軸の正方向を向くことがわかる．また，$\sin\theta = r/(r^2+z^2)^{1/2}$ と書けるので，(5.22) から次式が得られる．

$$dH = \frac{I}{4\pi}\frac{r}{(r^2+z^2)^{3/2}}dz \tag{1}$$

(b)　導線全体の寄与を求めるには，(1) を z について点 A の z 座標 z_{A} から点 B の z 座標

5

z_B まで積分すればよい．こうして

$$H = \frac{Ir}{4\pi}\int_{z_\mathrm{A}}^{z_\mathrm{B}} \frac{dz}{(r^2+z^2)^{3/2}} \tag{2}$$

となる．(2) の積分を実行するため，$z = r\tan\varphi$ と変数変換を行う．幾何学的には φ は図 5.15(b) の $\angle$OPC を表す．次の関係

$$dz = \frac{rd\varphi}{\cos^2\varphi}, \quad r^2+z^2 = \frac{r^2}{\cos^2\varphi}$$

に注意し，z_A，z_B はそれぞれ $-\varphi_\mathrm{A}$，φ_B に対応することを使うと次のようになる．

$$H = \frac{I}{4\pi r}\int_{-\varphi_\mathrm{A}}^{\varphi_\mathrm{B}} \cos\varphi d\varphi = \frac{I}{4\pi r}(\sin\varphi_\mathrm{A} + \sin\varphi_\mathrm{B}) \tag{3}$$

問題 7.2　無限に長い直線の場合には $\varphi_\mathrm{A} = \varphi_\mathrm{B} = \pi/2$ とおき $H = I/2\pi r$ と書ける．

問題 7.3　H は次のように計算される．

$$H = \frac{3}{2\pi\times 0.1}\,\frac{\mathrm{A}}{\mathrm{m}} = 4.77\,\frac{\mathrm{A}}{\mathrm{m}}$$

問題 8.1　$d\boldsymbol{s} = (0, dy', 0)$，　$\boldsymbol{r}-\boldsymbol{r}' = (x-a, y-y', z)$ であるから，$d\boldsymbol{s}\times(\boldsymbol{r}-\boldsymbol{r}')$ は次のように計算される．

$$d\boldsymbol{s}\times(\boldsymbol{r}-\boldsymbol{r}') = \begin{vmatrix} \boldsymbol{i} & \boldsymbol{j} & \boldsymbol{k} \\ 0 & dy' & 0 \\ x-a & y-y' & z \end{vmatrix} = zdy'\boldsymbol{i} - (x-a)dy'\boldsymbol{k}$$

問題 8.2　$d\boldsymbol{s} = (dx', 0, 0)$，$\boldsymbol{r}-\boldsymbol{r}' = (x-x', y+b, z)$ だと次のようになる．

$$d\boldsymbol{s}\times(\boldsymbol{r}-\boldsymbol{r}') = \begin{vmatrix} \boldsymbol{i} & \boldsymbol{j} & \boldsymbol{k} \\ dx' & 0 & 0 \\ x-x' & y+b & z \end{vmatrix} = -zdx'\boldsymbol{j} + (y+b)dx'\boldsymbol{k}$$

問題 9.1　例題 9 の結果で $l\to\infty$ の極限をとると

$$F = \frac{\mu_0 I_1 I_2}{2\pi r}l$$

が得られる．すなわち，単位長さ当たりの力の大きさは $\mu_0 I_1 I_2/2\pi r$ と表される．電流が同じ向きの場合は引力，反対向きの場合には斥力となる．

問題 9.2　$F = \dfrac{4\pi\times 10^{-7}\times 2^2}{2\pi\times 0.1}\ \mathrm{N} = 8\times 10^{-6}\ \mathrm{N}$

問題 10.1　$\boldsymbol{m} = \mu_0 I\boldsymbol{n}\Delta S$ に注意すると，図 5.22 で (a), (b) 両方の場合に

$$\boldsymbol{m}\cdot\boldsymbol{r} = \mu_0 Ir\Delta S\cos\theta$$

が成立し与式が得られる．

問題 10.2　$\Delta S\cos\theta/r^2$ の大きさは P が ΔS を見込む立体角 $\Delta\Omega$ である．立体角は符号をもつとし，図 5.22(a) では正，(b) では負であるとすれば

$$\Delta V_\mathrm{m} = \frac{I\Delta\Omega}{4\pi}$$

が成り立つ．

問題 11.1 A から z 軸に垂線を下ろしその足を O′ とする．O′A は $r\ \sin\ \theta$ であるから，AD は $r\ \sin\ \theta\Delta\varphi$ に等しい．また，AB は $r\Delta\theta$ と書ける．$\Delta\theta, \Delta\varphi$ が十分小さければ ABCD は長方形とみなされ，その面積は

$$\Delta S = r^2\ \sin\ \theta\Delta\varphi\Delta\theta$$

と書ける．したがって，

$$\Delta\Omega = \sin\ \theta\Delta\varphi\Delta\theta$$

である．

問題 11.2 図 5.25 の球の半径を a とすれば，半球の表面積は $2\pi a^2$ なので半空間を見込む立体角は 2π となる．また，全空間を見込む立体角は 4π で，これについてはすでに 2 章の問題 5.1 で学んだ．

問題 12.1 $(-\sin\ \theta, \cos\ \theta, 0) \times (-a\ \cos\ \theta, -a\ \sin\ \theta, z)$

$$= \begin{vmatrix} \boldsymbol{i} & \boldsymbol{j} & \boldsymbol{k} \\ -\sin\ \theta & \cos\ \theta & 0 \\ -a\cos\ \theta & -a\sin\ \theta & z \end{vmatrix} = z\cos\theta\,\boldsymbol{i} + z\sin\theta\,\boldsymbol{j} + a\,\boldsymbol{k}$$

問題 12.2 問題の立体角は次のように計算される．

$$\Omega = \int_0^{2\pi} d\varphi \int_0^{\theta_0} \sin\ \theta d\theta = 2\pi(1 - \cos\ \theta_0)$$

問題 13.1 I の向きを逆にすると磁石板 S′ の表裏が逆転し，$\Omega_{\mathrm{A}} = -2\pi$,　$\Omega_{\mathrm{B}} = 2\pi$ となって (5.24b) が導かれる．

問題 13.2 $\boldsymbol{H} = -\nabla V_{\mathrm{m}}$ とし，点 A から点 B まで任意の曲線に沿う積分を考えると

$$\int_{\mathrm{A}}^{\mathrm{B}} \boldsymbol{H}\cdot d\boldsymbol{s} = -\int_{\mathrm{A}}^{\mathrm{B}} dV_{\mathrm{m}} = V_{\mathrm{m}}(\mathrm{A}) - V_{\mathrm{m}}(\mathrm{B})$$

となる．閉曲線では A = B であるから上式は 0 となり，これは $I \neq 0$ の場合アンペールの法則と矛盾し，磁位が存在しえないことがわかる．形式的には，上式とアンペールの法則から

$$V_{\mathrm{m}}(\mathrm{B}) = V_{\mathrm{m}}(\mathrm{A}) - I$$

で，電流の回りで 1 回り積分すると磁位は I だけ減少する．逆回りに回ると磁位は I だけ増加する．いずれにせよ，電流の回りで何回か回ると磁位は増減を繰り返すので磁位は一義的に決まらず，場所の多価関数となる．

問題 14.1 I_1 を磁石板で置き換えたとき，C はこの磁石板を 3 回貫通し，よってアンペールの法則を考えたとき $3I_1$ をとる必要がある．一方，I_2 を磁石板で置き換えると C は磁石板を 2 回貫通するが，I_1 の場合と逆の符号をとらねばならない．したがって，アンペールの法則は次のように書ける．

$$\oint_{\mathrm{C}} \boldsymbol{H}\cdot d\boldsymbol{s} = 3I_1 - 2I_2$$

問題 14.2 (a)　ビオ・サバールの法則を使うと，$\boldsymbol{H}$ は円の接線方向に生じることがわかる．
(b)　円に沿う微小な長さを ds と書けば

$$\boldsymbol{H}\cdot d\boldsymbol{s} = Hds$$

が成り立つ．このためアンペールの法則は

$$\oint H ds = I$$

と書ける．円上で H は一定であるから積分記号の外に出すことができ，s に関する積分は円周の長さ $2\pi r$ を与える．こうして $H = I/2\pi r$ が得られる．

問題 14.3　S の裏から表へ向かう全電流は

$$\int_S j_n dS$$

と表される．このため，アンペールの法則は次のようになる．

$$\oint_C \boldsymbol{H} \cdot d\boldsymbol{s} = \int_S j_n dS$$

問題 15.1　軸対称性により H_n の値は図の半径 a の円上で同じであり，またソレノイドが十分長ければ H_n は a だけに依存する．このため，図の斜線のような半径 a の円筒にガウスの定理を適用すると，表面にわたる面積積分は 0 でなくなりこれはガウスの法則と矛盾する．

問題 15.2　H は

$$H = 2000 \times 4\,\mathrm{A/m} = 8000\,\mathrm{A/m}$$

と計算される．また B は

$$B = \mu_0 H = 4\pi \times 10^{-7} \times 8000\,\mathrm{T} = 1.01 \times 10^{-2}\,\mathrm{T} = 101\,\mathrm{G}$$

となる．

問題 16.1　鉄環と外部との境界面では，磁場の接線成分が連続であるから $B/\mu = B_0/\mu_0$ の関係が成り立つ．すなわち外部の磁束密度 B_0 は $B_0 = B/k_\mathrm{m}$ と表される．k_m は 7×10^3 の程度であるから，事実上 B_0 は 0 とみなしてよい．

問題 16.2　$k_\mathrm{m} \to \infty$ の極限では (a) の結果により

$$B = \frac{\mu N I}{k_\mathrm{m} \delta}$$

となり B は δ に反比例する．

5

6 章の解答

問題 1.1 $\omega = 100\pi\,\mathrm{s}^{-1} = 314\,\mathrm{s}^{-1}$ を使うと，交流電圧の振幅は $ab\omega B = 0.4 \times 0.5 \times 314 \times 0.2\,\mathrm{V} = 12.6\,\mathrm{V}$ と計算される．

問題 1.2 磁束密度 $\boldsymbol{B}$ は磁化 $\boldsymbol{M}$ と同じ次元をもち，一方 M は［磁荷］/［面積］という次元をもつ．磁束は B の次元に面積を掛けたものとなるので，その単位は磁荷の単位 Wb と同じになる．

問題 1.3 円を貫く磁束は $\Phi = \pi a^2 B_0 t^2$ と書ける．したがって，誘導起電力は

$$V_i = -\frac{d}{dt}(\pi a^2 B_0 t^2) = -2\pi a^2 B_0 t$$

と計算される．

問題 2.1 $E = -\nabla V$ を C に沿い A から B まで積分すると

$$\int_{\mathrm{A}}^{\mathrm{B}} \boldsymbol{E} \cdot d\boldsymbol{s} = -\int_{\mathrm{A}}^{\mathrm{B}} dV = V(\mathrm{A}) - V(\mathrm{B})$$

となり，これは A から B へ電流を流すような起電力となる．したがって，B → A の極限をとれば与式が導かれる．

問題 2.2 電磁誘導は物体間の相対運動に依存する現象であるから，同じような電磁誘導が観測される．

問題 3.1 誘導起電力の大きさは $200 \times 10^{-4} \times 0.1 \times 8\,\mathrm{V} = 0.016\,\mathrm{V}$ と計算される．

問題 4.1 （磁束）＝（インダクタンス）×（電流）という関係からわかるように，$\mathrm{H} = \mathrm{Wb/A}$ と書ける．(5.3) から

$$\mathrm{Wb} = \frac{\mathrm{J}}{\mathrm{A}} = \frac{\mathrm{VC}}{\mathrm{C/s}} = \mathrm{V \cdot s}$$

が導かれるので，$\mathrm{H} = \mathrm{V \cdot s/A}$ とも表される．

問題 4.2 図 6.8 で C_1 の作る磁場は S_1 の裏から表へ向かうように生じ，このため自己インダクタンスは正となる．一方，C_1 の向きを逆にすると I_1 の符号が逆転し，また C_2 の向きを逆にすると Φ_2 の符号が逆転するため M の符号が変わる．

問題 5.1 ソレノイドの断面積は $S = \pi \times (0.015)^2\mathrm{m}^2 = 7.07 \times 10^{-4}\mathrm{m}^2$ となる．このため，(2) に数値を代入し L は次のように計算される．

$$L = 4\pi \times 10^{-7} \times \frac{100^2}{0.05} \times 7.07 \times 10^{-4}\,\mathrm{H} = 1.78 \times 10^{-4}\,\mathrm{H}$$

問題 5.2 問題 5.1 で求めた値を 7×10^3 倍し L は 1.25 H となる．

問題 6.1 2 次コイルの巻数は $200 \times 19.5/100 = 39$ 回となる．

問題 6.2 $\Phi_1 = L_1 I_1 + M I_2, \quad \Phi_2 = L_2 I_2 + M I_1$

問題 6.3 起電力の大きさは $4 \times 10^{-3} \times 3/(5 \times 10^{-3})\,\mathrm{V} = 2.4\,\mathrm{V}$ と計算される．また，コイルに 3A の電流が流れているときコイルのもつ磁束は $4 \times 10^{-3} \times 3\,\mathrm{Wb} = 1.2 \times 10^{-2}\,\mathrm{Wb}$ となる．

問題 7.1　t' でスイッチを切ったとき，電流は V/R であるが，スイッチ両端に生じる電位差 V' は

$$V' = VR'/R \gg V$$

となり高電圧に達する．例えば $R'/R = 100$ だと，1.5 V の電池でも 150 V の電圧が発生する．

問題 7.2　インダクタンス，電気抵抗の次元を考えると $[L] = [\mathrm{V}][\mathrm{s}]/[\mathrm{A}]$，$[R] = [\mathrm{V}]/[\mathrm{A}]$ $\therefore$ $[\tau] = [L]/[R] = [\mathrm{s}]$ となる．

問題 7.3　$\tau = (2 \times 10^{-3}/50)\,\mathrm{s} = 4 \times 10^{-5}\,\mathrm{s}$

問題 8.1　$z = i\theta$ とおき，$i^2 = -1$，$i^3 = -i$，$i^4 = 1$，$\cdots$ を使うと

$$e^{i\theta} = 1 - \frac{\theta^2}{2!} + \frac{\theta^4}{4!} - \cdots + i\left(\theta - \frac{\theta^3}{3!} + \frac{\theta^5}{5!} - \cdots\right)$$

となり，$\cos\theta$，$\sin\theta$ の展開式を用いるとオイラーの公式が導かれる．

問題 8.2　複素電流 I を実数部分と虚数部分にわけ $I = I_\mathrm{r} + iI_\mathrm{i}$ とおき，オイラーの公式を利用すると (6.15) は

$$L\frac{dI_\mathrm{r}}{dt} + RI_\mathrm{r} + i\left(L\frac{dI_\mathrm{i}}{dt} + RI_\mathrm{i}\right) = V_0(\cos\omega t + i\sin\omega t)$$

と書ける．上式の左辺，右辺の実数部分を比較すると，I_r は (6.14) を満たすことがわかる．

問題 8.3　$V(t) = V_0e^{i\omega t}$ とし，電位，電流に対しそれぞれ複素振幅を導入する．複素振幅に対する関係を求めると dI/dt の項からは $i\omega$ という因子が現れ $e^{i\omega t}$ は方程式から落ちるので

$$\hat{V}_\mathrm{A} - \hat{V}_\mathrm{B} = V_0, \quad \hat{V}_\mathrm{C} - \hat{V}_\mathrm{B} = R\hat{I}, \quad \hat{V}_\mathrm{A} - \hat{V}_\mathrm{C} = i\omega L\hat{I}$$

が得られる．上式から，形式的に L のところに抵抗 $i\omega L$ があり，電源の起電力は V_0 としてキルヒホッフの第 2 法則を適用すれば $(R + i\omega L)\hat{I} = V_0$ が導かれる．いまの場合，R と $i\omega L$ が直列に接続しているので，合成インピーダンス $\hat{Z}$ は両者の和で

$$\hat{Z} = R + i\omega L$$

となる．さらに電流の分岐点で電荷が溜まらないとすれば，電流の複素振幅に対してキルヒホッフの第 1 法則が成り立ち，このような観点から直流回路と同様に複素インピーダンスが求められる．

問題 9.1　$\hat{Z} = R + i\omega L$ が成り立つので

$$Z = \sqrt{R^2 + \omega^2L^2}$$

が得られる．また，図 6.18 を参照すると $Z\cos\phi = R$ が成り立つ．よって，$\cos\phi$ は次のように求まる．

$$\cos\phi = \frac{R}{Z} = \frac{R}{\sqrt{R^2 + \omega^2L^2}}$$

問題 9.2　ω は $\omega = 100\pi = 314\,\mathrm{s}^{-1}$ で与えられ

$$Z = \sqrt{200^2 + (314 \times 3)^2}\,\Omega = 963\,\Omega, \quad \cos\phi = 200/963 = 0.208$$

と計算される．

問題 9.3 (a) 例題 9 の (4) から

$$\hat{Z} = \frac{i\omega LR}{R + i\omega L} = \frac{\omega^2 L^2 R + i\omega LR^2}{R^2 + \omega^2 L^2}$$

となる．したがって，次のようになる．

$$Z_\mathrm{r} = \frac{\omega^2 L^2 R}{R^2 + \omega^2 L^2}, \quad Z_\mathrm{i} = \frac{\omega LR^2}{R^2 + \omega^2 L^2}$$

(b) $\tan\phi = Z_\mathrm{i}/Z_\mathrm{r}$ を使い，次式が得られる．

$$\tan\phi = \frac{R}{\omega L}$$

問題 10.1 例題 10 の (3) により次のようになる．

$$\tan\phi = 2 \times \frac{2 + 2^2}{1 + 2^2 \times 2} = \frac{4}{3}$$

問題 10.2 アドミッタンスは

$$\hat{Y} = \frac{1}{R + iX} = \frac{R - iX}{R^2 + X^2}$$

と表される．したがって，次の公式が導かれる．

$$G = \frac{R}{R^2 + X^2}, \quad B = -\frac{X}{R^2 + X^2}$$

問題 11.1 例題 11 の (1) を時間で微分し，(6.21) を利用すると

$$L\frac{d^2 I}{dt^2} + R\frac{dI}{dt} + \frac{I}{C} = V'(t)$$

が得られる．ただし，ダッシュは時間に関する微分で

$$V'(t) = \frac{dV}{dt}$$

を意味する．上式は時間に関する 2 階微分を含むので，この種の方程式を **2 階の微分方程式**という．

問題 11.2 $\omega = 60 \times 2\pi\,\mathrm{s}^{-1} = 377\,\mathrm{s}^{-1}$ に注意すると

$$Z_\mathrm{r} = 500\ \Omega, \quad Z_\mathrm{i} = \left(377 \times 2 - \frac{1}{377 \times 3 \times 10^{-6}}\right)\Omega = -130\,\Omega$$

と計算される．したがって，次のようになる．

$$Z = \sqrt{500^2 + 130^2}\,\Omega = 517\,\Omega, \quad \tan\phi = -0.26$$

問題 12.1 (1) の α に対する 2 次方程式を解くと α は

$$\alpha = -\frac{R}{2L} \pm \sqrt{\frac{R^2}{4L^2} - \frac{1}{LC}}$$

と求まる．ここで，R が十分小さくて平方根の中が負になる場合，すなわち

$$R^2 < \frac{4L}{C}$$

の条件が満たされている場合には，α は (2)，(3) のように表される．

問題 12.2 $R = 0$ の回路，すなわち LC 回路では $\gamma = 0$ となり I は

$$I = I_0 \cos(\omega' t - \phi)$$

6

という角振動数 ω' の交流電流となり，回路中に電気振動が起こる．この場合の角振動数 ω' は，(3) で $R=0$ とおき次式で与えられる．

$$\omega' = \frac{1}{\sqrt{LC}}$$

問題 12.3 上の ω' の式に数値を代入し

$$\omega' = \frac{1}{\sqrt{4\times10^{-3}\times2\times10^{-6}}}\,\mathrm{s}^{-1} = 1.12\times10^{4}\,\mathrm{s}^{-1}$$

となる．また，周期 T は $T=2\pi/\omega'$ の関係から $T=5.61\times10^{-4}\mathrm{s}$ と求まる．

問題 13.1 問題 5.1 により

$$L = 1.78\times10^{-4}\,\mathrm{H}$$

と表される．周波数最小のとき C は最大となる．最小周波数に相当する ω は

$$\omega = 2\pi\times526.5\times10^{3}\,\mathrm{s}^{-1} = 3.31\times10^{6}\,\mathrm{s}^{-1}$$

と計算され，これに対する C は $C=1/\omega^2 L$ の関係から

$$C = \frac{1}{(3.31\times10^{6})^2\times1.78\times10^{-4}}\,\mathrm{F} = 5.13\times10^{-10}\,\mathrm{F} = 513\,\mathrm{pF}$$

となる．一方，最大周波数に対応する ω は $\omega=1.01\times10^{7}\,\mathrm{s}^{-1}$ と書け，最小の C は

$$C = \frac{1}{(1.01\times10^{7})^2\times1.78\times10^{-4}}\,\mathrm{F} = 5.51\times10^{-11}\,\mathrm{F} = 55\,\mathrm{pF}$$

と計算される．すなわち，C の変域は 55 pF～513 pF である．

6

問題 13.2 C，R の並列回路の複素インピーダンスの逆数は

$$\frac{1}{R} + i\omega C = \frac{1+i\omega CR}{R}$$

で与えられ，複素インピーダンス自身は

$$\frac{R}{1+i\omega CR} = \frac{R(1-i\omega CR)}{1+\omega^2C^2R^2} = \frac{R-i\omega CR^2}{1+\omega^2C^2R^2}$$

と書ける．これと $i\omega L$ が直列接続なので，全体の合成インピーダンスは

$$\begin{aligned}\hat{Z} &= i\omega L + \frac{R}{1+\omega^2C^2R^2} - i\omega\frac{CR^2}{1+\omega^2C^2R^2}\\ &= \frac{R}{1+\omega^2C^2R^2} + i\omega\frac{L(1+\omega^2C^2R^2)-CR^2}{1+\omega^2C^2R^2}\\ &= \frac{R}{1+\omega^2C^2R^2} + i\omega\frac{L+CR^2(\omega^2LC-1)}{1+\omega^2C^2R^2}\end{aligned}$$

と計算される．

問題 14.1 $U_{\mathrm{m}} = \dfrac{1}{2}\times3\times10^{-3}\times5^2\,\mathrm{J} = 3.75\times10^{-2}\,\mathrm{J}$

問題 14.2 例題 5 の (3) により

$$H = \frac{NI}{l},\quad B = \mu\frac{NI}{l},\quad L = \mu\frac{N^2}{l}S$$

と表される．したがって，磁気エネルギーは

$$U_{\mathrm{m}} = \frac{L}{2}I^2 = \frac{\mu N^2 S}{2l}\frac{HBl^2}{\mu N^2} = \frac{HB}{2}Sl$$

と計算される．上式で Sl はソレドイドの体積である．したがって，単位体積当たりのエネルギー，すなわち磁気エネルギー密度は

$$u_{\mathrm{m}} = \frac{HB}{2}$$

と書ける．

問題 14.3　磁荷が生じる磁場は磁位 V_{m} で記述され

$$\boldsymbol{H} = -\nabla V_{\mathrm{m}}$$

が成り立つ．ここで

$$\mathrm{div}\,(V_{\mathrm{m}}\boldsymbol{B}) = V_{\mathrm{m}}\,\mathrm{div}\,\boldsymbol{B} + \nabla V_{\mathrm{m}} \cdot \boldsymbol{B}$$

であるが $\mathrm{div}\,\boldsymbol{B} = 0$ に注意すると

$$-\mathrm{div}(V_{\mathrm{m}}\boldsymbol{B}) = \boldsymbol{H} \cdot \boldsymbol{B} \tag{1}$$

となる．磁荷は有限な領域内に存在するとし，この領域を含む十分大きな半径 R の球を考え，球の内部を V，その球面を S とする．(1) にガウスの定理を適用すると

$$-\int_{\mathrm{S}} V_{\mathrm{m}} B_n dS = \int_{\mathrm{V}} \boldsymbol{H} \cdot \boldsymbol{B} dV \tag{2}$$

となる．真磁荷は存在しないから，磁荷は遠くから眺めると磁気双極子として振る舞い $V_{\mathrm{m}} \sim 1/R^2$，$B_n \sim 1/R^3$ の程度で，$R \to \infty$ とすれば (2) の左辺は 0 である．したがって，全空間に対する積分をとると $U_{\mathrm{m}} = 0$ となる．電流があると磁位は存在しないため上述の議論は成り立たない．

問題 14.4　誘電体から磁性体への変換を実行すると，球外の磁場は

$$H^2 = \frac{(Ma^3)^2}{9{\mu_0}^2 r^6}(1 + 3\cos^2\theta)$$

と表される．このため，球外の磁気エネルギーはこれを積分し

$$\begin{aligned}
U_{外} &= \frac{1}{2}\mu_0 \int H^2 dV \\
&= \frac{1}{2}\mu_0 \frac{(Ma^3)^2}{9{\mu_0}^2}(2\pi)\int_0^{\pi}(1 + 3\cos^2\theta)\sin\theta d\theta \int_a^{\infty}\frac{r^2}{r^6}dr \\
&= \frac{(Ma^3)^2\pi}{9\mu_0}(2+2)\frac{1}{3a^3} \\
&= \frac{4\pi M^2 a^3}{27\mu_0}
\end{aligned} \tag{1}$$

と計算される．一方，球内では

$$\frac{1}{2}(\boldsymbol{H} \cdot \boldsymbol{B}) = -\frac{M^2}{9\mu_0}$$

となり，これに球の体積 $4\pi a^3/3$ を掛け，内部のエネルギーとして

6

$$U_{内} = -\frac{4\pi M^2 a^3}{27\mu_0} \tag{2}$$

が得られる．(1) と (2) とは大きさは等しいが符号が逆であるから，両者の和をとると全体の磁気エネルギーは 0 となる．球外では $\boldsymbol{H}$ と $\boldsymbol{B}$ とは平行で磁気エネルギーは正であるが，球内では $\boldsymbol{H}$ と $\boldsymbol{B}$ とは反平行で磁気エネルギーは負となり，両者が相殺するのである．

問題 15.1　例題 15 の (3) で $\xi = x$ とおく．また，$\Phi_0 = Blx$ と書けるので F_x は次のように表される．

$$\begin{aligned} F_x &= IB\frac{\partial(lx)}{\partial x} + \frac{I^2}{2}\frac{\partial L}{\partial x} \\ &= IBl + \frac{I^2}{2}\frac{\partial L}{\partial x} \end{aligned}$$

L が x に依存しないと (5.18) の力だけを考慮すればよく，上式最右辺の第 1 項はそのような力を表している．

問題 15.2　ソレノイド中の磁場は $H = NI/l$ と書けるので，鉄心中で磁束密度は $B = \mu NI/l$，真空中で $B = \mu_0 NI/l$ と表される．鉄心中のコイルの巻数は Nx/l，真空中の巻数は $N(l-x)l$ となり，全体の磁束 Φ は

$$\Phi = \frac{\mu N^2 xS}{l^2}I + \frac{\mu_0 N^2(l-x)S}{l^2}I$$

と書ける．上式から自己インダクタンスは

$$L = \frac{\mu N^2 xS}{l^2} + \frac{\mu_0 N^2(l-x)S}{l^2}$$

と表される．$\mu \gg \mu_0$ が成り立つので

$$\frac{\partial L}{\partial x} = \frac{\mu N^2 S}{l^2} - \frac{\mu_0 N^2 S}{l^2} \simeq \frac{\mu N^2 S}{l^2}$$

が得られる．例題 15 の (3) で $\Phi_0 = 0$ とし，$\xi = x$ とおけば F_x は次のようになる．

$$F_x = \frac{I^2 \mu N^2 S}{2l^2}$$

問題 15.3　数値を代入し F_x は次のように計算される．

$$\begin{aligned} F_x &= \frac{2^2 \times 4\pi \times 10^{-7} \times 7 \times 10^3 \times 100^2 \times \pi \times (0.015)^2}{2 \times 0.05^2}\,\mathrm{N} \\ &= 49.7\,\mathrm{N} \end{aligned}$$

問題 16.1　電流 I，変位電流 $\partial\boldsymbol{D}/\partial t$ はいずれも z 軸に沿っているから，ビオ・サバールの法則を適用すると磁場は z 軸に垂直であることがわかる．すなわち，$H_z = 0$ となる．一方，体系は z 軸の回りで軸対称性をもち，このため磁力線は z 軸を中心とする同心円である（問題 16.3 参照）．図 6.35 のように，z 軸を中心とする半径 r の円を閉曲線 C にとると，(6.27) の左辺は $2\pi rH$ と表される．一方，この円を貫く電束 Ψ は

$$D = \sigma = \frac{Q}{\pi a^2}$$

を用いると

$$\Psi = \begin{cases} D\pi r^2 = \dfrac{Qr^2}{a^2} & (r < a) \\ D\pi a^2 = Q & (r > a) \end{cases}$$

と表される．したがって，$0 < z < l$ の空間では $j_n = 0$，$dQ/dt = I$ に注意すると，(6.27) により H は次のように求まる．

$$H = \begin{cases} \dfrac{Ir}{2\pi a^2} & (r < a) \\ \dfrac{I}{2\pi r} & (r > a) \end{cases}$$

問題 16.2　電場の z 成分は $(V_0/l)\cos\omega t$ と書ける．このため，変位電流密度の z 成分は，真空の誘電率 ε_0 を使い

$$\varepsilon_0 \frac{\partial E_z}{\partial t} = -\frac{\varepsilon_0 V_0 \omega}{l} \sin\omega t$$

と表される．したがって，変位電流の z 成分 I_d は上式に円板の面積 πa^2 を掛け

$$I_d = -\frac{\pi a^2 \varepsilon_0 V_0 \omega}{l} \sin\omega t$$

となる．また，問題 16.1 と同様な方法で，$r < a$ に対して

$$H \cdot 2\pi r = \pi r^2 \frac{\partial}{\partial t} \frac{\varepsilon_0 V_0}{l} \cos\omega t = -\pi r^2 \frac{\varepsilon_0 V_0 \omega}{l} \sin\omega t$$

が成り立ち，H は次のように求まる．

$$H = -\frac{r\varepsilon_0 V_0 \omega}{2l} \sin\omega t$$

問題 16.3　体系は z 軸の回りで軸対称性をもつので，z 軸を中心とし任意の半径をもつ円上の 1 点で磁束密度が与えられると，その円上での磁束密度は z 軸の回りで最初の磁束密度を回転したもので記述される．その結果，図のように磁束密度を円の接線方向，法線方向の成分 B_t, B_n にわけたとき，円周上で B_n は一定となる．もし，B_n が 0 でないとガウスの法則により，円内に真磁荷が存在することになりこれは矛盾である．したがって，B_n は 0 で磁力線は同心円として表される．

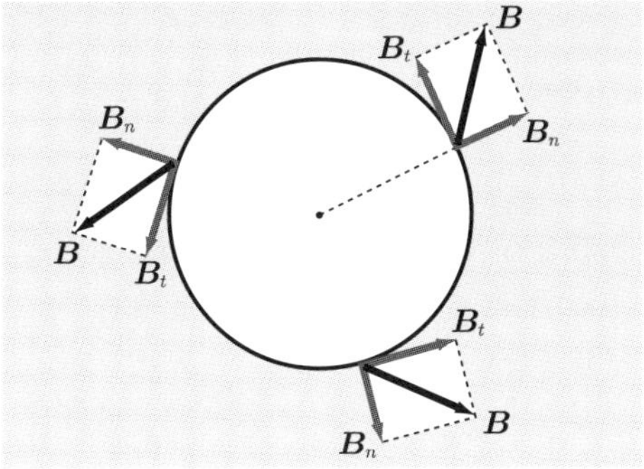

7章の解答

問題 1.1 マクスウェルの方程式で $\partial/\partial t$ の項を落とし，電流密度を 0 とおくと

$$\operatorname{div}\boldsymbol{D}=\rho,\quad \operatorname{div}\boldsymbol{B}=0$$
$$\operatorname{rot}\boldsymbol{E}=0,\quad \operatorname{rot}\boldsymbol{H}=0$$

が得られる．電位により電場は $\boldsymbol{E}=-\nabla V$ と表されるが，この式を使い $\operatorname{rot}\boldsymbol{E}$ の x 成分を求めると

$$(\operatorname{rot}\boldsymbol{E})_x=\frac{\partial E_z}{\partial y}-\frac{\partial E_y}{\partial z}=-\frac{\partial^2 V}{\partial y\partial z}+\frac{\partial^2 V}{\partial z\partial y}=0$$

となり，y,z 成分も同様である．すなわち，電場が電位から導かれると $\operatorname{rot}\boldsymbol{E}=0$ が成り立つ．同じように，磁場が磁位から導かれる場合 $\operatorname{rot}\boldsymbol{H}=0$ である．

問題 1.2 (a) $\operatorname{div}\boldsymbol{D}=\rho,\quad \operatorname{div}\boldsymbol{B}=0$

$\operatorname{rot}\boldsymbol{E}=0,\quad \operatorname{rot}\boldsymbol{H}=\boldsymbol{j}$

(b) 問題 1.1 で学んだように，磁位が存在すれば $\operatorname{rot}\boldsymbol{H}=0$ が成り立つ．逆にいえば，$\boldsymbol{j}\neq 0$ だと磁位は存在しえない．

問題 1.3 ε が一定のとき $\operatorname{div}\boldsymbol{D}=\rho$ から $\varepsilon\operatorname{div}\boldsymbol{E}=\rho$ となる．一方，$\boldsymbol{E}=-\nabla V$ が成り立つと

$$\begin{aligned}\operatorname{div}\boldsymbol{E}&=-\frac{\partial}{\partial x}\frac{\partial V}{\partial x}-\frac{\partial}{\partial y}\frac{\partial V}{\partial y}-\frac{\partial}{\partial z}\frac{\partial V}{\partial z}\\&=-\frac{\partial^2 V}{\partial x^2}-\frac{\partial^2 V}{\partial y^2}-\frac{\partial^2 V}{\partial z^2}=-\Delta V\end{aligned}$$

と書けるので，ポアソン方程式 $-\varepsilon\Delta V=\rho$ が導かれる．

問題 2.1 $\boldsymbol{B}$ の各成分を求めると

$$B_x=\frac{\partial A_z}{\partial y}-\frac{\partial A_y}{\partial z}=0,\quad B_y=\frac{\partial A_x}{\partial z}-\frac{\partial A_z}{\partial x}=0,\quad B_z=\frac{\partial A_y}{\partial x}-\frac{\partial A_z}{\partial y}=B$$

となる．したがって，$\boldsymbol{A}$ は z 方向の一様な磁束密度を表す．

問題 2.2 $V',\boldsymbol{A}'$ が表す電場，磁束密度をそれぞれ $\boldsymbol{E}',\boldsymbol{B}'$ とすれば，$\boldsymbol{E}'$ は

$$\begin{aligned}\boldsymbol{E}'&=-\nabla V'-\frac{\partial\boldsymbol{A}'}{\partial t}=-\nabla\left(V-\frac{\partial\chi}{\partial t}\right)-\frac{\partial\boldsymbol{A}}{\partial t}-\nabla\frac{\partial\chi}{\partial t}\\&=-\nabla V-\frac{\partial\boldsymbol{A}}{\partial t}=\boldsymbol{E}\end{aligned}$$

と表される．同様に，$\operatorname{rot}(\nabla\chi)=0$ の性質を利用すると $\boldsymbol{B}'$ は

$$\boldsymbol{B}'=\operatorname{rot}(\boldsymbol{A}+\nabla\chi)=\operatorname{rot}\boldsymbol{A}=\boldsymbol{B}$$

となり，$\boldsymbol{E}'=\boldsymbol{E}$，$\boldsymbol{B}'=\boldsymbol{B}$ が成り立つ．

問題 2.3 最初の $V,\boldsymbol{A}$ がローレンツ条件を満たさないとき，$V,\boldsymbol{A}$ にゲージ変換を実行すれば

$$\frac{1}{c^2}\frac{\partial V'}{\partial t}+\operatorname{div}\boldsymbol{A}'=\frac{1}{c^2}\frac{\partial V}{\partial t}+\operatorname{div}\boldsymbol{A}-\frac{1}{c^2}\frac{\partial^2\chi}{\partial t^2}+\Delta\chi$$

となるので，上式が 0 になるよう任意関数 χ を選べばよい．

問題 2.4　rot (rot $\boldsymbol{C}$) の x 成分は以下のように表される．

$$
\begin{aligned}
[\mathrm{rot}\,(\mathrm{rot}\,\boldsymbol{C})]_x &= \frac{\partial(\mathrm{rot}\,\boldsymbol{C})_z}{\partial y} - \frac{\partial(\mathrm{rot}\,\boldsymbol{C})_y}{\partial z} \\
&= \frac{\partial}{\partial y}\left(\frac{\partial C_y}{\partial x} - \frac{\partial C_x}{\partial y}\right) - \frac{\partial}{\partial z}\left(\frac{\partial C_x}{\partial z} - \frac{\partial C_z}{\partial x}\right) \\
&= \frac{\partial}{\partial x}\frac{\partial C_y}{\partial y} - \frac{\partial^2 C_x}{\partial y^2} - \frac{\partial^2 C_x}{\partial z^2} + \frac{\partial}{\partial x}\frac{\partial C_z}{\partial z} \\
&= \frac{\partial}{\partial x}\left(\frac{\partial C_x}{\partial x} + \frac{\partial C_y}{\partial y} + \frac{\partial C_z}{\partial z}\right) - \left(\frac{\partial^2}{\partial x^2} + \frac{\partial^2}{\partial y^2} + \frac{\partial^2}{\partial z^2}\right) C_x \\
&= \frac{\partial}{\partial x}\,\mathrm{div}\,\boldsymbol{C} - \Delta C_x
\end{aligned}
$$

y，z 成分も同様で，これらを一まとめにしベクトル記号で表すと与式が導かれる．

問題 2.5　誘電率 ε，透磁率 μ が一定な場合，(7.8) の左式は $\mathrm{div}\,\boldsymbol{E} = \rho/\varepsilon$ と書け，これに $\boldsymbol{E} = -\nabla V - \partial\boldsymbol{A}/\partial t$ を代入すると

$$
\mathrm{div}\,\boldsymbol{E} = -\mathrm{div}\,(\nabla V) - \frac{\partial}{\partial t}\mathrm{div}\,\boldsymbol{A} = \frac{\rho}{\varepsilon} \tag{1}
$$

である．ローレンツ条件は $\mathrm{div}\,\boldsymbol{A} = -(1/c^2)(\partial V/\partial t)$ と書けるので，$\mathrm{div}(\nabla V) = \Delta V$ に注意すると (1) から次式が得られる．

$$
\left(\Delta - \frac{1}{c^2}\frac{\partial^2}{\partial t^2}\right) V = -\frac{\rho}{\varepsilon}
$$

一方，(7.9) の右式は

$$
\frac{1}{\mu}\,\mathrm{rot}\,\boldsymbol{B} = \boldsymbol{j} + \varepsilon\frac{\partial \boldsymbol{E}}{\partial \boldsymbol{t}}
$$

となる．$\boldsymbol{B} = \mathrm{rot}\,\boldsymbol{A}$ を代入して問題 2.4 の公式を利用し，また $\boldsymbol{E} = -\nabla V - \partial\boldsymbol{A}/\partial t$ の関係を使えば

$$
\frac{1}{\mu}\Big(\nabla(\mathrm{div}\boldsymbol{A}) - \Delta\boldsymbol{A}\Big) = \boldsymbol{j} + \varepsilon\left(-\nabla\frac{\partial V}{\partial t} - \frac{\partial^2\boldsymbol{A}}{\partial t^2}\right) \tag{2}
$$

となる．ローレンツ条件は

$$
\varepsilon\mu\frac{\partial V}{\partial t} + \mathrm{div}\,\boldsymbol{A} = 0
$$

と表され，上式を利用すると (2) は

$$
\left(\Delta - \frac{1}{c^2}\frac{\partial^2}{\partial t^2}\right)\boldsymbol{A} = -\mu\boldsymbol{j}
$$

と書ける．このようにして，本文中の (7.14) が導かれる．

問題 3.1　ベクトルポテンシャルの各成分は次のように表される．

$$
\begin{aligned}
A_x &= \frac{1}{4\pi}\frac{m_y z - m_z y}{r^3} = -\frac{my}{4\pi r^3}, \quad A_y = \frac{1}{4\pi}\frac{m_z x - m_x z}{r^3} = \frac{mx}{4\pi r^3} \\
A_z &= \frac{1}{4\pi}\frac{m_x y - m_y x}{r^3} = 0
\end{aligned}
$$

問題 3.2　磁性体中の微小体積 dV は $\boldsymbol{M}(\boldsymbol{r})dV$ の磁気モーメントをもっている．したがって，

この部分が場所 $\boldsymbol{R}$ に作るベクトルポテンシャル $d\boldsymbol{A}$ は例題 3 により $\boldsymbol{r} \to \boldsymbol{R}-\boldsymbol{r}$ と変換し

$$d\boldsymbol{A} = \frac{1}{4\pi}\frac{\boldsymbol{M}(\boldsymbol{r})dV \times (\boldsymbol{R}-\boldsymbol{r})}{|\boldsymbol{R}-\boldsymbol{r}|^3}$$

と書ける．磁性体全体の寄与は上式を領域 V 内で積分し，与式のように表される．

問題 4.1　磁束 $\varPhi$ はストークスの定理により次のように表される．

$$\varPhi = \int_{\mathrm{S}} B_n dS = \int_{\mathrm{S}} (\mathrm{rot}\,\boldsymbol{A})_n dS = \int_{\mathrm{C}} \boldsymbol{A}\cdot d\boldsymbol{s}$$

問題 4.2　電流の流れる向きと垂直に微小面積 dS をもつ断面を考える．この断面を通る電流の大きさは jdS と書けるので，向き，方向まで考慮すると $Id\boldsymbol{s} = \boldsymbol{j}dSds$ が成り立つ．ここで $dSds = dV$ であることに注意すれば与式が導かれる．あるいは次のように考えてもよい．定常電流の場合，真空中で (7.14) の右式は $\Delta\boldsymbol{A} = -\mu_0\boldsymbol{j}$ と書ける．ポアソン方程式 $\Delta V = -\rho/\varepsilon_0$ の解は

$$V(\boldsymbol{R}) = \frac{1}{4\pi\varepsilon_0}\int \frac{\rho(\boldsymbol{r})}{|\boldsymbol{R}-\boldsymbol{r}|}dV$$

と表されるので，これをベクトルに拡張すれば与式が得られる．

問題 4.3　I_2 が場所 $\boldsymbol{r}_1$ に作るベクトルポテンシャルは

$$\boldsymbol{A}_2(\boldsymbol{r}_1) = \frac{\mu_0 I_2}{4\pi}\oint_{\mathrm{C}_2}\frac{d\boldsymbol{s}_2}{|\boldsymbol{r}_1-\boldsymbol{r}_2|}$$

となる．$\varPhi_1$ は問題 4.1 により

$$\varPhi_1 = \oint_{\mathrm{C}_1}\boldsymbol{A}_2(\boldsymbol{r}_1)\cdot d\boldsymbol{s}_1$$

と書けるので，M_{12} は

$$M_{12} = \frac{\mu_0}{4\pi}\oint_{\mathrm{C}_1}\oint_{\mathrm{C}_2}\frac{d\boldsymbol{s}_1\cdot d\boldsymbol{s}_2}{|\boldsymbol{r}_1-\boldsymbol{r}_2|}$$

と表される．M_{21} を求めるには，上の議論で $1 \rightleftarrows 2$ という交換を行えばよい．上式はこのような交換に対し不変な形をもっているので，$M_{12} = M_{21}$ の相反定理が成り立つ．

7

問題 5.1　例題 5 の (2) 左辺の z 成分をとると

$$\begin{aligned} &M_x\frac{\partial}{\partial y}\frac{1}{|\boldsymbol{R}-\boldsymbol{r}|} - M_y\frac{\partial}{\partial x}\frac{1}{|\boldsymbol{R}-\boldsymbol{r}|} \\ &= \frac{\partial}{\partial y}\frac{M_x}{|\boldsymbol{R}-\boldsymbol{r}|} - \frac{\partial}{\partial x}\frac{M_y}{|\boldsymbol{R}-\boldsymbol{r}|} - \frac{1}{|\boldsymbol{R}-\boldsymbol{r}|}\left(\frac{\partial M_x}{\partial y} - \frac{\partial M_y}{\partial x}\right) \end{aligned}$$

となるが，これは (2) 右辺の z 成分と一致する．他の成分についても同様である．

問題 5.2　ガウスの定理は

$$\int_{\mathrm{V}}\left(\frac{\partial A_x}{\partial x} + \frac{\partial A_y}{\partial y} + \frac{\partial A_z}{\partial z}\right)dV = \int_{\mathrm{S}}(A_x n_x + A_y n_y + A_z n_z)dS$$

と書ける．ここで $A_x = C_y$，$A_y = -C_x$，$A_z = 0$ とおけば

$$\int_{\mathrm{V}}\left(\frac{\partial C_y}{\partial x} - \frac{\partial C_x}{\partial y}\right)dV = \int_{\mathrm{S}}(n_x C_y - n_y C_x)dS$$

が得られる．すなわち

$$\int_V (\mathrm{rot}\,\boldsymbol{C})_z dV = \int_S (\boldsymbol{n} \times \boldsymbol{C})_z dS$$

が導かれ，同じような関係が x, y 成分に対しても成り立つ．

問題 5.3　μ_0 の次元は $[\mu_0] = \mathrm{N/A^2}$ となる．一方，$\boldsymbol{M}$ の次元は $\mathrm{Wb/m^2}$ であるから $[\mathrm{rot}\,\boldsymbol{M}] = \mathrm{Wb/m^3}$ と表される．したがって，

$$[\mathrm{rot}\,\boldsymbol{M}/\mu_0] = (\mathrm{Wb/m^3})(\mathrm{A^2/N})$$

である．(5.13) により $\mathrm{Wb/m^3} = \mathrm{N/(A \cdot m^2)}$ と書けるので

$$[\mathrm{rot}\,\boldsymbol{M}/\mu_0] = \mathrm{A/m^2}$$

となり，これは電流密度の次元をもつ．

問題 5.4　z 軸に沿い $\boldsymbol{M}$ が生じているとすれば $\boldsymbol{M} = (0, 0, M)$ と書け，M は定数である．このため $\mathrm{rot}\,\boldsymbol{M} = 0$ となり，磁化電流密度は 0 となる．一方，$\boldsymbol{n}$ は

$$\boldsymbol{n} = \left(\frac{x}{a}, \frac{y}{a}, \frac{z}{a}\right)$$

と表されるので，$\boldsymbol{\sigma}$ の各成分は

$$\sigma_x = -\frac{My}{\mu_0 a}, \quad \sigma_y = \frac{Mx}{\mu_0 a}, \quad \sigma_z = 0$$

と表される．図のように，$z =$ 一定という平面と球とが交わる円の接線に沿って$\boldsymbol{\sigma}$が生じる．

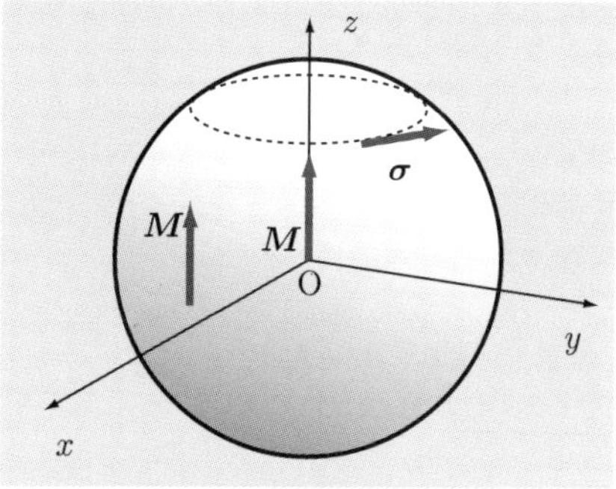

問題 6.1　(5.19) で述べたように，磁束密度 $\boldsymbol{B}$ の中で運動する電荷 q に働くローレンツ力 $\boldsymbol{F}$ は

$$\boldsymbol{F} = q(\boldsymbol{v} \times \boldsymbol{B})$$

で与えられる．この力は速度すなわち粒子の移動方向と垂直であるため，この力は力学的な仕事をしない．したがって，仕事の議論をするとき磁場を考慮する必要はない．

問題 6.2　電場は元をただせば荷電粒子に働く力である．粒子に独立な 2 つの力 $\boldsymbol{F}_1$ と $\boldsymbol{F}_2$ が働くと，結果として $\boldsymbol{F}_1 + \boldsymbol{F}_2$ の力が働くことになる．このため，$\boldsymbol{E}_0$ と $\boldsymbol{E}$ があれば，結果は両者の和として表される．

問題 6.3　(a)　電池の内部でマクスウェルの方程式を満たす電場はラプラス方程式の解で 3 章の問題 2.1 で論じたように一様な電場である．この電場は陽極から陰極へ向かい，$-x$ 方向を向く．

(b)　(7.15) で $\boldsymbol{E}_0$ は電池の外部では 0 と考えているので，領域 V として電池自身をとってもよい．この場合，図 7.5 のように $\boldsymbol{E}_0$ は陰極から陽極へ向かう．また，j に断面積を掛けたのは電流 I に等しい．従来通り $P = VI$ と書け，$E_0 =$ 一定とすれば $E_0 L = V$ が得られる．すなわち，$\boldsymbol{E}_0$ はマクスウェルの方程式に従う電場とちょうど逆向きになる．$\boldsymbol{E}_0$ は電気力に逆らい電気力と釣り合うような外力を表すことがわかり，この状況は準静的過程に対応している．

7

問題 7.1　与式は次のように変形される．

$$
\begin{aligned}
&\operatorname{div}(\boldsymbol{E}\times\boldsymbol{H})\\
&= \frac{\partial}{\partial x}(E_yH_z - E_zH_y) + \frac{\partial}{\partial y}(E_zH_x - E_xH_z) + \frac{\partial}{\partial z}(E_xH_y - E_yH_x)\\
&= H_x\left(\frac{\partial E_z}{\partial y} - \frac{\partial E_y}{\partial z}\right) + H_y\left(\frac{\partial E_x}{\partial z} - \frac{\partial E_z}{\partial x}\right) + H_z\left(\frac{\partial E_y}{\partial x} - \frac{\partial E_x}{\partial y}\right)\\
&\quad -E_x\left(\frac{\partial H_z}{\partial y} - \frac{\partial H_y}{\partial z}\right) - E_y\left(\frac{\partial H_x}{\partial z} - \frac{\partial H_z}{\partial x}\right) - E_z\left(\frac{\partial H_y}{\partial x} - \frac{\partial H_x}{\partial y}\right)\\
&= \boldsymbol{H}\cdot\operatorname{rot}\boldsymbol{E} - \boldsymbol{E}\cdot\operatorname{rot}\boldsymbol{H}
\end{aligned}
$$

問題 7.2　$P = 0$ の場合には，(7.20) から

$$
-\frac{d(U_{\mathrm{e}} + U_{\mathrm{m}})}{dt} = \int_{\mathrm{V}} \frac{j^2}{\sigma} dV + \int_{\mathrm{V}} \operatorname{div}(\boldsymbol{E}\times\boldsymbol{H}) dV
$$

が得られる．上式は電磁場のエネルギーがジュール熱と外部へのエネルギーの流れとして消費されることを意味する．なお，上式右辺の第 2 項については例題 8 を参照せよ．

問題 7.3　D_j を時間で微分すると

$$
\frac{\partial D_j}{\partial t} = \sum_k \varepsilon_{jk} \frac{\partial E_k}{\partial t}
$$

となる．これを (7.21) の左式に代入し，相反定理を利用すると

$$
\begin{aligned}
\frac{dU_{\mathrm{e}}}{dt} &= \int_{\mathrm{V}} \sum_{jk} \varepsilon_{jk} E_j \frac{dE_k}{dt} dV = \frac{1}{2}\int_{\mathrm{V}} \sum_{jk} \varepsilon_{jk}\left(E_j\frac{dE_k}{dt} + E_k\frac{dE_j}{dt}\right) dV\\
&= \frac{1}{2}\frac{d}{dt}\int_{\mathrm{V}} \sum_{jk} \varepsilon_{jk} E_j E_k dV = \frac{1}{2}\frac{d}{dt}\int_{\mathrm{V}} \boldsymbol{E}\cdot\boldsymbol{D}\, dV
\end{aligned}
$$

が得られる．電場が 0 のとき U_{e} も 0 とすれば，これを積分し

$$
U_{\mathrm{e}} = \int_{\mathrm{V}} \frac{\boldsymbol{E}\cdot\boldsymbol{D}}{2} dV
$$

という (4.17) と同じ結果が導かれる．磁気エネルギーでも磁束密度の成分が透磁率テンソルによって

$$
B_j = \sum_k \mu_{jk} H_k
$$

と表され，相反定理 $\mu_{jk} = \mu_{kj}$ が成り立てば同じ議論により次の関係が導かれる．

$$
U_{\mathrm{m}} = \int_{\mathrm{V}} \frac{\boldsymbol{H}\cdot\boldsymbol{B}}{2} dV
$$

問題 8.1　u の定義式とマクスウェルの方程式から

$$
\begin{aligned}
\frac{\partial u}{\partial t} &= \varepsilon\boldsymbol{E}\cdot\frac{\partial \boldsymbol{E}}{\partial t} + \mu\boldsymbol{H}\cdot\frac{\partial \boldsymbol{H}}{\partial t} = \boldsymbol{E}\cdot\frac{\partial \boldsymbol{D}}{\partial t} + \boldsymbol{H}\cdot\frac{\partial \boldsymbol{B}}{\partial t}\\
&= \boldsymbol{E}\cdot(\operatorname{rot}\boldsymbol{H} - \boldsymbol{j}) - \boldsymbol{H}\cdot\operatorname{rot}\boldsymbol{E} = -\operatorname{div}(\boldsymbol{E}\times\boldsymbol{H}) - \boldsymbol{j}\cdot\boldsymbol{E}
\end{aligned}
$$

となり与式が導かれる．

問題 8.2　図 7.7 のような状況ではエネルギーの流れはあるが，エネルギーは保存されたまま

である．これは，問題 8.1 で $\boldsymbol{j}=0$ の場合

$$\frac{\partial u}{\partial t}+\operatorname{div}\boldsymbol{S}=0$$

のエネルギー密度とその流れに対する連続の方程式が成り立つことから理解できる．上式は電荷の連続の方程式と同様，エネルギー保存を表す式で，右辺に $-\boldsymbol{j}\cdot\boldsymbol{E}$ の項があるとジュール熱でエネルギーが消費されたり電池内でエネルギーが作られるといった状況が記述される．

問題 9.1　問題 4.2 の結果

$$\boldsymbol{A}(\boldsymbol{R})=\frac{\mu_0}{4\pi}\int\frac{\boldsymbol{j}(\boldsymbol{r})}{|\boldsymbol{R}-\boldsymbol{r}|}dV$$

で，図 7.8 のような場合，半径 R の球面上で $\boldsymbol{R}$ に比べ $\boldsymbol{r}$ を無視することができる．このため

$$\boldsymbol{A}(\boldsymbol{R})\simeq\frac{\mu_0}{4\pi R}\int\boldsymbol{j}(\boldsymbol{r})dV$$

と表され，$\boldsymbol{A}(\boldsymbol{r})$ は $1/R$ の程度である．もし上の積分が 0 だと $\boldsymbol{A}(\boldsymbol{R})$ は例えば $1/R^2$ の程度でより高次となる．一方，$\boldsymbol{H}$ は $\boldsymbol{A}(\boldsymbol{R})$ を座標で微分したもので与えられるから $\boldsymbol{H}$ は $1/R^2$ の程度である．したがって，例題 9 の (3) の右辺 $(\boldsymbol{A}\times\boldsymbol{H})_n$ は S の上で $1/R^3$ の程度である．これに球の表面積を掛け，全体の寄与は $1/R$ の程度で $R\to\infty$ の極限で 0 となる．

問題 9.2　$\boldsymbol{A}(\boldsymbol{r})$ の式を U_{m} に代入すると

$$U_{\mathrm{m}}=\frac{\mu_0}{8\pi}\int\frac{\boldsymbol{j}(\boldsymbol{r})\cdot\boldsymbol{j}(\boldsymbol{r}')}{|\boldsymbol{r}-\boldsymbol{r}'|}dVdV'$$

が得られる．自己インダクタンス L を使うと $U_{\mathrm{m}}=LI^2/2$ と書けるので，問題文中の変換を実行し，L は

$$L=\frac{\mu_0}{4\pi}\int\frac{\boldsymbol{z}(\boldsymbol{r})\cdot\boldsymbol{z}(\boldsymbol{r}')}{|\boldsymbol{r}-\boldsymbol{r}'|}dVdV'$$

と表される．電流が線状に分布していると

$$\int\frac{dx'}{|x-x'|}$$

という型の積分が現れこれは発散する．しかし，電流が 3 次元的に分布し $\boldsymbol{j}(\boldsymbol{r})$ が有限とすれば，上の積分に相当する項は

$$\int\frac{dV'}{|\boldsymbol{r}-\boldsymbol{r}'|}$$

となる．$|\boldsymbol{r}-\boldsymbol{r}'|=x$ とすれば dV' は x^2dx の程度であるから，上記の積分は $x=0$ の近傍で $(x^2/x)dx=xdx$ といった形となり，発散の困難は解消する．

問題 10.1　(3) の右式を t，(4) の左式を z で偏微分し，両式から $\partial^2E_x/\partial z\partial t$ を消去すると，次式が導かれる．

$$\varepsilon\mu\frac{\partial^2H_y}{\partial t^2}=\frac{\partial^2H_y}{\partial z^2}$$

問題 10.2　スカラーポテンシャル，ベクトルポテンシャルはそれぞれ

$$\left(\Delta-\frac{1}{c^2}\frac{\partial^2}{\partial t^2}\right)V=0,\qquad\left(\Delta-\frac{1}{c^2}\frac{\partial^2}{\partial t^2}\right)\boldsymbol{A}=0$$

7

を満たす．例えば電場の x 成分は

$$E_x = -\frac{\partial V}{\partial x} - \frac{\partial A_x}{\partial t}$$

と書けるが，$V, \boldsymbol{A}$ に対する方程式から

$$\left(\Delta - \frac{1}{c^2}\frac{\partial^2}{\partial t^2}\right)\frac{\partial V}{\partial x} = 0, \quad \left(\Delta - \frac{1}{c^2}\frac{\partial^2}{\partial t^2}\right)\frac{\partial A_x}{\partial t} = 0$$

となり，これから

$$\left(\Delta - \frac{1}{c^2}\frac{\partial^2}{\partial t^2}\right)E_x = 0$$

が導かれる．E_y, E_z も同様である．一方，$\boldsymbol{B} = \mathrm{rot}\,\boldsymbol{A}$ から

$$B_x = \frac{\partial A_z}{\partial y} - \frac{\partial A_y}{\partial z}$$

と書ける．$\boldsymbol{A}$ に対する方程式から

$$\left(\Delta - \frac{1}{c^2}\frac{\partial^2}{\partial t^2}\right)\frac{\partial A_z}{\partial y} = 0, \quad \left(\Delta - \frac{1}{c^2}\frac{\partial^2}{\partial t^2}\right)\frac{\partial A_y}{\partial z} = 0$$

が導かれ，B_x が波動方程式の解になっていることがわかる．同じことが B_y, B_z にも成り立つ．

問題 11.1　z と t は変数であるから，さまざまな値をとるが，もし $t - z/c =$ 一定 であれば，ψ の値は変わらない．すなわち，ψ を z と t の関数とみなしたとき

$$t - z/c = (t + \Delta t) - (z + \Delta z)/c$$

だと

$$\psi(z, t) = \psi(z + \Delta z, t + \Delta t)$$

である．上の条件は $\Delta z/\Delta t = c$ と書け，$\Delta t \to 0$ の極限で $dz/dt = c$ となり，したがって $\psi(z, t)$ が一定であるような z は速さ c で運動する．これから与式は速さ c で z 軸の正の向きに進む波を表すことがわかる．同様に $g(t + z/c)$ の関数は z 軸の負の向きに速さ c で進む波を記述する．一般に ψ は z 軸の正の向き，負の向きに進む波の重ね合わせとして表される．

問題 11.2　$t = 0$ で $\psi = f(-z/c)$ と書ける．$f(-z/c)$ はとにかく z の関数であるからこれを $F(z)$ とすれば $F(z)$ が波形を与える．7.5 節でこのような実例を論じる．

問題 12.1　f という関数は z 軸の正の向きに進む波を記述するから，ポインティングベクトル $\boldsymbol{E} \times \boldsymbol{H}$ も正の向きとなり，f の符号が同じであるのはこのような事情を反映している．逆に g は z 軸の負の向きに進む波を記述するので，E_x, H_y 中の g の符号は逆になる．

問題 12.2　例題 10 の (4) の右式から

$$\frac{\partial H_x}{\partial z} = \varepsilon\left[f'\left(t - \frac{z}{c}\right) + g'\left(t + \frac{z}{c}\right)\right] \tag{1}$$

となり，(1) を z で積分し

$$H_x = -c\varepsilon\left[f\left(t - \frac{z}{c}\right) - g\left(t + \frac{z}{c}\right)\right] + H(t) \tag{2}$$

を得る．ここで，例題 10 の (3) の左式を利用すると

$$\frac{1}{c}f'\left(t - \frac{z}{c}\right) - \frac{1}{c}g'\left(t + \frac{z}{c}\right) - c\varepsilon\mu\left[f'\left(t - \frac{z}{c}\right) - g'\left(t + \frac{z}{c}\right)\right] + \mu H'(t) = 0 \tag{3}$$

と書ける．

$$\frac{1}{c} = c\varepsilon\mu$$

の関係を利用すると，(3) から $H'(t) = 0$ となり，$H(t) = 0$ とおける．こうして，次の結果が得られる．

$$E_y = f\left(t - \frac{z}{c}\right) + g\left(t + \frac{z}{c}\right)$$

$$H_x = -c\varepsilon\left[f\left(t - \frac{z}{c}\right) - g\left(t + \frac{z}{c}\right)\right]$$

ポインティングベクトルの z 成分の正負と波の進む向きを考慮すると，例題 12 と同様，f, g の符号が理解できる．

問題 13.1 右辺から左辺を導くのがわかりやすい．すなわち

$$\frac{\partial(r\psi)}{\partial r} = r\frac{\partial\psi}{\partial r} + \psi, \quad \frac{\partial^2(r\psi)}{\partial r^2} = r\frac{\partial^2\psi}{\partial r^2} + 2\frac{\partial\psi}{\partial r}$$

と書け，右式を r で割れば与式が得られる．

問題 13.2 ψ が r の関数とすれば，ラプラス方程式は例題 13 の (2) により

$$\frac{d^2(r\psi)}{dr^2} = 0$$

となる．上式を r で積分すると

$$\frac{d(r\psi)}{dr} = B, \quad r\psi = A + Br \quad (A, B：定数)$$

が得られ，ψ は

$$\psi = \frac{A}{r} + B$$

と表される．右辺第 1 項はクーロンポテンシャルに対応する．また，$\psi =$ 定数 はラプラス方程式の解である．

問題 13.3 c は真空に対する誘電率 ε_0，透磁率 μ_0 により

$$c = \frac{1}{\sqrt{\varepsilon_0\mu_0}}$$

で与えられる．国際単位系における数値，すなわち (2.3) の $\varepsilon_0 = 10^7/4\pi c^2$，(5.2) の $\mu_0 = 4\pi \times 10^{-7}$ を上式の右辺に代入すれば，その結果は実際真空中の光速 c に等しくなる．

一般に誘電率 ε，透磁率 μ の物質中を伝わる電磁波の速さ c' は $c' = 1/\sqrt{\varepsilon\mu}$ と表されるので，絶対屈折率 n は

$$n = \sqrt{\frac{\varepsilon\mu}{\varepsilon_0\mu_0}}$$

と書ける．通常の物質では $\mu = \mu_0$ としてよいので，次式が成り立つ．

$$n = \sqrt{\frac{\varepsilon}{\varepsilon_0}}$$

問題 13.4 $c' = \dfrac{3.00 \times 10^8}{1.33}\,\mathrm{m/s} = 2.26 \times 10^8\,\mathrm{m/s}$

問題 14.1 $c\varepsilon = 1/c\mu$ の関係が成立するので，例題 14 の結果から与式が導かれる．

問題 14.2 問題 14.1 の結果により，$\langle S \rangle$ は以下のように計算される．

$$\begin{aligned}\langle S \rangle &= \frac{3^2}{2 \times 3 \times 10^8 \times 4\pi \times 10^{-7}} \frac{\mathrm{J}}{\mathrm{m^2 \cdot s}} \\ &= 1.19 \times 10^{-2} \frac{\mathrm{J}}{\mathrm{m^2 \cdot s}}\end{aligned}$$

また，H は (7.30) により次のようになる．

$$H = c\varepsilon E = \frac{E}{c\mu} = \frac{3}{3 \times 10^8 \times 4\pi \times 10^{-7}} \frac{\mathrm{A}}{\mathrm{m}} = 7.96 \times 10^{-3} \frac{\mathrm{A}}{\mathrm{m}}$$

問題 14.3 (a) $1\,\mathrm{cal} = 4.19\,\mathrm{J}$ を用い，与えられた太陽定数を国際単位系に換算すると，次のように計算される．

$$\langle S \rangle = \frac{1.95 \times 4.19 \times 10^4}{60} \frac{\mathrm{J}}{\mathrm{m^2 \cdot s}} = 1.36 \times 10^3 \frac{\mathrm{J}}{\mathrm{m^2 \cdot s}}$$

(b) 問題 14.1 により $E^2 = 2c\mu\langle S \rangle$ と書けるので，真空の透磁率を使うと

$$\begin{aligned}E &= (2 \times 3.00 \times 10^8 \times 4\pi \times 10^{-7} \times 1.36 \times 10^3)^{1/2}\,\mathrm{V/m} \\ &= 1.01 \times 10^3\,\mathrm{V/m}\end{aligned}$$

となる．

(c) 問題 14.2 と同様，$H = c\varepsilon E = E/c\mu$ と表され，E の値を代入すると

$$H = \frac{1.01 \times 10^3}{3 \times 10^8 \times 4\pi \times 10^{-7}} \frac{\mathrm{A}}{\mathrm{m}} = 2.68 \frac{\mathrm{A}}{\mathrm{m}}$$

が得られる．

問題 15.1 $H_1 - H_1' = H_2$ の関係から

$$\sqrt{\frac{\varepsilon_1}{\mu_1}}(E_1 - E_1') = \sqrt{\frac{\varepsilon_2}{\mu_2}} E_2$$

が得られる．これと $E_2 = E_1 + E_1'$ から E_2 を消去すると，反射係数は

$$\frac{E_1'}{E_1} = \frac{\sqrt{\varepsilon_1/\mu_1} - \sqrt{\varepsilon_2/\mu_2}}{\sqrt{\varepsilon_1/\mu_1} + \sqrt{\varepsilon_2/\mu_2}}$$

と表される．

問題 15.2 反射率 R は $R = (E_1'/E_1)^2$ で与えられるので前問の結果を利用し

$$R = \left(\frac{\sqrt{\varepsilon_1/\mu_1} - \sqrt{\varepsilon_2/\mu_2}}{\sqrt{\varepsilon_1/\mu_1} + \sqrt{\varepsilon_2/\mu_2}} \right)^2$$

と計算される．

問題 15.3 $\mu_1 = \mu_2 = \mu_0$ とすれば問題 13.3 により

$$\sqrt{\varepsilon} = n\sqrt{\varepsilon_0}$$

とおけるので，上述の R に対する式から次式が導かれる．

$$R = \left(\frac{n_1 - n_2}{n_1 + n_2} \right)^2$$

問題 15.4　上記の結果に数値を代入すると，ダイヤモンドの反射率は

$$R = \left(\frac{2.4-1}{2.4+1}\right)^2 = 0.17$$

と計算される．一方，ガラスの場合には

$$R = \left(\frac{1.5-1}{1.5+1}\right)^2 = 0.04$$

となり，ダイヤモンドの反射率はガラスに比べ 4.25 倍となる．

問題 15.5　例題 15 で導いた $E_1 + E_1{}' = E_2$ から $E_2/E_1 = 1 + E_1{}'/E_1$ となり，これに問題 15.1 の結果を代入すると，透過係数として

$$\frac{E_2}{E_1} = \frac{2\sqrt{\varepsilon_1/\mu_1}}{\sqrt{\varepsilon_1/\mu_1} + \sqrt{\varepsilon_2/\mu_2}}$$

が導かれる．これは常に正である．

問題 16.1　$\sin 30^\circ = 0.5$ であるから $\sin\varphi = 0.5/1.33 = 0.3759$ で $\varphi = 22.1^\circ$ と計算される．

問題 16.2　図のように深さ H のところにいる魚 C を考える．C から出た光は空気と水との境界面上の点 O を通って人の眼 A に達するとする．光の逆進性によって

$$\frac{\sin\theta}{\sin\varphi} = n$$

が成立する．空気中にいる人は OA に進む光を見るため，魚の位置は OA を延長し C′ のところにあるように感じる．このため，見かけ上，魚の深さが浅くなったように見える．魚を真上から見るときには，O を魚の真上の点 O′ に近づければよい．この極限では θ も φ も 0 に近づき，$\sin\theta \simeq \theta$，$\sin\varphi \simeq \varphi$ という近似式が適用できる．図からわかるように

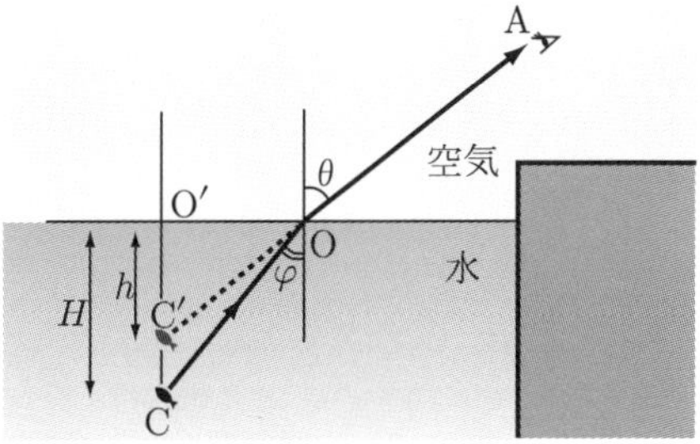

$$h\tan\theta = \mathrm{OO'}, \quad H\tan\varphi = \mathrm{OO'}$$

であるが，θ, φ が小さければ

$$\tan\theta \simeq \theta, \quad \tan\varphi \simeq \varphi$$

としてよい．こうして

$$\frac{H}{h} = \frac{\tan\theta}{\tan\varphi} \simeq \frac{\theta}{\varphi} \simeq \frac{\sin\theta}{\sin\varphi} = n$$

となり，$h = H/n$ が得られる．例えば，1 m の深さの魚は見かけ上 75 cm の深さに見える．

問題 17.1　$\mu_1 = \mu_2 = \mu_0$ が成り立つと

$$\frac{E_1{}'}{E_1} = \frac{\sqrt{\varepsilon_2}\cos\theta - \sqrt{\varepsilon_1}\cos\varphi}{\sqrt{\varepsilon_1}\cos\varphi + \sqrt{\varepsilon_2}\cos\theta}$$

が得られる．この場合には

$$\sqrt{\varepsilon_2}/\sqrt{\varepsilon_1} = c_1/c_2 \qquad \therefore \quad c_1\sqrt{\varepsilon_1} = c_2\sqrt{\varepsilon_2} = \alpha$$

が成立する．これから $\sqrt{\varepsilon_1}$，$\sqrt{\varepsilon_2}$ を解き上式に代入すると，α は分母，分子で消し合い次式

7

が導かれる.

$$\frac{E_1{}'}{E_1} = \frac{c_1 \cos\theta - c_2 \cos\varphi}{c_1 \cos\theta + c_2 \cos\varphi}$$

問題 17.2 $c_1/\sin\theta = c_2/\sin\varphi = \beta$ を上式に代入すると

$$\frac{E_1{}'}{E_1} = \frac{\sin\theta \cos\theta - \sin\varphi \cos\varphi}{\sin\theta \cos\theta + \sin\varphi \cos\varphi}$$

となる．ここで三角関数の加法定理を利用すると，次のような結果が得られる．

$$\begin{aligned}\frac{\tan(\theta-\varphi)}{\tan(\theta+\varphi)} &= \frac{\sin(\theta-\varphi)\cos(\theta+\varphi)}{\sin(\theta+\varphi)\cos(\theta-\varphi)} \\ &= \frac{(\sin\theta\cos\varphi - \cos\theta\sin\varphi)(\cos\theta\cos\varphi - \sin\theta\sin\varphi)}{(\sin\theta\cos\varphi + \cos\theta\sin\varphi)(\cos\theta\cos\varphi + \sin\theta\sin\varphi)} \\ &= \frac{\sin\theta\cos\theta(\cos^2\varphi + \sin^2\varphi) - \sin\varphi\cos\varphi(\cos^2\theta + \sin^2\theta)}{\sin\theta\cos\theta(\cos^2\varphi + \sin^2\varphi) + \sin\varphi\cos\varphi(\cos^2\theta + \sin^2\theta)} \\ &= \frac{\sin\theta\cos\theta - \sin\varphi\cos\varphi}{\sin\theta\cos\theta + \sin\varphi\cos\varphi}\end{aligned}$$

以上の等式を用いると与式が導かれる.

問題 17.3 ブルースター角に対しては

$$\cos\theta_{\rm B} = \cos(\pi/2 - \varphi_{\rm B}) = \sin\varphi_{\rm B}$$

が成り立ち，屈折の法則から

$$\frac{\sin\theta_{\rm B}}{\sin\varphi_{\rm B}} = \frac{\sin\theta_{\rm B}}{\cos\theta_{\rm B}} = n \quad \therefore \quad \tan\theta_{\rm B} = n$$

と書ける.

問題 17.4 $\tan\theta_{\rm B} = 2.4$ から $\theta_{\rm B} = 67.4^\circ$ と計算される.

7

問題 17.5 (a) 磁場が入射面内にあるときには，図 7.14 に相当し，図に示したような状況になる．電磁波の進行方向を考えると電場は紙面に垂直で表から裏へと向かう．磁場，電場の振幅に対する条件は

$$(H_1 - H_1{}')\cos\theta = H_2\cos\varphi \tag{1}$$

$$\mu_1(H_1 + H_1{}')\sin\theta = \mu_2 H_2 \sin\varphi \tag{2}$$

$$E_1 + E_1{}' = E_2 \tag{3}$$

と表される．これらの振幅に対して

$$\frac{E_1}{H_1} = \frac{E_1{}'}{H_1{}'} = \sqrt{\frac{\mu_1}{\varepsilon_1}}, \quad \frac{E_2}{H_2} = \sqrt{\frac{\mu_2}{\varepsilon_2}} \tag{4}$$

の関係が成立する．例題 16 の (1)〜(4) と上の (1)〜(4) とを比べると，前者の方程式で $E \rightleftarrows H$，$\varepsilon \rightleftarrows \mu$ という変換を行うと後者の方程式が得られる．したがって，前者の場合に導かれた結果は上述の変換を行うと後者の場合にも正しい．前者の場合に屈折の法則は

$$\frac{\sin\theta}{\sin\varphi} = \sqrt{\frac{\varepsilon_2\mu_2}{\varepsilon_1\mu_1}} \tag{5}$$

と書けるが，(5) の右辺は上記の変換に対し不変であり，(5) の結果がいまの場合にもそのまま成り立つ.

(b)　反射係数 E_1'/E_1 は (4) により H_1'/H_1 に等しい．例題 17 で導いた結果に上の変換を行えばいまの反射係数になるから，反射係数は次のように求まる．

$$\frac{E_1'}{E_1} = \frac{\sqrt{\mu_2/\varepsilon_2}\cos\theta - \sqrt{\mu_1/\varepsilon_1}\cos\varphi}{\sqrt{\mu_1/\varepsilon_1}\cos\varphi + \sqrt{\mu_2/\varepsilon_2}\cos\theta} \tag{6}$$

(c)　(6) で $\mu_1 = \mu_2 = \mu_0$ の場合には

$$\frac{E_1'}{E_1} = \frac{\sqrt{1/\varepsilon_2}\cos\theta - \sqrt{1/\varepsilon_1}\cos\varphi}{\sqrt{1/\varepsilon_1}\cos\varphi + \sqrt{1/\varepsilon_2}\cos\theta}$$

が得られる．この場合には

$$\sqrt{\varepsilon_2}/\sqrt{\varepsilon_1} = c_1/c_2 \qquad \therefore \quad c_1\sqrt{\varepsilon_1} = c_2\sqrt{\varepsilon_2} = \alpha$$

が成立し，これから $1/\sqrt{\varepsilon_1}$，$1/\sqrt{\varepsilon_2}$ を解き上式に代入すると

$$\frac{E_1'}{E_1} = \frac{c_2\ \cos\theta - c_1\ \cos\varphi}{c_2\ \cos\theta + c_1\ \cos\varphi}$$

となる．さらに，屈折の法則から導かれる $c_1/\sin\theta = c_2/\sin\varphi = \beta$ を代入すると

$$\frac{E_1'}{E_1} = \frac{\sin\varphi\cos\theta - \sin\theta\cos\varphi}{\sin\varphi\cos\theta + \sin\theta\cos\varphi} = -\frac{\sin(\theta-\varphi)}{\sin(\theta+\varphi)} \tag{7}$$

となる．電場が入射面内にあるときとは違い (7) が 0 になることはない．

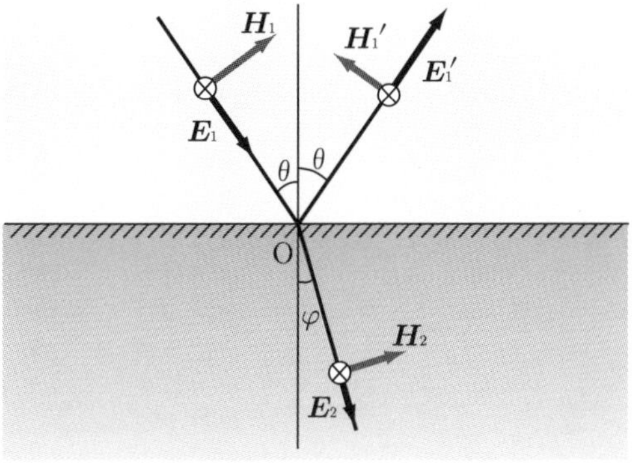

7

索　引

た　行

な　行

は　行

著者略歴

阿部龍蔵（あべ りゅうぞう）

1953年　東京大学理学部物理学科卒業
　　　　東京工業大学助手，東京大学物性研究所助教授，
　　　　東京大学教養学部教授，放送大学教授を経て
2013年　逝去
　　　　東京大学名誉教授　理学博士

主要著書

統計力学 (東京大学出版会)　現象の数学 (共著，アグネ)
電気伝導 (培風館)
現代物理学の基礎 8 物性 II 素励起の物理 (共著，岩波書店)
力学 [新訂版] (サイエンス社)　量子力学入門 (岩波書店)
物理概論 (共著，裳華房)　物理学 (共著，サイエンス社)
電磁気学入門 (サイエンス社)　力学・解析力学 (岩波書店)
熱統計力学 (裳華房)　物理を楽しもう (岩波書店)
ベクトル解析入門 (サイエンス社)

新・演習物理学ライブラリ＝3

新・演習 電磁気学

2002年10月10日©　初版発行
2020年10月10日　初版第9刷発行

著者　阿部龍蔵　発行者　森平敏孝
　　　　　　　　印刷者　杉井康之
　　　　　　　　製本者　小西恵介

発行所　株式会社　サイエンス社

〒151–0051　東京都渋谷区千駄ヶ谷1丁目3番25号
営業　☎（03）5474–8500（代）　振替 00170–7–2387
編集　☎（03）5474–8600（代）
FAX　☎（03）5474–8900

印刷　（株）ディグ　　製本　（株）ブックアート

《検印省略》

本書の内容を無断で複写複製することは，著作者および
出版者の権利を侵害することがありますので，その場合
にはあらかじめ小社あて許諾をお求め下さい．

ISBN4–7819–1019–X

PRINTED IN JAPAN

サイエンス社のホームページのご案内
http://www.saiensu.co.jp
ご意見・ご要望は
rikei@saiensu.co.jp　まで．